ÉTUDES

THÉORIQUES ET PRATIQUES

SUR

LA PISCICULTURE

Paris. — Imprimerie BOURDIER, CAPIOMONT fils et Cᵉ, rue des Poitevins, 6.

ÉTUDES

THÉORIQUES ET PRATIQUES

SUR

LA PISCICULTURE

PAR

Le Vicomte E.-H. DE BEAUMONT

OUVRAGE COURONNÉ

AU CONCOURS DES SCIENCES ET DES LETTRES OUVERT A RODEZ A L'OCCASION
DU CONCOURS RÉGIONAL DE 1868

« Tout homme qui pêche un poisson
tire de l'eau une pièce de monnaie. »

FRANKLIN.

PARIS

LIBRAIRIE CENTRALE D'AGRICULTURE ET DE JARDINAGE
RUE DES ÉCOLES, 62 (ANCIEN 82), PRÈS LE MUSÉE DE CLUNY
— **Auguste GOIN, éditeur** —

INTRODUCTION

Nous ne pouvons mieux définir le sentiment qui nous a fait prendre la plume, qu'en disant qu'il nous a été inspiré, dès le début de nos opérations de Pisciculture, par la vue du petit nombre de notions expérimentales de première nécessité qui existaient sur le sujet qui nous occupe. Entre mille choses qu'il nous importait de savoir, nous sommes arrivé à nous rendre compte de quelques-unes ; c'est donc principalement le résultat d'études fondées sur l'*observation*, que nous offrons à autrui.

Nous savons, par expérience, qu'il est difficile de joindre aux soins d'une pratique exercée par soi-même les travaux de l'écrivain. Néanmoins, notre goût pour les choses rustiques et pour la vie en plein air, ne nous ayant pas absorbé au point de ne pouvoir noter les faits qui nous ont paru dignes de remarque, notre *Livret-Journal* devint la base d'un écrit, où la théorie ne devait d'abord intervenir qu'à titre de complément, quoiqu'il ait fallu ensuite lui faire une plus large part, en cherchant à éclairer notre récit par les lumières acquises à la science.

Comme branche secondaire et presque nouvelle des connaissances rurales, la Pisciculture a trouvé jusqu'ici des publicistes éminents, comme le regrettable M. Baude (de l'Institut), pour signaler ses droits à notre haute estime et montrer le grand rôle qu'elle est appelée à remplir dans

notre système de production [1] ; MM. Milne-Edwards, Coste,
de Quatrefages, Millet, Haxo, ont donné sur la théorie et sur
son application les notions les plus utiles, fruits de bienfai-
sants travaux ; M. E. Blanchard (de l'Institut), professeur
au Muséum d'histoire naturelle, a résumé dans un livre récent l'état de la Pisciculture moderne [2].

Cependant la marche à suivre dans une foule de cas, de
même que les résultats particls obtenus à la faveur des procédés nouveaux, sont loin, selon nous, d'être suffisamment
connus, malgré la publication des comptes rendus de l'administration de Huningue, exposant avec une grande clarté
les faits qui se sont produits en dix années, comme conséquence de la création de cet établissement piscicole [3]. Ce
document désigne les localités où des œufs de poissons ont
été distribués et mentionne les renseignements obtenus des
destinataires ; il embrasse sommairement l'ensemble des
faits généraux et individuels ; mais ces derniers laissent
à désirer beaucoup de développements, qui n'auraient pu
être fournis que par les personnes qui ont fait les expériences
consignées dans ces comptes rendus. Ce serait donc à elles
qu'il appartiendrait de remplir cette lacune ; c'est en donnant notre modeste exemple, que nous croyons pouvoir le
mieux contribuer au résultat que nous appelons de nos
vœux.

Parlant simplement en notre nom, sans aucun mandat et
sans aucune collaboration en dehors des renseignements officieux qu'on a bien voulu nous fournir sur quelques points,
nous ne pouvons nous flatter d'avoir nous-même à relater
un grand nombre de faits *nouveaux ;* nous livrons toutefois à
la publicité le peu que nous savons, espérant que nous éveil-

---

[1] *Revue des Deux-Mondes,* 15 janvier 1861.

[2] *Les Poissons des eaux douces de la France.* Paris, J.-B. Baillière,
1866.

[3] *Notice historique sur l'Établissement de Pisciculture de Huningue.*
Imp. de veuve Berger-Levrault, Strasbourg, 1862.

lerons, sinon par l'étendue bien limitée de nos découvertes, du moins par leur utilité reconnue, l'élan d'autres expérimentateurs qui auraient été plus heureux ou plus habiles; —ce que l'un n'aura pu dire, un autre le pourra, et se sentira, nous l'espérons, disposé à le faire, en présence de questions posées nettement, et en vue de l'importance que doit avoir leur solution pour l'avenir d'une science très-incomplète et qui intéresse non moins le pays tout entier que les individus.

Diminuer le prix du poisson, en le rendant moins rare, le mettre ainsi à la portée d'un plus grand nombre de consommateurs, tout en s'attachant particulièrement à la multiplication des bonnes espèces ; accroître les revenus que l'État retire de la location de la pêche des fleuves et canaux, voilà, sans doute, autant de questions d'économie sociale du plus haut intérêt. C'est un édifice en construction, auquel on peut être bien aise d'apporter une pierre.

Reconnaissons d'abord que les faits établis jusqu'à ce jour en Pisciculture sont considérables, et qu'ils n'ont pu laisser indifférents que les esprits inattentifs. Expédier, comme une denrée, d'une extrémité de la France à l'autre, les germes de poissons des espèces les plus précieuses ; répandre celles-ci en abondance dans les contrées où elles n'existaient pas et où l'on peut ensuite les faire multiplier, voilà un problème non-seulement résolu en principe, mais appliqué avec succès et vraiment digne d'un siècle, grand dans bien des choses et sans rival pour tout ce qui touche aux plus belles conceptions de l'ordre matériel.

Beaucoup de causes ont pu contribuer à diminuer l'éclat des services rendus par la Pisciculture en France depuis une douzaine d'années ; nous considérons néanmoins comme très-prompte la marche progressive qu'elle a suivie. Que d'améliorations déjà opérées, commencées ou à la veille de l'être ! Un vaste établissement spécial créé par l'État, des essais pratiqués annuellement dans plus de soixante-quinze départements, des ordonnances nouvelles rendues pour la surveillance de la pêche et la protection du frai, des échelles à saumons construites sur quelques cours d'eau et un grand nombre d'autres prêtes à être effectuées, — il semble que ces choses sont plus que des promesses.

Bien des gens sont fort étonnés, à tort, qu'on n'aperçoive pas sur nos marchés l'abondance de poissons de toute sorte, huîtres, saumons, truites, etc., faisant subitement place à une pénurie déjà presque séculaire. Nous osons le dire, la cause de cet étonnement, c'est l'ignorance presque générale de tout ce qui touche à cette question. Quelque nombreuses qu'aient été, par exemple, les distributions d'œufs embryonés faites par le gouvernement, que sont les quelques millions de jeunes poissons, lancés dans nos rivières, si l'on songe aux kilomètres presque innombrables de cours d'eau qui sillonnent notre pays [1]? Se rend-on compte aussi de la lenteur inhérente au sujet ? — Ainsi, la truite commune ne gagne, à l'état naturel, dans les premières années de sa croissance, qu'un huitième de kilogramme par an, au dire de tous nos pêcheurs; les truites des lacs et saumonées peuvent atteindre quelque chose de plus, sans arriver à doubler cette lente allure.

La nature ne peut trop se presser et la foule ne sait pas attendre; de là résultent, en grande partie, les déceptions qui se manifestent dans l'opinion publique. En réalité, quoique la Pisciculture soit encore dans sa première jeunesse et susceptible de progrès faciles à prévoir, et malgré qu'un certain nombre d'essais aient pu être faits dans de mauvaises conditions et par suite malheureux, est-il juste de nier l'utilité des premiers travaux, accompagnés de ces tâtonnements inévitables dans toute chose qui commence ?

---

[1] Certains départements (l'Indre entre autres) ne possèdent pas moins de 800 kilomètres de cours d'eau de grande ou moyenne importance.

Pour encourager de nouveaux efforts et raffermir la confiance dans l'avenir, nous parlerons des bons résultats obtenus dans le cours de nos expériences, à défaut de renseignements suffisants sur les succès d'autrui : nous citerons aussi quelques exemples donnés dans des pays étrangers ; ils sont à la fois un enseignement et un stimulant.

Nous signalerons aussi quelques fautes involontaires, que nous croyons avoir été commises par plusieurs expérimentateurs et que nous-même n'avons pas toujours évitées, en indiquant les moyens que nous avons trouvés les meilleurs pour obvier aux inconvénients qui proviennent de pareilles fautes.

Ceci n'est donc pas précisément une apologie de la Pisciculture moderne ; c'est plutôt une recherche, sur des questions encore obscures à certains égards, faite dans le but de tirer au clair si, à côté de succès incontestables, il n'y a pas quelques impossibilités à constater, et si, d'un autre côté, quand les succès sont douteux ou nuls, la cause ne se trouve pas dans l'inhabileté des praticiens, dans la direction indécise donnée à leurs efforts, plutôt que dans l'inefficacité d'une science *trop peu connue*.

Sincèrement en garde contre tous les genres d'utopies, et bien convaincu, comme le dit un poëte-philosophe, que « ce sont les rêves que l'homme fait éveillé, qui lui sont funestes [1] », j'avais de bonne heure condamné sans examen, je l'avoue, les théories nouvelles en cette matière et leurs conséquences encore hypothétiques. Cependant, mieux informé sur les premiers résultats obtenus, j'entrepris de faire des essais. Je revenais facilement d'un préjugé, étant persuadé que pour se fier à soi-même, il faut se sentir capable de quitter un *parti pris*. On verra le résultat *tel quel* de travaux, souvent, je dirai même sans cesse, traversés d'obstacles, mais constants et que je ne puis m'empêcher de nommer

[1] Young, *les Nuits.*

1.

consciencieux. En faisant le récit d'expériences heureuses sur certains points, je ne voilerai pas les défaites dues à mon impéritie ou à la nature même des choses et qui ont été le plus souvent des victoires sur l'inconnu ; je signalerai, autant qu'il sera en mon pouvoir, les écueils à éviter. Ce livre a pour but principal d'exposer les faits ou les observations recueillis pendant une pratique de huit années, et les conclusions utiles qu'on a cru pouvoir tirer de leur ensemble.

Dans le domaine expérimental, il nous semble à désirer que *tous* veuillent bien offrir à la science le contingent de leurs efforts, même les plus limités. Il n'y a de faiblesse que dans l'isolement ou dans l'inertie. Celle-ci est une force morte pour les autres, dont soi-même on a peu à attendre ; elle est synonyme de l'immobilité , et l'isolement lui ressemble en ce sens, qu'on arrive avec lui au terme de la carrière, sans avoir rien donné d'utile à autrui, comme sans en avoir rien reçu.

Toutes les faces de la question que nous avons entrepris d'étudier n'offrant pas un aspect également souriant, nous devons dire qu'une certaine hésitation s'empara de nous, en pensant que la divulgation d'insuccès constatés sur quelques points arrêterait peut-être des essais, dont il pourrait sortir encore d'utiles lumières. Cependant, après avoir cherché à apprécier la valeur de ces doutes, nous avons repris sans crainte l'accomplissement de notre tâche, en considérant que les points décourageants étaient bien peu étendus, relativement aux vastes proportions d'un ensemble satisfaisant.

Ne vaut-il pas mieux prévenir les déceptions que de les perpétuer au sujet d'un fait qui certainement pouvait flatter l'imagination, et devenir un bel exemple du pouvoir de l'industrie humaine, s'il avait pu se réaliser, nous voulons parler de l'appropriation du saumon au profit des *eaux douces fermées ?*

Disons-le clairement , ce fait est plus intéressant peut-être au point de vue scientifique qu'à tout autre, car nous espérons établir que, quand même le saumon pourrait prospérer dans ces eaux, sans sa pérégrination annuelle à la mer, il serait encore préférable, par divers motifs économiques, de le laisser dans son indépendance. Ce qui lève tous nos scrupules, en parlant de l'échec éprouvé par ceux qui ont essayé, comme nous, d'en faire un habitant des eaux enclavées dans l'intérieur des terres, c'est que, si le fait ne peut-être réalisé ou s'il n'a été jusqu'ici qu'une exception sans portée usuelle, la question de la Pisciculture, rétrécie de ce côté, reste néanmoins entière dans ce qu'elle offre de plus important, c'est-à-dire *au point de vue fluvial.* Quelque intéressante qu'eût pu être l'introduction d'un poisson de plus, d'une qualité supérieure, dans la faune ichthyologique de nos eaux fermées, on doit bien penser que, parmi celles-ci, un petit nombre (les plus vives seulement) auraient pu prétendre à cet avantage, et que, d'ailleurs, les races actuelles qui les occupent auraient eu probablement un tribut plus ou moins lourd à payer à ces hôtes voraces qui puisent, à l'état naturel, une grande partie de leurs moyens de croissance dans les inépuisables trésors de l'Océan.

Il faut donc passer outre sans trop de regrets, et, tout en ne négligeant pas les soins que réclament les eaux fermées, embrasser du regard un but non moins élevé, et digne de tous les efforts : Nos fleuves et rivières sont appauvris par mille causes ; c'est à ce sujet qu'il reste à faire pour plusieurs générations industrieuses et pratiques, telles que la nôtre.

Il n'y a du reste rien d'étonnant que les essais tentés dans une branche de science expérimentale inexplorée ne puissent tous être couronnés de succès, et il arrive souvent qu'en voulant se rendre compte d'une chose douteuse, on en trouve une autre certaine qui peut être d'une grande utilité.

Ainsi, quand bien même cette question secondaire de la séquestration du saumon dans les eaux fermées, une des plus débattues de nos jours, la plus ardemment poursuivie par les uns et la plus dénigrée par les autres, serait résolue négativement (ce qui n'est pas encore bien prouvé), quels fruits la science n'a-t-elle pas retirés et n'a-t-elle pas le droit d'attendre des études faites à ce sujet ?

Ce qu'on a appris, par exemple, c'est que les saumons peuvent éclore, être élevés jusqu'à l'âge de plus de deux ans, en eau douce et en captivité, à l'abri d'une foule de dangers, et être lâchés ensuite avec succès, pour peupler des cours d'eau où ils étaient devenus rares ou inconnus. Nous dirons plus loin, où et comment on a constaté qu'ils reviennent frayer dans les parages qui leur ont servi de berceau, véritables hirondelles des eaux, après avoir affronté le courant des plus longs fleuves et s'être plongés dans les profondeurs de la mer.

Que d'autres faits, petits ou grands, n'avaient pas été éclaircis jusqu'à ces derniers temps, parce que l'on ne croyait pas possible ou utile de rien trouver d'intéressant au sujet des poissons, en dehors des notions de la routine, transmises d'âge en âge. Les savants du dernier siècle donnaient, il faut le reconnaître, de précieuses notions sur cette matière ; mais le courant des idées suivait une autre pente : la pratique n'accompagnait la théorie que d'un pas débile. En fait, ces enseignements furent, dans leur temps, à peu près stériles.

Aujourd'hui le même élan généreux qui entraînait nos pères dans la voie du progrès, en vue d'un plus grand bien-être de tous, a produit en renaissant chez nous, notamment à l'occasion de la découverte des deux pêcheurs des Vosges, des effets d'une étonnante rapidité, si l'on se reporte à la lenteur des siècles précédents. De nos jours, par une apparente anomalie, plus le confortable tend à se généraliser en une foule de choses même accessoires, plus il semble qu'il soit devenu urgent de s'occuper des sources premières de la richesse et de la vie. La vie *à bon marché*, telle est en outre la préoccupation des savants, des économistes, des gouvernements et des peuples. Or, l'extension du besoin de confortable appelant tous les jours une augmentation des salaires, les denrées ne peuvent être à un prix modéré que si la terre rend au producteur qui la cultive tout ce qu'elle peut lui donner.

Au nombre des écrits récents qui montrent le parti que l'on peut tirer des nouvelles découvertes dans l'art de cultiver les eaux, un des plus significatifs est celui de M. Coumes, ingénieur en chef des ponts et chaussées, qui a longtemps dirigé l'établissement piscicole de Huningue : c'est un *Rapport sur la Pisciculture et la pêche fluviales en Angleterre, en Écosse et en Irlande.* Nous en ferons de nombreuses citations. Les résultats obtenus, dans un État voisin, par les efforts combinés du repeuplement artificiel, de la surveillance de la pêche et par la création des échelles à saumons sont des plus concluants en faveur de l'efficacité des moyens employés et doivent exciter à poursuivre leur application chez nous. Tout semble faire présager, comme l'a si bien dit cet éminent fonctionnaire, à propos de l'influence exercée par les établissements de Stormontfield en Écosse et de Huningue en France, que «. l'agitation qui s'est produite autour de cette question de la Pisciculture n'est pas arrivée à son terme.»

De la France est sortie l'impulsion ; elle ne saurait se laisser dépasser longtemps dans la rapidité à atteindre elle-même le but qu'elle se propose et qu'elle a indiqué au monde.

Vicomte E.-H. DE BEAUMONT.

A Lavergne, près Marcillac (Aveyron), le 26 octobre 1868.

ÉTUDES

THÉORIQUES ET PRATIQUES

SUR

LA PISCICULTURE

PREMIÈRE PARTIE

CHAPITRE PREMIER

NOTIONS PRÉLIMINAIRES.

En commençant à rédiger ces notes, nous avions pris comme point de départ, que les travaux déjà publiés sur la pisciculture étaient plus ou moins connus de tout le monde. De bons conseils nous ont démontré qu'il n'en était pas ainsi, et que nos considérations sur cette matière ne seraient comprises d'un grand nombre de ceux qui se donneraient la peine de les lire, qu'à la condition d'être précédées d'aperçus rétrospectifs sur l'état de la question, sur les méthodes qui en forment aujourd'hui un art, sinon une science.

Ne nous étant cependant jamais proposé de faire un nouveau *Traité de Pisciculture* (il en existe déjà plusieurs très-bien faits), mais seulement un exposé de ce qui peut ajouter aux faits déjà connus ou les commenter, nous nous bornerons à donner un résumé succinct des pratiques suivies en pisciculture jusqu'à ce jour, avec quelques mots sur leur origine.

Quoique cette partie de notre travail ne soit guère qu'une analyse de différents ouvrages que nous indiquons et qu'elle n'ait qu'un mérite bien secondaire, nous n'hésitons pas à la donner, en vue de l'utilité que nous lui supposons.

§ 1er. — Origine de la Pisciculture.

De même que les Chinois ont connu, dit-on, bien avant l'Europe, deux inventions de premier ordre, la boussole et la poudre, ainsi, d'après le P. du Halde [1] et le P. Huc [2], de la Compagnie de Jésus, ce même peuple aurait eu la coutume, peut-être de temps immémorial, d'ensemencer les eaux de l'intérieur des terres avec des œufs de poissons recueillis soit sur des nattes et des claies, opposées au courant des fleuves, soit dans la vase de certaines eaux où les poissons les avaient déposés et que l'on transportait dans cette vase elle-même. L'histoire de ces poissons, que leur croissance rapide, au moyen d'une nourriture végétale, rendrait infiniment précieux, comme ressource alimentaire pour l'homme, est encore fort obscure.

Le premier qui, en Europe, fournit à la science les données nécessaires *pour féconder et faire éclore le frai des poissons par des procédés artificiels*, fut G.-L. Jacobi,

---

[1] *Histoire de l'empire de la Chine*, t. I, p. 35, 1735.
[2] *L'Empire chinois*, t. II, ch. x.

lieutenant au service de la petite souveraineté allemande de Lippe-Detmoldt [1].

Il opérait les fécondations artificielles des œufs du saumon et de la truite dès l'année 1758, et faisait connaître les résultats pratiques excellents qu'il avait obtenus de cette découverte, à Noterlem en Hanovre, par nn article publié en 1763 dans un journal de ce pays. Le comte de Golstein, grand chancelier des duchés de Bergues et de Julliers, communiqua une copie en langue allemande du manuscrit de Jacobi, sur cette matière, à M. de Fourcroy, officier français, et lui en donna une traduction en latin ; c'est pourquoi l'invention elle-même a quelquefois été attribuée à ce personnage. M. de Fourcroy fit part de ce document à Duhamel du Monceau, qui l'inséra dans son Traité général des Pêches publié par ordre de l'Académie des Sciences en 1773 [2].

D'un autre côté, un savant allemand, M. Gleditsch, avait communiqué dès 1764, à l'Académie Royale de Berlin, un extrait du travail de Jacobi.

Adanson parla, nous apprend M. Blanchard [3], des fécondations artificielles, dans son cours au Jardin du Roi (depuis Muséum d'Histoire naturelle) en 1772, comme d'une pratique *usitée dans divers pays d'outre-Rhin* pour multiplier le poisson [4].

---

[1] Un moine du xɪvᵉ siècle, Dom Pinchon, aurait, selon M. le baron de Montgaudry, su opérer les fécondations artificielles des truites. Le fait ne paraît cependant pas complétement démontré, bien qu'il n'y ait rien d'étonnant que cette science ait pu, comme tant d'autres, trouver dans un cloître un abri ou un berceau.

[2] E. Blanchard (de l'Institut). *Les Poissons des eaux douces de la France*, p. 570. Paris, 1866.

[3] Ouvrage précité, p. 569.

[4] M. Joigneaux fait la même assertion, sans que nous sachions sur quoi elle est fondée. (*Pisciculture et culture des eaux*, p. 76.)

Ce qu'il y a de certain, c'est que les maîtres de la science de ce temps s'occupaient de divulguer l'idée des fécondations artificielles de poissons.

L'abbé Bonnaterre, originaire de Saint-Géniez (Aveyron), consacrait plusieurs colonnes de la partie de son vaste ouvrage[1], où il traite de l'ichthyologie, aux découvertes de Jacobi, et rapportait tout au long l'extrait présenté à l'Académie de Berlin par Gleditsch, et qu'il avait puisé vraisemblablement dans la publication d'un résumé des mémoires de l'Académie royale de Prusse, faite en 1770 par Paul.

M. de Lacépède parle aussi de cette découverte dans son *Histoire naturelle des Poissons*[2], comme d'une pratique très-utile pour obtenir des truites, destinées à peupler des étangs, où la présence de la vase est un obstacle à l'éclosion des œufs de ce genre. Voici comment il aurait reçu le document de Jacobi : « M. de Ma-« rolle, capitaine dans le régiment de la marine, tem-« pérant les austérités des camps par le charme de « l'étude des sciences utiles à l'humanité, écrivit la « description de ce procédé à Hameln, en Allemagne, « pendant la guerre de Sept ans. Il rédigea cette des-« cription sur les mémoires de G.-L. Jacobi, lieutenant « des miliciens de Lippe-Detmoldt, et l'envoya à Buffon, « qui me la remit lorsqu'il voulut bien m'engager à « continuer l'histoire naturelle[3]. »

---

[1] *Tableau encyclopédique et méthodique des trois règnes de la nature*, dédié à M. Necker, ministre d'État. Paris, 1788.

[2] Par le citoyen Lacépède, t. VI. Paris, 1799.

[3] Comme le fait remarquer M. Koltz (*Multiplication artificielle des poissons*, Introd.), aucun auteur français, si ce n'est M. le marquis de Vibraye, dans une lettre à M. de Caumont (V. *Essai de Pisciculture*, p. 57), n'a fait mention de Lacépède à ce sujet.

Ce que nous venons de rapporter suffit surabondamment pour démontrer que les éléments scientifiques ne manquaient pas, à la fin du dix-huitième siècle, pour chercher à raviver une source de production, dont tout le monde n'a cessé jusqu'à ce jour de déplorer la décroissance.

Il ne fut plus question de ces procédés, dont on avait cependant apprécié en partie la haute portée, jusqu'aux essais fructueux, dit-on, mais peu retentissants, faits en 1837 par un naturaliste anglais, M. Shaw, et ensuite par un autre Anglais, M. Boccius, ingénieur civil, et enfin jusqu'à la découverte faite en 1844, dans une petite localité du département des Vosges, *par Rémy, secondé de Géhin*, connue surtout par le rapport de M. Milne-Edwards (26 août 1850) adressé à M. Dumas, ministre de l'agriculture et du commerce, et mise en lumière et en pratique par M. Coste, dont les écrits et l'initiative ont incontestablement amené le mouvement sur le terrain de la pratique.

La voix de la science était donc restée muette à ce sujet pendant plus de quarante ans, sans être à peine arrivée aux oreilles des hommes d'action. Les fondements de l'édifice commencé étaient restés enfouis dans les cendres du siècle dernier si entiché de science, et, quoi qu'on en dise, si amoureux de sage progrès. Que de choses ont ainsi dormi!... Lacune fatale, qui doit servir de constante leçon aux générations trop pressées de jouir.

On ne devra néanmoins jamais oublier, chez nous, que c'est à l'industrie persévérante de deux hommes illettrés, mais observateurs infatigables, que nous sommes, par le fait, devenus redevables des premières données et des premiers exemples qui ont attiré l'attention des hommes de science, auxquels revient depuis lors tout le mérite d'une impulsion qu'ils ont réellement et fortement réussi à communiquer. Reconnaissance à ceux-ci, honneur aux premiers [1]!

Nous ne devons pas non plus omettre de dire que M. de Quatrefages avait fait voir, de son côté, en 1848, dans un mémoire qu'il lut à l'Académie des Sciences, le parti que l'on pouvait tirer des fécondations artificielles, sans savoir que ses préceptes avaient, déjà depuis quatre ans, trouvé leur application dans les Vosges. M. Haxo, secrétaire de la Société d'Émulation des Vosges, réclama en faveur de Rémy et de Géhin, simples pêcheurs de la commune de la Bresse, la priorité qu'on ne pouvait leur contester. Leurs travaux étaient connus dans leurs alentours, mais il ne paraît pas qu'on s'en soit beaucoup occupé jusque-là, en dehors de la Société d'Émulation d'Épinal.

Nous trouvons également, dans divers auteurs, que, vers 1820, plusieurs personnes de la Haute-Marne, de la Côte-d'Or et pays voisins, entre autres MM. Hivert et Pilachon, papetiers, mettaient en pratique la pisciculture artificielle.

L'idée tendait à se faire jour: soit que le besoin d'augmenter les ressources ichthyologiques la fît naître, comme dans les Vosges, dans la Haute-Marne, en Angleterre et autres pays, dit-on, soit que son heure fût venue,

---

[1] Le gouvernement de la République (1850) récompensa Rémy et Géhin, son associé, par un bureau de tabac accordé à chacun d'eux, et une pension de 1,500 fr. au premier et de 1,200 fr. au second. — Jacobi avait reçu une pension de l'Angleterre (Ém. Blanchard, ouvrage précité.)

elle régnait dans le monde à un état plus ou moins latent.

§ 2. — Comment on utilisa les découvertes renouvelées dans le domaine de l'Ichthyologie.

Mode de reproduction des poissons. — Les eaux avaient longtemps caché le mode de reproduction des poissons, comme elles nous le laissent encore ignorer pour certains d'entre eux [1]. Presque tout le monde sait aujourd'hui que chez la plupart des espèces de poissons, les femelles déposent leurs œufs, non fécondés, quand ils sont arrivés à maturité, dans les endroits qui leur conviennent, selon l'espèce, et que les mâles pourvus de laitance, la répandent immédiatement après la ponte, sur ces œufs auxquels ils communiquent le principe de la vie.

Fécondation artificielle. — La connaissance de ces faits physiologiques a donné l'idée, d'abord, de s'emparer du frai de ces animaux, pour le faire éclore en lieu sûr ; mais comme le produit des pontes naturelles, déposé dans les endroits appelés *Frayères*, n'est pas facile à se procurer, on en vint à prendre les poissons eux-mêmes, afin de les amener, en temps utile, c'est-à-dire quand on se serait assuré qu'œufs et laitance seraient arrivés à maturité, à remplir successivement les deux fonctions de leur nature nécessaires à la génération, au moyen d'une pression légère sur leurs abdomens, qui contiennent les éléments de la reproduction. C'est ce qu'on nomme la *Fécondation artificielle.*

---

[1] Malgré de longues dissertations, précédées de patientes études, on ignore encore le mode de reproduction de l'anguille, de la lamproie et peut-être de quelques autres.

On fait écouler lentement les œufs de la femelle tenue par les ouïes, dans un vase rempli, à une hauteur de 0^m,15 à 0^m,20, d'une eau bien pure. En même temps, ou peu d'instants après, on y fait descendre de la même manière la laitance du mâle ; on agite légèrement l'eau du récipient, et, au bout de quelques minutes l'opération est accomplie. On met aussitôt, s'il est possible, les œufs en incubation, dans les conditions que nous indiquerons ci-après. Cette pratique est facile, ses effets sont certains et nous l'avons appliquée avec succès. Elle nous a procuré des produits de truites des lacs, dont l'espèce nous avait été envoyée de Huningue, au moyen d'œufs embryonés.

La conséquence heureuse de cette découverte est que l'on peut faire éclore le frai, à l'abri des dangers qui l'environnent à l'état naturel, tels que les crues d'eau, qui peuvent l'engloutir dans la vase [1], ou l'atteinte des insectes aquatiques et des poissons eux-mêmes qui le recherchent avec avidité.

Telle est l'invention connue déjà, il y a un siècle, mais qu'on n'a appliquée avec fruit et avec un succès toujours croissant, que depuis quelques années seulement. Un des plus beaux résultats qu'on en obtint fut d'arriver à expédier les œufs de poisson à des distances très-grandes, de manière à propager, d'un pays à l'autre, les espèces les plus précieuses.

Deux sortes d'œufs de poissons : œufs adhérents, œufs libres. — On doit distinguer, dans les œufs de poissons d'eau douce, deux catégories : les œufs *adhérents*, tels

---

[1] Comme l'avait remarqué le pêcheur Rémy (Haxo, *Fécondation artificielle*. Épinal, 1853), et comme nous l'avons plusieurs fois reconnu.

qus ceux de la carpe, du gardon, du goujon et d'une foule d'autres, *qui s'attachent à des corps solides* ; et les œufs *libres*, tels que ceux des salmonidés, qui sont déposés entre les pierres ou dans le sable des courants par la plupart des espèces de cette famille (ou sur la vase, sur les herbes aquatiques par les corégones), *sans lien entre eux et sans avoir la propriété de se fixer à aucun corps.*

§ 3. — Procédés artificiels appliqués aux œufs adhérents.

La fécondation artificielle des œufs adhérents ou agglutinés se fait de la manière susindiquée. On a soin seulement de disposer au fond du récipient des végétaux, auxquels ils puissent se fixer. On les place dans d'autres réceptacles, plus ou moins spacieux, où l'éclosion se fait promptement. Les produits obtenus ne réclament aucun soin subséquent ; ils peuvent être disséminés, aussitôt après leur naissance, dans les eaux qu'on veut peupler, car ils sont doués de la faculté de nager et de se nourrir, dès qu'ils ont vu le jour, ce qui n'a pas lieu pour les poissons de la famille des salmonidés, qui exigent beaucoup plus de soins, comme nous l'exposerons.

Pour ceux dont il s'agit, il semble que l'on peut, le plus souvent, se dispenser de les faire féconder artificiellement. Dans bien des situations, c'est-à-dire dans le voisinage d'une rivière ou d'étangs déjà peuplés des espèces que l'on veut multiplier, on peut avoir facilement des végétaux chargés naturellement d'œufs, à l'époque du frai. Il suffit de les recueillir et de les transporter dans les eaux qu'on leur destine, et où les petits ne tardent pas à naître.

Si c'est du frai de poissons qui s'accommodent de l'eau stagnante, tels que la carpe, et si les eaux qu'on veut peupler sont dépourvues de tout autre poisson préexistant, les végétaux garnis de ce frai peuvent être déposés sur les bords en pente des étangs et à une faible profondeur; il ne court alors de risques que de la part des insectes aquatiques, et il y a encore espoir d'en voir réussir un nombre suffisant, si la quantité d'œufs est considérable. Mais dans le cas où l'on voudrait réunir les produits nouveaux à des poissons plus âgés, qui pourraient dévorer promptement le frai mis à leur portée, il serait préférable de le placer, jusqu'à l'éclosion, dans des réceptacles pleins d'eau et exposés au soleil, car une température élevée convient aux œufs de ce genre. Après leur naissance, ils sont moins exposés à être détruits, surtout si les poissons qu'ils rencontrent ne sont pas des plus carnassiers[1].

Si c'est du frai de poissons qui réussit mieux dans l'eau courante (ou qui ne peut réussir que dans celle-ci), tel que celui du goujon, du véron. etc., il est bon de le placer dans des conditions analogues à celles où on l'a recueilli, c'est-à-dire d'assujettir les végétaux auxquels il est fixé aux bords des ruisseaux qui alimentent quelquefois les étangs, ou au fond de ces ruisseaux, s'ils sont

---

[1] Il est, du reste, contre les règles d'un bon aménagement d'étangs d'adjoindre des produits plus jeunes à d'autres plus âgés. Un étang doit, autant que possible, ne contenir que des poissons du même âge, les plus forts nuisant aux plus faibles dans une proportion qui n'est pas compensée par la croissance des premiers, ralentie elle-même par la présence d'une trop grande quantité de fretin.

peu profonds. Nous avons obtenu de la sorte des quantités de goujons plusieurs années de suite : les œufs, recueillis dans une rivière où ils abondent, avaient subi sans inconvénient un transport de quatre heures, enveloppés seulement dans les herbes humides où ils étaient agglutinés.

Frayères artificielles pour les poissons à œufs adhérents. — On peut aussi favoriser la multiplication de plusieurs espèces de poissons *à œufs adhérents*, en disposant près des bords des rivières ou des étangs des *frayères artificielles*, composées d'amas de bois, de roseaux ou autres végétaux, qu'on fait immerger à une faible profondeur. Ce sont autant de points favorables offerts à la ponte des poissons, et qui ont surtout leur utilité dans les eaux dont les bords ne présentent pas naturellement de telles conditions.

Ainsi, nous avons entendu des personnes se plaindre que les poissons de leurs pièces d'eau ne multipliaient pas; nous leur avons signalé comme cause probable de ce fait l'absence de végétaux dans leurs eaux et la structure perpendiculaire des murs de soutènement de leurs viviers. Quelques roseaux plantés çà et là, ou l'emploi des frayères dont nous venons de parler, peuvent remédier à ces inconvénients. Si de grands arbres donnent une ombre trop épaisse, il est bon de les élaguer ou d'en abattre quelques-uns, le soleil étant favorable au développement du frai de ce genre.

Je puis citer l'exemple d'une frayère artificielle, faite dans de petites proportions, qui a obtenu un plein succès : un de nos honorables voisins possède un charmant vivier, d'une profondeur de $2^m,50$, long de 10 mètres sur 4 de largeur, et dont les bords, presque perpendiculaires, sont construits en pierre de taille. Il voulut bien me consulter pour savoir si les poissons, qu'il y tenait comme objet d'agrément, y multiplieraient. Je lui dis franchement que je ne le croyais pas, à cause de la profondeur trop considérable et uniforme de son vivier. Il s'ingénia alors à composer une petite frayère du genre de celles dont je lui avais parlé. Il suspendit vers le point d'alimentation du réservoir une sorte de plancher, chargé de gravier mêlé de terre, où il fit planter des herbes aquatiques, et qui fut maintenu immergé à quelques centimètres de profondeur. Pendant les années suivantes, la multiplication des vérons, des cyprins dorés, devint des plus abondantes et se faisait quelquefois sous les yeux du propriétaire, très-content de son procédé. Les vérons avaient dû choisir le gravier pour y déposer leur ponte, comme dans les rivières, et les cyprins avaient dû préférer les végétaux.

Nous sommes redevable nous-même de la connaissance des divers procédés dont il vient d'être question aux ouvrages de plusieurs ichthyologistes [1], auxquels nous renvoyons ceux de nos lecteurs qui désireraient de plus amples éclaircissements sur cette partie de la Pisciculture, qui est loin de mériter le dédain, puisqu'elle concerne particulièrement les eaux fermées, dont la superficie ne couvre pas moins de 200,000 hectares du territoire français [2]. Les genres de poissons qu'elle concerne ont cependant, moins que d'autres, attiré notre atten-

---

[1] M. Coste, *Instructions pratiques*, p. 40. — M. P. Joigneaux, *Pisciculture*, p. 85. — M. P. Carbonnier, *Guide pratique du pisciculteur*, p. 30. — Dr Lamy, *Nouveaux éléments de Pisciculture*. A. Goin, 1866.

[2] *Maison rustique du XIXe siècle*, t. IV, p. 180. Paris, 1836.

tion, à cause de la facilité même avec laquelle on les obtient, et aussi à cause de leur valeur relative et intrinsèque moindre que celle des salmonides, qui ont fait le principal objet de nos expériences.

§ 4. — Procédés artificiels appliqués aux œufs libres.

La famille des salmonides[1], si importante au double point de vue de la qualité exquise de la chair des poissons qu'elle renferme, et du grand nombre d'eaux fluviales qui en contiennent des variétés, ou qui seraient propres à en posséder, embrasse plusieurs genres, dont les œufs *libres* et de forte dimension paraissent, plus que ceux de tous les autres poissons, de nature à être l'objet des soins de l'homme, et même destinés à réclamer ces soins, en cas de décroissance de la race.

Il faut peut-être excepter de ce nombre le genre *éperlan*, du moins jusqu'à preuve contraire; car nous avouons ne rien savoir au sujet de sa reproduction.

Les poissons de la tribu des salmonides, auxquels s'appliquent par excellence les procédés artificiels, sont les suivants :

Nous indiquons, en regard de chaque espèce, les quan-

---

[1] D'après une des classifications les plus récentes, cette famille comprend en France : le genre *Corégone*, Corégone Lavaret (Coregonus Lavaretus), Corégone Féra (C. Fera), Corégone Gravenche (C. Hyemalis), Corégone Houting (C. Oxyrhinchus) ; — le genre *Ombre* (Thymallus), Omble commune (Thymallus vexillifer); — le genre *Éperlan* (Osmerus), Éperlan commun (O. Eperlanus); — le genre *Saumon* (Salmo), Omble-Chevalier (Salmo Salvelinus), Saumon commun (Salmo Salar); — le genre *Truite* (Trutta), Truite des lacs (T. Lacustris), Truite de mer ou saumonée (T. Argentea), Truite commune (T. Fario). — *Les Poissons des eaux douces de la France*, E. Blanchard.

tités moyennes d'œufs qu'elle donne, proportionnellement au poids.

Nous devons ce renseignement à l'obligeance de M. Dubuisson, ingénieur en chef des ponts et chaussées, qui était chargé des travaux du Rhin et de l'établissement de Pisciculture de Huningue. Il est bon de faire observer que le document qui nous a été transmis indiquait, pour certaines espèces, des poissons de 5, 8 et 10 kilogrammes chacun, donnant les chiffres de 7,000, 19,000 et 10,000 œufs. C'est sur ces données que nous avons établi nos évaluations : des sujets moins gros et plus jeunes ne donnent peut-être pas un chiffre d'œufs exactement semblable. Nous ne croyons cependant pas que la différence doive être grande :

Le saumon commun ou du Rhin pesant	1 kil. donne	1,000 œufs
Le saumon Heuch ou du Danube [1] (Salmo Hucho) (Linné) pesant.....	1	1,375
L'ombre-chevalier (lacustre) pesant..	0ᵏ,500	1,200
La truite saumonée — ..	1	2,000
La truite commune — ..	1	2,000
La truite des lacs — ..	1	1,400
L'ombre commune — ..	0ᵏ,250	1,000
Le corégone féra (grande espèce — Weisfelchen, de Suisse) pesant....	0ᵏ,500	6,000
Le corégone féra (petite espèce — Gangfisch, lac de Constance) pesant.	0ᵏ,100	1,000

Telles sont les espèces de la famille des salmonides, qui font le principal objet des opérations de Huningue, et dont nous-même avons reçu des œufs pendant huit

----

[1] Ce poisson n'a pas encore pris rang dans la *Faune ichthyologique française.*

années et obtenu des produits, l'ombre commune exceptée.

L'emploi des procédés artificiels que nous allons essayer de décrire, après de nombreux devanciers, réunit tous les genres de sécurité, tant pour la ponte que pour la fécondation, l'incubation et l'élevage des poissons à *œufs libres*, tels que ceux que nous venons de nommer; la réussite complète de ces procédés les recommande suffisamment, et la grande simplicité de leur mise en pratique fait supposer qu'ils sont appelés à rendre encore de longs services. Voici en quoi ils consistent :

La fécondation artificielle ayant été opérée de la manière indiquée plus haut, les œufs doivent être placés dans une situation qui rende leur surveillance facile, dans une eau limpide et courante. Beaucoup de personnes ont déjà vu, dans diverses expositions industrielles, agricoles, scientifiques, ou au Collége de France, à Paris, les instruments inventés par M. Coste pour la période des incubations. Ce sont des auges en poterie émaillée ou vernie, longues de $0^m,50$ sur $0^m,45$ de large et $0^m,10$ de profondeur, se déversant les unes dans les autres par une sorte de bec et formant ainsi un véritable petit ruisseau factice, avec chute d'eau d'une auge à l'autre, grâce à leur superposition sur des gradins. Chaque auge est munie à l'intérieur de plusieurs petits supports destinés à soutenir un clayonnage formé de tubes de verre peu écartés les uns des autres et ajustés dans un cadre en bois. C'est sur ces clayonnages que seront déposés les œufs des salmonidés, gros comme des groseilles, sitôt après leur fécondation, s'il est possible, ou aussitôt après leur réception, s'ils ont subi un trajet avant d'être mis en incubation. Le clayonnage et les

2.

œufs doivent être immergés à une profondeur de 4 ou 5 centimètres. Ces appareils peuvent être alimentés par un filet d'eau, aussi léger que l'on voudra, pourvu qu'il soit continu et que la température de l'eau n'éprouve pas de trop brusques variations. Pour obtenir une eau aussi limpide que possible, je me sers depuis plusieurs années d'une fontaine filtrante, comme celles qu'on emploie pour avoir de bonne eau à boire.

La température de ce liquide, dans mes appareils, est le plus souvent à 6 degrés centigrades, et ne varie que de 8 au maximum à 4 au minimum au-dessus de zéro.

L'appareil du Collége de France, ainsi désigné généralement, parce que le premier de ce genre y fut établi d'après les indications de M. Coste, membre de l'Institut, professeur d'embryogénie, nous paraît réunir toutes les conditions nécessaires au succès. Son établissement est simple et commode, à tel point qu'il peut trouver place chez nous dans un angle d'un cabinet de travail consacré à cet usage, et procurer annuellement l'éclosion de 8 à 10,000 œufs de salmonides dans 8 à 10 des auges indiquées. Afin de ne ressentir aucun inconvénient de l'eau, dans l'appartement, les auges peuvent être disposées sur un double gradin, celle du sommet étant munie de deux becs pour alimenter les appareils de l'un et l'autre côté, et la base de ces gradins repose sur une table à rebords, faisant cuvette doublée en zinc, — qui reçoit toute l'eau s'échappant des auges. Celle-ci trouve son issue définitive par un petit conduit qui la déverse à l'extérieur, dans un tuyau de descente de gouttière, par exemple. Une serre tempérée ou orangerie serait un excellent local pour la période des incubations.

J'ai vu, il y a quelques années, ce système appliqué à

l'éclosion d'une quantité d'œufs que j'ai cru n'être pas inférieure à 100,000, chez un habile pisciculteur, M. le curé de la Chartre-sur-Loir (Sarthe).

C'est le système employé encore, non-seulement au Collége de France, mais à Huningue (sauf quelques modifications) et dans un grand nombre de départements.

Nous espérons cependant voir simplifier bientôt pour la pratique usuelle ces moyens d'éclosion très-perfectionnés et excellents pour des expériences qu'il était utile de suivre avec beaucoup d'attention, à cause de leur nouveauté, mais qui pourront peut-être, sans inconvénient, être remplacés par des procédés plus simples et applicables, comme on l'a éprouvé, par exemple, à Stormontfield[1] (Écosse), à des éclosions sur une très-vaste échelle. Avec de belles eaux, nous voyons, par expérience, la possibilité de supprimer les auges et d'obtenir des éclosions sur des clayonnages, au sein des bassins eux-mêmes destinés à élever les poissons. Nous donnerons plus loin le projet d'un bassin approprié à l'un et l'autre usage.

Cependant, pour les petits établissements, destinés à recevoir 10,000 œufs au plus, rien n'est préférable, croyons-nous, au mode de procéder indiqué ci-dessus[2].

Les soins à donner pendant la période des incubations sont d'une extrême simplicité, nous sommes bien aise de le dire. En effet, ayant souvent été complimenté sur l'extrême patience dont nous devions être doué pour

---

[1] V. ch. viii.

[2] Le prix de chaque auge munie de son clayonnage était, il y a peu d'années, de 6 francs. On en trouve chez M. Leune, rue des Deux-Ponts, île Saint-Louis. Celles de M. Carbonnier, quai des Écoles, 20, faites en zinc émaillé, sont également satisfaisantes.

obtenir les éclosions en question, nous ne voudrions pas entretenir l'erreur où l'on est à cet égard. Un hectolitre d'eau le matin et autant le soir suffisent à l'alimentation de dix appareils. Quant aux soins de surveillance à exercer, ils se bornent à enlever les œufs atteints de maladie, qui se manifeste par des taches blanches (en moyenne 1 ou 2 pour 100 au moment de l'arrivée, et environ 1 ou 2 par 1000 le reste du temps), et à retirer au moyen d'une pipette[1] en verre les sédiments du fond des auges, ou les quelques sujets qui viennent à périr après l'éclosion, ce qui est rare dans les premières semaines, ainsi que les sujets difformes, qui ne vivraient pas longtemps[2]. Un soin que nous recommandons à ceux qui dirigent des éclosions de ce genre, est de faire opérer un transbordement des poissons qui viennent de naître; car si les éclosions ont eu lieu simultanément, comme cela arrive d'ordinaire, l'auge se trouve remplie de pellicules ou débris de coques des œufs. Ce transbordement une fois fait, nous conseillons de ne pas le renouveler sans nécessité absolue et de passer seulement de temps en temps la pipette au fond des appareils, pour enlever les légers sédiments qui s'y accumulent.

Nous donnons un renseignement très-exact en affirmant que la surveillance de 8 à 10,000 œufs, avant l'é-

---

[1] Instrument en forme de cornue ou cylindrique, offrant deux orifices, qui sert à aspirer les liquides ou les corps qui s'y trouvent (V. Coste, *Instructions pratiques*, fig. 16, p. 70).

[2] Les sujets difformes ne sont pas rares; les uns sont contournés en cercle, d'autres sont de véritables jumeaux siamois, n'ayant qu'une vésicule ombilicale pour deux poissons; j'en ai compté 3 de ce genre sur 1,000 truites des lacs, et 5 sur 1,000 ombres-chevaliers. Ils ne parviennent jamais à l'état complet de poisson. Bonnaterre et Frank-Buckland ont fait les mêmes remarques (Frank-Buckland, Fish-Hatching, 1863).

closion, ne réclame de nous que de trois à cinq minutes par jour ; c'est pourquoi nous n'avons jamais remis ce soin à personne. Après les éclosions, les soins journaliers exigent en moyenne de cinq à dix minutes de notre temps. Un mois environ après leur naissance, les jeunes poissons sont transportés dans le bassin d'alevinage. On verra au chapitre suivant comment on les y entretient.

Sans entrer, au sujet des incubations, dans de plus minutieux détails, qui se trouvent dans des ouvrages plus spéciaux, pour la première phase de la vie des salmonides, nous nous bornerons à ajouter que, par les moyens indiqués, l'éclosion des œufs de ce genre a lieu très-régulièrement dans un espace de temps qui varie entre deux et trois mois, suivant le degré plus ou moins élevé de la température. La chaleur les avance, le froid les retarde, sans préjudice, pourvu cependant qu'ils ne soient pas soumis à une température factice trop élevée, ce qui, probablement, n'amènerait pas de bons effets, ni trop basse, ce qui produirait leur congélation.

Il est utile de faire remarquer que l'établissement de Huningue expédie aux personnes qui en ont fait la demande [1] les œufs de salmonides, après qu'ils ont déjà passé plusieurs semaines en incubation. Pendant ce délai, on reconnaît aisément si les œufs destinés à l'expédition sont tous fécondés ; ceux qui ne le sont pas sont rejetés. Il en résulte que le destinataire ne reçoit que des œufs embryonés, et qu'il a moins de temps à surveiller et à attendre l'éclosion.

---

[1] Les demandes doivent être adressées, soit au préfet du département où l'on réside, soit à M. l'ingénieur en chef des travaux du Rhin à Strasbourg.

Les œufs supportent d'ailleurs mieux le transport, quand l'embryon est arrivé à ce point de développement où les yeux sont apparents à travers la coque de l'œuf, comme l'a indiqué M. Coste[1], et comme l'ont reconnu MM. Berthot et Detzem à Huningue.

§ 3. — Fonctions de l'établissement de Pisciculture de Huningue.

C'est le moment d'indiquer le but et les fonctions de l'établissement de Pisciculture de Huningue, que nous venons de nommer, puisque sa création fut une déduction des découvertes nouvellement faites ou renouvelées dans la science ichthyologique.

On conçut, en effet, l'idée d'utiliser ces connaissances pour le repeuplement des eaux de la France, tant privées que publiques, dont l'appauvrissement progressif n'a cessé d'être constaté, depuis des époques très-reculées de notre histoire[2]. Après les études expérimentales de Pisciculture faites au Collége de France, sous la direction de M. Coste, et celles dirigées depuis deux ans à Lœchelbrünn par MM. Berthot et Detzem, ingénieurs des ponts et chaussées, qui reconnurent, de concert avec M. Coste, la possibilité de transporter sans inconvénient les œufs de poisson à de grandes distances, M. le directeur de l'agriculture fit agréer, le 5 août 1852, par S. Exc. le ministre de l'intérieur, les propositions de M. Coste ayant pour but cette grande œuvre d'éco-

---

[1] M. Coste. *Comptes rendus de l'Académie des sciences*, 1852. — *Instructions pratiques*, etc., 1re édit., p. 59.

[2] V. E. Blanchard, *les Poissons des eaux douces*, etc.; *Histoire de la législation*, p. 628 et suivantes.

nomie publique : le repeuplement des cours d'eau et l'acclimatation des meilleurs poissons étrangers.

« Un crédit de 30,000 francs fut affecté, en 1853, sur « les fonds d'encouragement, à MM. les ingénieurs du « canal du Rhône au Rhin, pour créer à Huningue un « grand établissement de fécondation et d'éclosion[1]. »

Il fut fondé... « sur le sol communal de Blotzheim, « à 5 kilomètres environ de l'ancienne forteresse de Hu- « ningue, où aboutit une branche du canal du Rhône « au Rhin, à 4 kilomètres de la station de Saint-Louis, « sur la ligne ferrée de Strasbourg à Bâle, et à 8 kilo- « mètres de cette dernière ville[2]. »

Des eaux de source, d'une température à peu près constante de 10 degrés centigrades, celles du Rhin dé- rivées, et les eaux du ruisseau d'Augraben, avec d'autres eaux marécageuses, utiles pour y recueillir certains ba- traciens propres à nourrir les poissons adultes conser- vés comme objet d'étude, formèrent le contingent de l'eau nécessaire à un tel établissement.

Par suite de nombreuses améliorations de nature à rendre cet édifice et ses dépendances en rapport avec l'extension des opérations qu'il avait pour but, les dé- penses totales de construction s'élevaient, en 1862, à 265,186 fr. 01 c.[3].

L'établissement de Huningue eut donc pour mission : 1° De rassembler des quantités, proportionnées aux de- mandes, d'œufs des meilleures espèces de poissons,

---

[1] *Notice historique sur l'établissement de Pisciculture de Huningue.* Strasbourg, impr. de veuve Berger-Levrault, 1862, rédigée par M. l'in- génieur en chef des travaux du Rhin.

[2] Notice précitée, p. 15.

[3] *Ibid.* p. 27

tels que les salmonidés existant en France, afin de répondre au désir, que ne tardèrent pas à manifester beaucoup de personnes ou de sociétés agricoles et savantes, de répandre ces espèces dans des eaux où elles n'existaient pas ; 2° De faire importer des pays voisins des œufs d'espèces également précieuses, afin d'obtenir, s'il était possible, l'introduction de ces espèces étrangères à notre pays.

Ces essais d'acclimatation furent les conséquences de la possibilité reconnue de transporter le frai d'un grand nombre de poissons à des distances très-éloignées, sans des pertes notables, puisqu'elles n'ont pas excédé 11 1/2 % dans les transports d'œufs, effectués dans les années 1859-60 et 1860-61 [1], de l'établissement chez les destinataires, qui sont invités à rendre compte, chaque année, des résultats qu'ils ont obtenus, sous peine de n'être plus compris dans les listes de distributions s'ils manquent à cette prescription. Nous devons dire, pour notre part, que le chiffre de ces pertes se réduisit progressivement à des quantités tout à fait insignifiantes, souvent à 1 ou 2 % des œufs que nous recevions.

Approvisionnement. — L'achat des œufs se fait à l'étranger, en Suisse et en Allemagne, où l'on trouve le plus de facilités pour les opérations de fécondation artificielle. Les sujets adultes obtenus ou conservés à Huningue et des truites communes fournies par le département des Vosges donnaient, en 1862, une faible part du contingent. Nous avons ouï dire que l'acquisition se faisait quelquefois par voie d'échange, par exemple

---

[1] Notice précitée, p. 93, tableau n° 5.

pour les œufs de saumons du Danube, qu'on échangeait contre ceux de saumons du Rhin.

Distribution. — L'approvisionnement étant fait, les œufs sont mis en incubation à l'établissement et ne sont expédiés aux destinataires qu'après cinq semaines environ, par les motifs indiqués plus hauts. Ils sont répartis entre les différentes personnes ou sociétés qui en ont fait la demande (en vue de peupler des espaces clos ou des cours d'eau) [1], par ordre de date de cette demande, qui doit être formulée avant le 1er novembre de chaque année, et aussi d'après l'appréciation des renseignements qui doivent l'accompagner, au sujet des eaux et des moyens de réussite avec lesquels on se propose d'opérer et qui font présumer que les chances de succès ou de soins sont plus ou moins grandes: des notes sont également tenues à Huningue sur les résultats obtenus par les destinataires qui ont reçu des envois antérieurs et sont consultés pour former la nouvelle liste de distribution, qui est en outre soumise à la sanction ministérielle. L'admission des demandes de pays étrangers a pour but non-seulement d'exercer une influence honorable au point de vue de la science et de la civilisation, mais de faciliter nos approvisionnements et d'amener des échanges, en nous mettant en bons rapports avec nos voisins [2].

A l'établissement même, on se livre à des essais

---

[1] En 1862, les distributions d'œufs s'étaient étendues à 53 départements et à 17 pays étrangers. (Notice précitée, p. 50.) En 1867, M. l'ingénieur en chef qui dirigeait Huningue m'a fait connaître qu'elles s'étaient étendues, pour la dernière campagne, à 75 départements et à 18 pays étrangers.

[2] V. Notice précitée, p. 49.

d'éclosion, d'élevage et de repeuplement des eaux qui l'avoisinent. Des alevins sont aussi distribués dans les localités où leur transport peut être effectué dans de bonnes conditions. Plus ils sont jeunes, mieux ils supportent le transport, même à de grandes distances, pourvu qu'on renouvelle l'eau assez souvent et surtout que les variations de température ne soient pas trop brusques[1]. Nous avons réussi maintes fois à faire subir, à des alevins âgés de 2 à 4 semaines, un trajet de deux heures de route, en les plaçant par groupes de 500 à 600 dans des bocaux contenant 2 litres d'eau environ, que l'on renouvelait une fois pour moitié de l'eau contenue dans chaque bocal, afin de mieux équilibrer la température de celle-ci avec celle du ruisseau où l'on en puisait de nouvelle.

Mode d'expédition des œufs. — De petites caisses légères, en sapin, reçoivent les œufs à expédier. Ils sont déposés dans un vide pratiqué, au moyen d'un moule, au milieu de mousse humide très-serrée, contenue dans une première boîte que l'on place, entourée de mousse très-sèche et très-serrée, dans une seconde boîte un peu plus grande, destinée à prévenir les effets de la gelée. Le destinataire n'a pas autre chose à payer que le port de l'envoi, qui lui est annoncé un jour à l'avance.

Nous nous plaisons à rendre ici hommage à la régularité de ce service. Pour nous, elle ne s'est jamais démentie, même dans les plus petits détails.

---

[1] J'ai vu périr plusieurs milliers d'alevins âgés de trois à quatre semaines, qui, transportés dans une eau dont la température ne s'élevait qu'à 1 degré au-dessus de 0, avaient été plongés subitement à leur arrivée dans une eau marquant 6 degrés centigrades au-dessus de 0.

Soins à donner aux œufs lors de leur réception. — Le plus tôt possible, après la réception des œufs, on doit les mettre en incubation, dans les conditions indiquées précédemment, et qui sont les meilleures que l'on ait éprouvées jusqu'à ce jour. Si la gelée était intense à l'heure de la réception de l'envoi, il serait important d'éviter, en laissant la caisse pendant quelques heures dans un endroit tempéré[1], que les œufs n'éprouvassent pas une trop brusque sensation par leur immersion dans une eau beaucoup plus chaude que l'air. Dans ce cas, en effet, une sorte de congestion des fluides se produit sur un point intérieur de l'œuf, dont la perte définitive est plus ou moins prompte, mais toujours inévitable. Et si même l'œuf était assez légèrement atteint pour pouvoir éclore, le jeune produit ne tarderait pas à périr, et sa décomposition rapide deviendrait un danger pour les autres à cause de l'exiguïté des appareils. Il faut donc se hâter d'enlever les œufs qui présentent des signes d'altération ; on les reconnaît aisément à des points d'un blanc mat, qui se montrent à la surface de l'œuf. Nous développerons plus loin les conséquences qui sont à redouter du manque de soin à cet égard, en parlant des conditions les plus favorables aux jeunes poissons après l'éclosion.

§ 6. — Notions générales concernant l'alevinage.

Quand un poisson de la famille des salmonides naît, il dégage les deux extrémités de son corps par une fis-

---

[1] Cette recommandation est contenue dans une instruction rédigée par M. Coste, et qui accompagne d'ordinaire l'envoi des œufs de Huningue.

sure qui s'opère dans la pellicule formant la coque transparente de l'œuf. Le reste du contenu de cette coque adhère au jeune être vivant et doit devenir son ventre ; c'est une sorte de poche arrondie ou pyriforme, qu'on nomme *vésicule ombilicale* [1].

Résorption de la vésicule ombilicale. — Les organes digestifs s'y développent lentement après l'éclosion, et ce n'est qu'au bout de deux mois, passés sans prendre aucune nourriture, que l'animal, ayant perdu tout à fait son caractère embryonnaire, se met à nager complétement et à chercher la nourriture dont il sent le besoin : il a *résorbé la vésicule.* En suivant attentivement cette phase, on voit que le volume de la partie abdominale diminue en proportion de l'accroissement des deux extrémités du jeune être. Cette partie médiane, d'où il a tiré son développement, se fond avec les deux autres, et se couvre d'une peau plus résistante, se colorant peu à peu des mêmes teintes : c'est le ventre de l'animal. Les corégones (et l'éperlan peut-être ?) diffèrent des autres salmones, en ce que la vésicule ovoïde, moins volumineuse que chez les autres, disparaît en peu de jours ; ils nagent librement et cherchent à manger dès qu'ils sont sortis de l'œuf, comme je l'ai vu maintes fois.

Quelques indications pouvant servir à distinguer l'espèce des alevins pendant les premiers mois. — Le corégone féra est d'une couleur jaunâtre très-pâle, en naissant ; au bout de quelques jours, le corps commence à prendre une teinte grise qui, progressivement, se rapproche de celle de l'acier poli.

[1] Dérivé d'ombilic ou nombril.

Le saumon se distingue de la truite, pendant les premiers mois, par sa couleur d'un brun pâle lavé de safran, avec de légères taches transversales d'un brun très-clair ; la truite est d'un brun foncé avec des taches transversales très-marquées. La nageoire dorsale[1] ne tarde pas à être parsemée de quelques petits points rouges ou noirs, tandis que le saumon a cette même nageoire unicolore et presque incolore. C'est un des caractères qui permettent de le distinguer longtemps de plusieurs de ses congénères[2].

L'omble-chevalier est, au même âge, d'une couleur jaune pâle ; il est parsemé de très-légères taches moins régulières que chez les autres, sa nageoire dorsale est comme celle du saumon.

Le saumon Heuch, dans les premières semaines, prend des teintes très-prononcées de brun foncé. Nous n'avons, du reste, réussi à obtenir que deux sujets de cette espèce, qui diffère essentiellement de presque toutes les autres en ce que sa vésicule ombilicale est complétement résorbée en moins de quinze jours. M. Coste a fait l'éloge de ce poisson, qui n'appartient pas à la faune ichthyologique de la France, et qu'il serait désirable de parvenir à y introduire. C'est, nous dit le savant naturaliste, « celui qui atteint dans un temps donné les dimensions les plus grandes. » Malheureusement, sa ponte ayant lieu à la fin de mai ou en juin, cela rend le transport des œufs très-périlleux ; la chaleur occasionne la perte du plus grand nombre. Espérons que l'on arri-

---

[1] Elle est placée vers le milieu du dos.

[2] A l'âge adulte, il a souvent, dit **M.** Blanchard, de petites taches noires éparses sur la nageoire dorsale (*Les Poissons des eaux douces*, etc., p. 450).

vera à vaincre cette difficulté, comme on en a déjà sur-
monté tant d'autres.

La période de la résorption de la vésicule est la plus
critique de tout l'élevage artificiel. Elle ne se passe pas
sans la perte de nombreux alevins [1], surtout si l'eau
qu'ils respirent n'est pas suffisamment pure. Le moindre
corps étranger s'attache aux bronches et produit dans
beaucoup de cas la mort.

§ 7. — Alimentation artificielle.

Quand la vésicule est résorbée, le jeune poisson, dont
les mouvements et la marche ressemblaient jusque-là
à ceux des batraciens à l'état de têtards, parcourt alors
en tous sens la masse liquide qui l'environne ; il cherche sa nourriture [2].

C'est le moment, soit de le mettre en liberté, dans les
espaces clos ou non clos que l'on veut peupler, *si l'on
ne peut prolonger l'élevage*, soit de lui fournir, dans le
bassin d'alevinage, une nourriture appropriée à ses
besoins et à son âge, telle que : chair d'animaux ter-
restres ou aquatiques, crue ou cuite, broyée très-menu,
lait caillé ou sang coagulé, jeunes poissons d'espèces
plus petites, nouvellement éclos, insectes de divers
genres, etc.

---

[1] Pour bien apprécier le fait de cette mortalité dans la première
phase de la vie des salmonidés, il est bon d'envisager que la même
loi atteint beaucoup de genres d'animaux, sans excepter l'espèce humaine, dans le premier âge. (V. ch. iv, proportion entre les œufs
mis en incubation et les poissons obtenus après l'élevage.)

[2] Ordinairement les truites et saumons, et ombles-chevaliers éclos
en janvier ou février, ne commencent à manger que dans les premiers jours d'avril.

Nous traiterons spécialement, avec plus de développement, cette question importante de l'alimentation artificielle des salmonidés, dans le premier âge, en faisant connaître aussi l'époque où notre propre expérience nous a fait voir qu'il était opportun de les mettre en liberté dans de grands espaces.

CHAPITRE II

« QUELLES SONT LES CONDITIONS DANS LESQUELLES LES
PETITS POISSONS DOIVENT ÊTRE PLACÉS APRÈS L'ÉCLO-
SION, POUR ÉCHAPPER AU PLUS GRAND NOMBRE DE
CAUSES DE DESTRUCTION ET SE DÉVELOPPER NORMA-
LEMENT [1]? »

Au point où en est arrivée la Pisciculture moderne, ce
n'est plus un problème difficile à résoudre, que de faire
éclore artificiellement la quantité d'œufs de poissons
que l'on peut avoir à sa disposition, quelque considérable qu'elle soit. Pour peu que celui qui dirige les incubations soit au courant de ce dont il s'agit, les éclosions
se font avec la plus grande régularité et un succès presque
toujours complet. Notre expérience ne nous permet pas
d'en dire autant de l'élevage des jeunes poissons que l'on
obtient. On a vu des hommes dévoués au bien public
lancer en grand nombre, dans les eaux, de petits saumons et truites naissants ou âgés de quelques jours seu-

[1] Le contenu de ce chapitre a été adressé, le 26 juin 1866, sous
forme de *Mémoire*, à la Société scientifique d'Arcachon, en réponse
à cette question de son formulaire, adressé aux personnes qui pouvaient désirer envoyer des travaux ichthyologiques à l'exposition de
pêche et d'aquiculture organisée par ses soins. — Quelques modifications ont été nouvellement apportées à la rédaction de ces quelques
pages.

lement[1]. Nous ne nous permettrons pas de dire d'une manière absolue que leurs efforts n'ont pu aboutir à un succès appréciable, ne connaissant pas les conditions dans lesquelles ils ont opéré, ni tous les résultats qu'ils ont pu constater. Mais notre opinion, basée sur une expérience de huit campagnes piscicoles consécutives, nous fait un devoir de signaler que le point essentiel, pour la réussite de ces jeunes fretins, est de les conduire, par l'élevage artificiel, jusqu'à un état de développement qui les mette *à l'abri des nombreux dangers qu'ils ont à courir pendant la première phase de leur existence.*

Le public apprécie encore les résultats obtenus, sans connaissance de cause. — C'est le cas de dire que, jusqu'ici, l'opinion publique a pu singulièrement errer dans la manière d'apprécier les résultats obtenus. — On a lâché, tel jour, plusieurs milliers de saumons, dans les eaux de tel lac ou de telle rivière. — Le public applaudit et croit à un succès. — On apprend qu'il n'a pas été trouvé un seul saumon dans un étang qui en avait été peuplé et que l'on a pêché récemment et le public de dire : Vous voyez bien que la Pisciculture ne signifie rien. — Dans l'un et l'autre cas, le public pense et parle sans connaissance de cause, car il ne sait ni les suites de la première opération, ni les circonstances particulières, accidentelles peut être, qui ont empêché que la seconde ne réussit.

Les appréciations de ce genre ne pouvant donc encore ébranler dans leur base les données de la science, nous déclarons notre résolution de ne pas nous en oc-

---

[1] Nous-même nous avons procédé ainsi dans les premières années de notre pratique.

cuper, et nous sommes convaincu que, parmi les expériences faites, un assez grand nombre ont été heureuses pour qu'elles soient suivies de beaucoup d'autres, mieux dirigées et plus convaincantes que les premières.

Avant de parler de l'époque qui convient pour la mise en liberté des jeunes poissons, qui est le terme de l'élevage, disons les principales remarques que nous avons faites au sujet de l'élevage lui-même.

Soins que réclament les alevins après l'éclosion. — Les éclosions des œufs de salmonides étant une fois obtenues, les soins à donner changent de nature.

Le courant d'eau, qui alimentait les appareils décrits plus haut, peut rester le même que pour la période des incubations : il suffit d'un faible courant d'une eau très-pure tombant presque goutte à goutte.

Ce qu'il faut aux jeunes poissons, pour se développer avec le moins de pertes possibles, et nous devons dire qu'elles sont souvent minimes et quelquefois presque nulles, c'est de veiller :

1° A la propreté de l'eau ;

2° A ce qu'une obscurité constante soit maintenue autour des jeunes poissons, jusqu'à l'entière résorption de la vésicule ombilicale.

Propreté de l'eau. — La première condition s'obtient dans les auges au moyen de la petite pipette en verre, décrite plus haut, et, dans le bassin d'alevinage, quand on y a porté les poissons, au moyen de la grande pipette avec laquelle un homme apprend vite à manœuvrer d'une manière très-efficace, pour enlever tous les sédiments qui se forment au fond des bassins.

Dans une eau qui n'est pas suffisamment limpide, les corpuscules étrangers qui s'y trouvent, tels que fragments végétaux ou animaux qui flottent dans l'eau,, comme dans l'air, s'attachent aux organes respiratoires des jeunes poissons et occasionnent leur mort.

Obscurité maintenue autour des alevins jusqu'à la résorption de la vésicule ombilicale. — On obtient l'obscurité nécessaire en plaçant de légères planchettes sur les auges, ou de grands couvercles sur les bassins d'alevinage. Il nous est prouvé que cette obscurité est très-propice[1], sinon nécessaire aux alevins, jusqu'à la résorption de la vésicule ombicale, puisque l'expérience nous a démontré que ceux qui étaient exposés à la lumière périssaient en trop grand nombre, tandis que ceux maintenus dans l'obscurité réussissaient complétement. Il est probable que c'est une des conditions qu'ils recherchent et qu'ils trouvent à l'état naturel, sous les pierres et entre les cailloux des ruisseaux. Elle a pour effet, croyons-nous, dans l'état de captivité où ils sont tenus, de les rendre moins sensibles au bruit et à l'agitation qui peuvent résulter de la présence des personnes qui les soignent et de ménager ainsi leur sensibilité nerveuse[2]. Nous avons, par le fait, remarqué que souvent les auges qui réussissaient le mieux étaient celles où l'on avait pratiqué le moins de transbordements ou de net-

---

[1] M. Coste (*Instructions pratiques*, etc.) avait signalé ce point, à propos des abris à ménager aùx jeunes poissons *dans les bassins*. Elle est, selon nous, *non moins nécessaire* pendant le temps où ils sont maintenus *dans les auges*.

[2] La lumière ne pourrait-elle agir aussi d'une autre manière sur les jeunes poissons, en favorisant sur leurs corps, particulièrement sur leurs bronches délicates, le développement de ces végétations parasites, qui atteignent même les gros poissons, et causent quelquefois sur eux des épizooties, comme l'a observé un savant allemand, Unger, dont les découvertes, citées par M. Ch. Robin, seront rapportées au ch. v? — Nous serions très disposé à le croire.

toiements au moyen de la pipette[1]. Quand une éducation marche bien, les poissons se réunissent généralement en troupeau dans le même angle de l'auge qu'ils occupent, et ce qui prouve le mieux qu'ils fuient la lumière, c'est qu'une fois qu'on a mis la planchette sur l'auge, tous se portent presque aussitôt vers l'un des angles opposés à celui qui correspond à l'échancrure pratiquée dans la planchette et destinée à laisser arriver le courant d'eau.

J'ai encore observé que les petits poissons, ainsi agglomérés, tournaient tous la tête dans la même direction, vers l'angle ou vers une partie de la paroi de l'auge, et qu'ils imprimaient à l'eau, au moyen de leurs nageoires naissantes et de la partie inférieure très-souple de leur corps, une légère oscillation qui doit sensiblement contribuer à éloigner de leurs ouïes et de toutes les parties de leur corps les sécrétions internes ou externes, qui, comme on le sait, ne cessent de se produire chez tout animal vivant. J'ai remarqué également, en soulevant un peu la planchette, que ces oscillations devenaient plus fréquentes, à mesure que les alevins s'apercevaient de ma présence ou seulement de l'apparition d'une lumière plus vive. Il m'est arrivé aussi de constater que des alevins, contenus dans une auge que la planchette ne recouvrait que pour moitié de sa surface, restaient tout le jour abrités dans la partie couverte, située à l'extrémité de l'auge opposée à celle où l'eau y arrivait. Quand la nuit était venue, tout mon troupeau aquatique avait émigré et s'était réuni dans la partie

---

[1] Leur effet est de mettre en mouvement les sédiments, et de les disséminer sur les poissons ; — ils peuvent, en s'y attachant, servir de base aux végétations parasites.

non couverte, au-dessous du filet d'eau qui alimentait l'auge. On peut en conclure que, s'ils recherchent certainement l'eau courante, ils lui préfèrent encore l'obscurité.

Ce qui nous semble pouvoir confirmer notre appréciation, au sujet du mal qui résulterait pour l'alevin de l'excitation causée en lui par la trop vive lumière et l'agitation environnante, c'est qu'on n'ignore pas le soin que prennent les pêcheurs qui veulent conserver du poisson en vie, de le placer dans des réceptacles où il soit à l'abri de ces inconvénients.

Au sujet des soins de propreté et de surveillance, il ne faut pas oublier qu'un petit nombre de corps morts, séjournant dans une auge de petite dimension, suffisent pour engendrer en peu de jours la putréfaction de l'eau, si on ne les enlève pas assez promptement. Quand les commencements d'une éducation ont été bons ce soin est très-facile, car les poissons, réunis en troupe, comme nous l'avons dit, expulsent promptement d'au milieu d'eux tout corps inerte, qui devient alors facilement visible et que l'on s'empresse d'enlever au moyen de la pipette[1]. Quand une auge semble atteinte de quelque maladie plus ou moins générale, le mieux est de la reléguer à l'échelon inférieur des appareils. Il y a peu de chose à en attendre.

---

[1] Les oscillations continues que produisent les alevins, ainsi réunis, sont très-curieuses à observer : les têtes convergeant vers un même point, l'ensemble de cette masse vivante forme quelquefois une sorte d'éventail mouvant, qui écarte, par son agitation, l'eau ambiante et lui donne une impulsion, d'amont en aval, par rapport à la tête du poisson. On conçoit qu'ainsi toute l'eau qui leur a servi ou tout corps étranger se trouvant au milieu d'eux sont refoulés en arrière, et font place à une portion nouvelle du liquide.

Utilité, pour l'élevage, de l'enlèvement des œufs altérés, avant qu'ils n'éclosent. — Nous ferons remarquer, à propos des maladies dont cette race n'est pas exempte, que ce n'est pas sans étonnement qu'on s'aperçoit quelquefois que des alevins, dont l'éclosion et la première partie de l'éducation s'étaient faites avec une apparence de complète réussite, se trouvent tout d'un coup atteints de quelque fluxion à la vésicule, qui cause leur perte. Notre opinion à ce sujet est que l'œuf portait, à son arrivée dans le lieu de l'éclosion, le germe d'un mal encore assez peu développé pour lui permettre d'accomplir son éclosion et la première partie de la résorption de la vésicule, mais cependant incurable. Si l'on observe attentivement, à la loupe par exemple, les œufs qui viennent de subir un long trajet, on remarque que ceux auxquels la gelée ou une variation trop subite de température ont pu causer une légère extravasion de leurs fluides présentent près de leur surface des points d'un blanc mat (ou plus rarement d'un rouge vif), quelquefois minimes, mais toujours mortels. Ces œufs, soumis à une observation suivie, éclosent très-souvent en même temps que les œufs sains, et le produit se développe jusqu'à un certain degré; mais le point morbide reste toujours apparent sur la vésicule et cause la mort de l'alevin, même à l'époque où il est sur le point de terminer la résorption de cette vésicule. On en voit souvent chez lesquels cette partie du corps, devenue le siége d'un vaste abcès (puisqu'il faut parler la langue d'Hippocrate), se crève et se vide presque complétement, laissant échapper une matière blanchâtre qui peut engendrer des miasmes dans les appareils, et est d'autant plus difficile à enlever qu'elle se dissémine en une foule de parcelles.

Ceci doit donc engager à reconnaître et à enlever des lits d'incubation les œufs qui présentent la moindre trace d'altération, puisque la présence de sujets nés, provenant d'œufs altérés, doit devenir dans la suite de l'élevage une source de dangers et d'embarras plus grands que dans le principe.

Si nous avons cru devoir nous étendre sur ce point, c'est afin de tranquilliser, dans bien des cas, l'éducateur, qui, voyant mourir un certain nombre d'alevins à une époque déjà avancée de l'élevage, croit à un danger provenant de la nature de l'eau ou de quelque autre cause, se décourage et livre prématurément à la rivière ou à d'autres eaux, les jeunes poissons qu'il suppose être dans de mauvaises conditions, tandis qu'il aurait dû enlever les morts du bassin d'alevinage et continuer ses soins aux autres.

Soins donnés aux alevins dans le bassin d'alevinage. — Quels soins donnons-nous donc aux poissons portés des auges dans le bassin d'alevinage?

Nous croyons presque toutes les eaux limpides favorables à l'élevage des salmonides, qu'elles soient de source ou de ruisseau. Depuis quelques années nous opérons avec ces dernières, et pour éviter qu'elles n'arrivent troubles, en cas de pluie, un premier petit compartiment est rempli de sable de rivière, bien nettoyé, de manière à servir de filtre. La paroi antérieure de ce filtre est faite en tuf très-poreux, de façon que l'eau pénètre à toutes les hauteurs dans le compartiment contigu du bassin d'alevinage dont l'eau, se trou-

---

¹ Ce tuf, qui se trouve près des cascades de Salles-la-Source (Aveyron), est composé de dépôts calcaires récents, et laisse facilement passer l'eau, grâce à sa très-grande porosité.

vant ainsi renouvelée dans ses diverses couches, *offre de l'analogie avec le courant d'un ruisseau.* Le compartiment suivant reçoit l'eau du précédent de deux façons : par un courant à la partie supérieure et par un courant inférieur[1] établi dans le fond de ce second bassin au moyen d'un tube en plomb percé de plusieurs petits trous, et qui prend son alimentation à l'un des robinets qui distribue l'eau dans le filtre ; l'extrémité inférieure de ce tube étant bouchée, de *petits courants* s'établissent ainsi par le poids de la colonne d'eau supérieure qui y afflue.

Système de décharge pour laisser écouler le trop-plein du bassin. — Le moyen indiqué par M. Jourdier[2] pour laisser écouler l'eau, à sa sortie des bassins, consiste en un entonnoir placé au haut d'une colonne de décharge, de manière que l'eau s'y précipite quand la partie supérieure de la nappe d'eau affleure aux bords de l'entonnoir. Le principe de ce système est excellent. *On ne se doute pas, en effet, généralement, de la promptitude avec laquelle une couche d'éléments étrangers, en suspension dans l'air ou dans l'eau, se forme sur une nappe d'eau qui se déverse à l'extérieur par une grille trop fine.* Malheureusement le procédé indiqué devient souvent difficile à employer, parce que les poissons parviennent à s'échapper par l'instrument de décharge ainsi établi, dès que la couche d'eau fuyante atteint un certaine épaisseur ; pour y obvier, il faudrait employer des entonnoirs d'une dimension très-grande, qui les rendrait dispendieux et gênants. On pourrait probablement perfectionner cet

---

[1] Indiqué par M. Coste, *Instructions pratiques*, p. 76.
[2] *La Pisciculture et la production des sangsues*, A. Jourdier. Paris, 1856. — *Piscine du Collége de France*, p. 61, fig. 14.

appareil en établissant, vers le milieu du cône formé par l'entonnoir, un petit godet suspendu au moyen d'une légère grille conique et concentrique, qui laisserait écouler l'eau, tandis que le poisson échappé resterait au fond du godet.

Nous n'avons du reste employé que peu de temps le système recommandé par M. Jourdier, les jeunes poissons, devenus plus agiles avec l'âge, ayant franchi trop fréquemment les bords de l'entonnoir, même quand la couche d'eau fuyante était très-mince; nous en signalons cependant le sérieux avantage, et nous essayerons plus bas de décrire de quelle autre manière il pourrait être appliqué dans de plus grands établissements [1]. Sa suppression, chez nous, a nécessité de plus fréquents nettoyages, au moyen de la pipette, dans le fond des bassins [2].

Abris pour les jeunes poissons. — Nous avons reconnu l'avantage des abris ménagés aux poissons et conseillés par M. Coste. En effet, le plus grand nombre et les mieux portants des poissons s'y réunissent jusqu'à la résorption de la vésicule. Ces abris consistent, si l'on veut, en poteries présentant diverses ouvertures; ce n'est qu'à l'époque où les alevins commencent à avoir besoin de nourriture qu'ils ne fréquentent plus ces retraites. Elles leur sont du reste moins nécessaires et ils s'y pressent en moins grand nombre, quand le bassin est tenu dans l'obscurité par des couvercles.

Les transbordements des alevins doivent être évités autant que possible. — Une observation doit trouver ici sa

---

[1] V. ch. IV, Bassin idéal.

[2] Ces nettoyages deviendraient peut-être extrêmement prompts au moyen d'une petite pompe à main.

place au sujet des transbordements des alevins que l'on croit quelquefois utiles pendant leur séjour dans les bassins, et que nous conseillons de ne faire que dans les cas les plus urgents. Plusieurs accidents très-fâcheux, qui nous sont arrivés dans cette manœuvre, nous ont enseigné les précautions à prendre. ·

Ayant cru nécessaire de faire vider et nettoyer le bassin d'alevinage, où l'eau, troublée par de fortes pluies, avait amené une légère couche de limon malgré le filtre, les poissons furent pris au moyen de la pipette et déposés dans des réceptacles d'assez grande dimension, où l'on renouvelait l'eau fréquemment. Dans l'espace de deux ou trois heures, nécessaires pour achever le nettoyage, la majeure partie des jeunes poissons, qui n'avaient pas résorbé la vésicule ou qui l'avaient résorbée depuis quelques jours, périrent. J'avais d'abord attribué cet accident à l'influence du zinc dont était garni le réceptacle. A la seconde épreuve, je me rendis compte que la pipette aspirait en même temps que les poissons une certaine quantité de débris organiques et de limon qui s'aggloméraient au fond du réceptacle provisoire (une auge de 4 mètres de long sur 0,30 de hauteur et de largeur), et que les poissons, se groupant au milieu des sédiments, s'y embarrassaient, perdaient de leur vivacité, et étaient trouvés morts pour plus de moitié d'entre eux, le lendemain, dans le bassin où on les avait replacés.

La cause de ces échecs m'étant dès lors bien connue, j'y ai obvié d'abord en ne faisant plus de transbordements qu'à la dernière extrémité et en plaçant dans ce cas, temporairement, les alevins dans un autre compartiment du bassin où l'eau, ayant un courant suffisant et continu, les poissons s'éloignaient des sédiments pour affluer *vers l'eau courante* et n'éprouvaient aucun mal.

Alimentation des alevins : Larves de diptères tipulaires : Lait caillé. — Un des points essentiels de l'élevage est l'alimentation des alevins; beaucoup de moyens sont employés avec plus ou moins de succès pour y subvenir. Voici ceux que j'ai adoptés : rien ne m'a paru préférable aux *proies vivantes*, dont j'indique tous les avantages dans le chapitre suivant, consacré entièrement à la découverte que j'ai faite dans nos eaux d'une larve de l'eau courante, très-abondante, qui convient beaucoup à la nourriture des jeunes salmonidés. Le lait caillé est entré quelquefois dans l'alimentation de nos alevins, mais seulement comme variété de nourriture.

Mise en liberté, deux ou trois mois après la résorption de la vésicule ombilicale. — Ce qui donne, selon moi, une importance majeure à un bon système d'alimentation, c'est la nécessité, qui me paraît démontrée jusqu'à l'évidence, *de conserver les jeunes salmonidés, élevés artificiellement, jusqu'à ce qu'ils aient atteint un certain développement.*

On peut objecter à cette proposition que l'on ne voit pas pourquoi de jeunes alevins, mis en liberté dès qu'ils sont éclos et surtout dès qu'ils ont résorbé leur lourde vésicule, ne réussiraient pas aussi bien que ceux éclos à l'*état naturel.*

Je dirai d'abord qu'on ignore dans quelle proportion ceux-ci réussissent, car rien n'est encore moins constaté peut-être, et bien des dangers connus les menacent à cet état naturel que l'on suppose parfait.

Et, en admettant qu'il le soit, je dirai aussi qu'on ne

cherche que bien rarement à placer les alevins, obtenus artificiellement, dans leurs *conditions naturelles*. Le plus souvent, on les lâche dans un beau cours d'eau bien large, bien profond : on ne doute pas que les poissons de rivière, surtout comme les saumons, ne soient faits pour la rivière ou le fleuve. Or, sans anticiper sur le résultat de nos observations à cet égard, relatées dans un chapitre suivant, disons que c'est au ruisseau qu'ils naissent et grandissent jusqu'à un certain degré, et que si l'on veut espérer d'en revoir un seul de ceux qu'on voudrait lâcher tout jeunes, c'est dans le *petit ruisseau* limpide, graveleux, qu'il faut les porter. La nature les y place[1].

Voici, du reste, sur quelle suite d'expériences nous avons basé notre assertion *sur l'époque de la mise en liberté ;* elle se rapporte particulièrement aux salmonidés élevés en vue de peupler des eaux fermées, mais elle doit aussi, croyons-nous, être étendue à ceux que l'on destine aux eaux libres.

Première épreuve. — Il y a huit ans, je conservai dans mon bassin d'alevinage 400 jeunes truites des lacs et saumons du Rhin, obtenus par l'éclosion d'œufs envoyés de Huningue. Ils furent alimentés avec des larves d'eau de diptère tipulaire pendant *deux mois après la résorption de la vésicule*, et mis dans un étang vide d'autres

---

[1] M. Milne-Edwards, dans son rapport du 26 août 1850, que tous les pisciculteurs *devraient* avoir lu, disait : « Lorsque les petites « truites que l'on élève de la sorte sont destinées à servir de suite « à l'empoissonnement d'une rivière, il faut les placer dans les ruis- « seaux tributaires de celle-ci, et choisir les cours d'eau qui bouil- « lonnent sur un fond de cailloux ou de rochers. » (Rapport à M. Du- mas, ministre de l'agriculture et du commerce, sur l'empoissonnement des rivières.)

poissons à la fin de mai 1860, époque à laquelle ils atteignaient 0^m,04 et 0^m,05 de longueur[1].

Une quantité beaucoup plus considérable (plus d'un millier) de jeunes alevins, provenant des mêmes éclosions, fut livrée, *avant ou peu de temps après la résorption de la vésicule*, à un autre étang de même dimension et dans les mêmes conditions que le précédent.

Au bout de deux ans, les deux étangs furent vidés pour procéder à une revue des produits. Sur les 400 sujets placés dans le premier, deux mois après la résorption de la vésicule, 98 saumons et 200 truites furent trouvés bien portants et ayant atteint un accroissement normal. Ce chiffre de 298 pouvait même être porté à 314, en y ajoutant 16 sujets exposés au concours régional de Rodez, soit.. 314

Sur la quantité de plus d'un millier livrés au second étang, avant la résorption de la vésicule, on n'en trouva, à la même date, que le chiffre relativement bien inférieur de.. . . . . 186[2].

Cette première épreuve concluante, en faveur de la prolongation de l'élevage, a été suivie de plusieurs autres qui ont donné des résultats non moins convaincants.

---

[1] Parmi eux, 10 saumons du Rhin âgés de 15 mois et longs de 0^m,09 à 0^m,11, et 6 truites des lacs du même âge, longues de 0^m,18 à 0^m,19, furent exposés vivants au concours régional de Rodez, en mai 1861.

[2] Les 298 sujets tirés du premier étang furent réunis aux 186 tirés du second et placés, bien portants, dans le plus grand des étangs du Cluzel (1 hectare environ de superficie, 3^m,50 de profondeur à la bonde). Leur ensemble formait un total de 484 sujets, âgés de 2 ans, parmi lesquels on comptait 184 saumons et 300 truites. Nous dirons, au chapitre *de la Pisciculture dans les eaux fermées*, ce que sont devenus ces produits.

Des circonstances en dehors de ma volonté m'ayant empêché, plusieurs années de suite, de faire prolonger les soins que, du reste, je ne croyais pas alors indispensables aux jeunes alevins que j'avais continué d'obtenir, ils furent placés successivement dans l'étang de première année, après avoir reçu pendant quelques jours seulement l'alimentation de proies vivantes dont nous avons parlé et une partie d'entre eux avant même la résorption de la vésicule.

Deuxième épreuve. — Pour la campagne de 1861, 128 poissons seulement, sur plus d'un millier, furent trouvés au printemps suivant dans l'étang de première année[1].

J'attribuai d'abord l'insuccès à un défaut de précision dans la fermeture de la bonde de l'étang, et je fis en sorte, quand il fut rebouché en vue de recevoir une nouvelle génération, que de la terre argileuse entourât complétement le bouchon de fermeture. Je pensais, en effet, que cette bonde laissant échapper un filet d'eau qui devait atteindre un certain volume, puisque le bruit de sa chute arrivait jusqu'à l'oreille (ce dont je m'étais aperçu tardivement), il n'était pas étonnant que l'interstice eût pu donner passage à mes jeunes élèves, encore s minces à l'époque de leur mise en liberté.

Troisième épreuve. — L'épreuve suivante, qui eut lieu en 1862, fut la répétition de la précédente : les efforts ordonnés n'avaient réussi qu'incomplétement à arrêter la fuite d'eau susmentionnée ; les jeunes poissons furent

---

[1] Nous ne parlons pas ici des produits livrés aux eaux courantes ou à d'autres eaux fermées, pour ne pas fatiguer le lecteur par l'exposé d'observations trop complexes, ne tendant pas au même but. (V. les procès-verbaux, ch. x.)

lâchés en grand nombre ; 70 sujets furent un an après le fruit de cette campagne. Je fus désappointé mais non découragé, croyant n'avoir affaire qu'à une cause matérielle des plus simples, quoique des plus fâcheuses. Le bois du canal de la bonde avait un défaut que je constatai moi-même. Il fut réparé, et, dès lors, je me crus assuré d'un succès pour la campagne suivante[1].

Quatrième épreuve. — En 1863, même marche, même résultat. Cette fois, la bonde ne laissait plus passer aucune quantité d'eau ; les poissons n'avaient donc pas pu prendre cette voie pour s'échapper. Qu'étaient-ils devenus ?

Appliquant alors mes réflexions aux causes probables des quatre échecs consécutifs que j'avais éprouvés sur des poissons mis en liberté au bout de quelques semaines d'élevage, et me reportant aux conditions dans lesquelles j'avais opéré la première année, où j'avais réussi à conserver la majeure partie des poissons lâchés après deux mois d'alimentation artificielle ; me représentant d'un autre côté la facilité avec laquelle j'avais vu plusieurs fois divers insectes d'eau, ennemis des poissons, tels que la larve du *Dytiscus-marginalis*, *la Nétonecte*, etc.,

---

[1] Quoiqu'il puisse paraître puéril de rapporter de si minces résultats, et de dire qu'on a attribué l'insuccès à des causes si faibles en apparence, nous avons cru bon, pour l'enseignement d'autrui, de citer exactement ces faits, tels qu'ils se sont présentés. Ces travaux sont hérissés de petits dangers, qui ne sont bien connus que de ceux qui savent, dans la pratique, en apprécier les conséquences. Une inattention, telle que le manque de précision dans la fermeture des bondes, peut en effet causer un échec. Nous aurions peut-être cru aussi devoir taire ces trois défaites, si elles n'avaient eu pour heureux effet de nous démontrer d'une manière bien évidente la thèse que nous posons aujourd'hui en principe : la prolongation de l'élevage ; elle a produit depuis d'excellents effets (V. ch. III).

s'emparer des petits poissons trop jeunes, soit le jour de leur mise en liberté, soit quelques jours après, *leur arracher les yeux et causer leur mort*, je ne doutai plus que telle ne fût la cause réelle de la disparition annuelle de si nombreux alevins, encore incapables d'échapper à de pareils dangers.

Dès ce moment, ma résolution fut prise de ne plus livrer aucun poisson aux eaux libres ou fermées, sans qu'ils eussent reçu, en lieu sûr, des soins assez prolongés pour qu'ils pussent réussir comme ceux lâchés à la fin de mai 1860. L'épreuve faite en 1867-68 a justifié complétement cette manière de voir. Sur 1,000 alevins truites et saumons lâchés dans un des étangs à l'âge de 3 mois 1/2 et 4 mois, il en a été trouvé, un an après, une quantité si considérable, qu'on a pu constater un succès complet [1].

Une observation, au sujet des insectes nuisibles aux alevins, trouve ici sa place. Comme on a pu le remarquer, le chiffre des poissons obtenus dans chacune des épreuves infructueuses, au bout d'un an, a été en décroissant. Nous attribuons ce fait à la multiplication plus grande des insectes nuisibles dans l'étang qui a été le théâtre de ces essais malheureux pour la plupart, mais instructifs. La première année, l'étang, nouvellement créé, contenait moins de ces insectes que le ruisseau seul avait pu y porter; d'année en année, ils ont dû pulluler dans l'étang lui-même. Observons encore, du reste, que ces ennemis, dangereux pour les poissons trop jeunes, ne sont plus, pour les autres devenus plus grands, qu'un objet de chasse et d'alimentation.

---

[1] V. ch. x, procès-verbal de pêche pour le concours régional.

Utilité de séquestrer les alevins de divers âges. — Encore un mot concernant les conditions qui touchent à la conservation des jeunes salmonides, depuis leur naissance jusqu'à l'âge où il est opportun de leur donner la liberté. Nous voulons parler de la nécessité que nous avons reconnue dernièrement de séparer autant que possible, dès les premiers temps, les poissons de divers âges. En effet, nous avons vu des truites des lacs et des saumons, nés dans les premiers jours de février, donner la chasse particulièrement à des ombles-chevaliers plus jeunes, ainsi qu'à des truites saumonées écloses dans les derniers jours de mars. Je n'ai pu assister à la lutte corps à corps, occasionnant la mort, mais j'ai vu souvent les agresseurs plus forts attaquer et harceler avec persistance les espèces plus jeunes et plus faibles dont nous venons de parler, leur donnant des coups de dents pour les empêcher de saisir quelque proie. J'ai constaté aussi, le soir même ou le lendemain de ces combats, la présence d'ombles-chevaliers et de truites saumonées morts, dont les saumons et truites des lacs, plus âgés, se disputaient les cadavres. Les yeux et les parties molles du dessous de la gorge étaient toujours enlevés. Je regrettai d'autant plus la perte des ombles-chevaliers, que je n'en possédais qu'un petit nombre (une centaine) et qu'ils périrent presque tous de cette manière [1].

En outre, ayant pris, à la même époque, une jeune truite des lacs de 0 m. 05 à 0 m. 06 de longueur, dans le bassin d'alevinage, pour faire une observation, quel

---

[1] Nous n'avons demandé à Huningue que de faibles quantités d'œufs de cette espèce, qui ont toujours supporté le transport beaucoup moins bien que les autres.

ne fut pas mon étonnement de voir la queue d'un jeune poisson mort, sortant de la bouche de cette truite. Je le retirai tout entier, non dégluti ; c'était une de mes jeunes truites saumonées. Je n'ai donc pas vu les uns tuer les autres ; mais j'ai vu entre eux des combats qui ne peuvent que nuire aux plus faibles, et puisque les plus forts mangent les autres morts, il est plus que probable qu'ils les mangent vivants ou expirants. De là l'utilité, que nous signalons, de séparer les alevins d'âge différent, si l'on veut éviter ce danger [1].

Soins à donner aux jeunes corégones féras. — Quoique nous nous proposions de donner sur ce genre de salmonides de plus amples informations, au chapitre *des Eaux fermées*, mentionnons ici déjà que les jeunes féras n'ont pas supporté plus de quelques jours de captivité dans notre bassin maçonné. On peut les y faire éclore ; mais on doit, selon nous, les transporter *le plus tôt possible dans des réservoirs à ciel ouvert*, à bords en pente et gazonnés, alimentés par un courant d'eau vive et limpide.

Nous croyons bon, à cause de l'extrême ténuité de ces animaux à leur naissance, de les déposer d'abord dans un vivier de petite étendue, muni d'un système de grille en toile galvanisée, très-fine, dont la description se trouvera au chapitre V, et de les y conserver pendant trois ou quatre mois, avant de les livrer à la pleine eau d'un étang qu'il serait presque impossible de munir d'une grille semblable, à cause du débit d'eau or-

[1] Un article du journal *la Vie à la campagne*, intitulé *Réflexion d'un Pisciculteur*, par M. E. Noël, signale des faits semblables, et l'auteur conclut comme nous à la nécessité de parquer les élèves par rang d'âge, p. 311.

dinairement trop abondant pour que cette grille ne soit pas promptement obstruée par des débris de végétaux.

Il nous semble bon également de semer les œufs de féras sur un lit de plantes aquatiques bien nettoyées, dépourvues autant que possible d'insectes, transportées avec la motte de terre humide où elles croissaient et déposées au fond d'un bassin bien clos et couvert, plutôt que de répandre ces œufs sur de semblables végétaux dont serait garni naturellement ou artificiellement le vivier à ciel ouvert où doit se faire l'élevage lui-même. Dans ce dernier, en effet, les œufs sont trop exposés aux atteintes des insectes et reptiles aquatiques qui y pullulent ou que le courant d'eau y amène en énorme quantité, comme nous avons eu lieu de nous en assurer.

Nous n'avons réussi à faire accepter aucune nourriture vivante ou morte aux jeunes corégones féras, qui, comme nous l'avons dit plus haut, cherchent à manger dès qu'ils ont brisé l'enveloppe de l'œuf. Ils semblent s'arrêter, dans le premier âge, devant des animalcules qu'ils rencontrent dans leur marche et s'en saisir, comme paraît l'indiquer le mouvement de leurs mâchoires; mais ces animalcules ne sont pas visibles à l'œil nu, ou du moins on ne peut les distinguer du bord de l'eau.

Ainsi qu'il a déjà été dit, nous ne traitons que de ce qui est relatif à la conservation des jeunes poissons des espèces précieuses qui ont fait l'objet de nos études. Quant à ce qui concerne les autres, nous renvoyons aux auteurs qui en ont le mieux parlé et aux notions desquels nous ne saurions rien ajouter de nouveau[1].

---

[1] Le Dr J. Lamy et autres auteurs précités.

CHAPITRE III

NUTRITION DES JEUNES SALMONIDES AU MOYEN D'UNE LARVE DE L'EAU COURANTE [1].

Dès le commencement de mes expériences de Pisciculture, en 1860, je fus assez heureux pour découvrir dans le ruisseau qui alimentait mon petit établissement piscicole, situé sur le domaine du Cluzel [2] (Aveyron), quelques insectes qui attirèrent mon attention et devinrent aussitôt un moyen puissant de nutrition pour les jeunes salmonides que j'élevais.

C'étaient de petites larves longues de 4 à 5 millimètres : j'en envoyai des spécimens à un éminent naturaliste, M. Guérin-Méneville, qui eut l'extrême obligeance de les définir en leur donnant la dénomination de larves de *diptères tipulaires voisins des simulies* de Latreille [3].

---

[1] Le contenu de ce chapitre a été adressé, sous forme de *Mémoire* manuscrit, à l'Académie des sciences et reçu en séance du 1er juillet 1867.

[2] Appartenant à M. de Monseignat, mon beau-père.

[3] Observées en 1849 dans une rivière d'eau vive à Sainte-Tulle, près Manosque (Basses-Alpes), par M. Guérin-Méneville ; d'après lui, ce serait probablement le même insecte sur lequel MM. Westwood et Curtis ont publié un travail dans le *Gardners chronicle*, 1848, p. 204, et qu'ils nomment *Water cress fly*.

Les premières qui s'offrirent à ma vue étaient fixées à un morceau de quartz, dans le courant du ruisseau du Buguet, affluent de l'Aveyron, qui provient de terrains schisteux, et dont les eaux sont limpides. Lors de cette

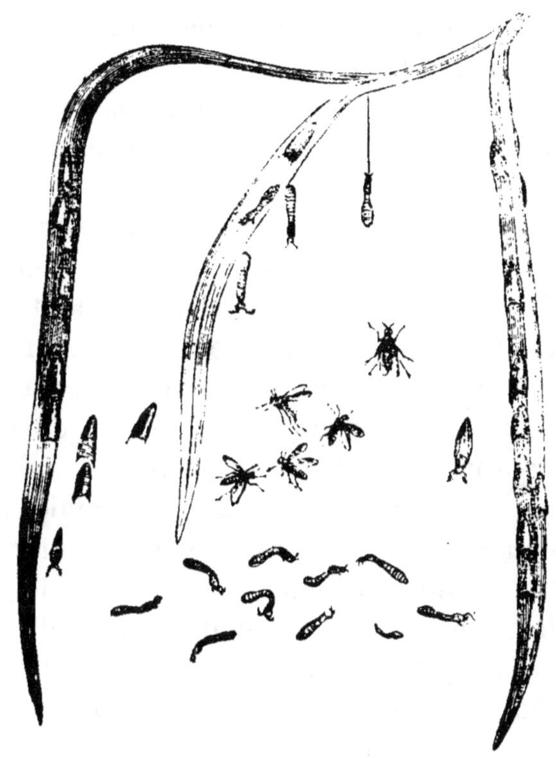

PLANCHE I. — Diptère tipulaire voisin des simulies (de Latreille dans ses trois métamorphoses.

découverte, j'étais arrivé à la période de l'éducation des jeunes salmonides où il devient nécessaire de leur donner de la nourriture, et j'en possédais un grand nombre qui venaient de résorber la vésicule ombilicale, dans un bassin d'alevinage.

4.

Je leur faisais distribuer [1] de la chair cuite réduite en poudre et des jaunes d'œufs durs, réduits en petites parcelles, qui semblaient satisfaire assez bien leur appétit; je trouvais cependant à ces sortes d'aliments le double inconvénient de descendre trop vite au fond du bassin, où mes élèves paraissaient les rechercher moins que lorsqu'ils étaient en suspension, et de donner fréquemment une mauvaise odeur à l'eau, malgré les soins de propreté continus et très-assujettissants que je faisais exercer.

Or, jusque-là, aucun autre insecte aquatique, de la nature de ceux qui conviennent pour l'usage en question, ne s'était offert à mes recherches en quantité suffisante, soit dans les eaux courantes, soit dans les eaux stagnantes de notre canton, où ces dernières sont, du reste, fort rares, à cause de la perméabilité du sol qui facilite leur prompt écoulement. D'ailleurs, à l'époque peu avancée de l'année où les jeunes salmonides commencent à manger, c'est-à-dire dans les premiers jours d'avril, la vie semble à peine réveillée dans le monde des insectes, chez nous du moins, où l'altitude de 700 mètres à laquelle est située la partie de l'Aveyron que nous habitons ne contribue pas à rendre précoces les effets du printemps.

J'offris donc, avec curiosité, les larves que je venais de découvrir aux jeunes truites et saumons, qui s'en saisirent avidement, comme d'une proie à eux naturellement destinée. Je retournai au ruisseau, et, au premier examen, je trouvai un grand nombre des mêmes larves

---

[1] D'après les indications de M. Coste (*Instructions pratiques*, p. 82, 2e édit.).

fixées aux pierres éparses dans le lit peu profond et aux herbes inclinées au fil de l'eau ; j'en aperçus aussi des masses considérables sur le déversoir d'un étang voisin ; elles en tapissaient le pavage et couvraient les herbes comme une mousse animée.

C'est ainsi que fut procurée à mes jeunes salmonides une nourriture vivante, abondante, exempte des inconvénients signalés plus haut et se rapprochant complétement de celle qu'ils recherchent à l'état de liberté. Ces insectes restent en vie jusqu'à ce que le poisson vienne s'en saisir : il n'y a donc plus à craindre les miasmes qu'une nourriture morte peut engendrer autour des alevins.

On arrachait d'abord les végétaux chargés de larves : je trouvai moyen d'augmenter mes ressources sans en venir à ce procédé destructeur, en plaçant, dans les passages favorables, des joncs ou herbes pris aux environs. Ces légers obstacles, assujettis dans l'eau courante, se couvraient d'une nouvelle provision de larves du merveilleux diptère, dans un laps de temps toujours très-court, quelquefois du soir au lendemain, d'autres fois, en vingt-quatre ou trente-six heures ; car leur abondance est soumise à des variations irrégulières, occasionnées par leurs métamorphoses. Ainsi, pendant plusieurs jours les larves sont plus nombreuses que les sortes d'alvéoles où elles se renferment, comme nous l'exposerons plus loin ; — pendant d'autres périodes analogues, les alvéoles sont en majorité ; il faut alors un peu plus de peine pour recueillir la provision nécessaire aux poissons séquestrés.

Ainsi furent alimentés chaque année les alevins que j'ai conservés pendant plus ou moins de temps, suivant les circonstances, dans le bassin maçonné et couvert qui leur est destiné, de 1860 à 1867 inclusivement.

Plus de 2,000 truites des lacs, saumons du Rhin, ombles-chevaliers, ont été nourris de cette manière en 1866. Sur ce nombre, 500 sujets (moitié de truites, moitié de saumons), âgés de trois mois et demi à quatre mois, ont été mis en liberté le 24 mai, après avoir reçu pendant près de deux mois ce genre de nourriture. Les autres ont été conservés encore quelques semaines dans le bassin d'alevinage, où leur croissance était normale et leur vivacité parfaite, comme l'a constaté M. l'ingénieur en chef des ponts et chaussées du département, dans un procès-verbal de la mise en liberté de 500 poissons, qui a eu lieu en sa présence, dans un affluent de la rivière du Viaur [1].

Ils avaient reçu aussi, de temps à autre, comme variété de nourriture, quelques grammes de lait caillé, qui semble leur convenir autant que la viande et qui est plus facile à leur préparer; mais je n'ai pas voulu me départir, dans une plus large mesure, de mon *système de nutrition par les proies vivantes*, qui me paraît réunir toutes sortes d'avantages.

En 1867, j'ai entretenu dans le même local un nombre de salmonides atteignant d'abord le chiffre de 8,400 (truites des lacs et saumonées, saumons du Rhin, dans la proportion de 2/9 pour les truites et de 7/9 pour les saumons), qui n'ont eu, pendant un ou deux mois, d'autre nourriture que les larves de diptère tipulaire. 3,400 d'entre eux ont été mis en liberté dans deux ruisseaux tributaires de l'Aveyron, du 26 avril au

---

[1] V. procès-verbal, ch. x.

22 mai[1] ; les uns étaient âgés de deux mois et demi, et les autres de quatre mois. Ils offraient déjà l'aspect de jeunes poissons agiles et vigoureux, se dispersant en quelques instants dans leur nouveau domaine, ou luttant avec succès contre un assez fort courant. Un millier d'alevins semblables ont été réservés pour peupler un étang du Cluzel. Je me propose d'y conserver les saumons pendant un an et de les lâcher ensuite dans un affluent de l'Aveyron, après les avoir marqués en retranchant la nageoire adipeuse, comme cela se pratique en Angleterre.

Un nombre de 4,400 alevins propres au repeuplement ont donc été obtenus dans cette campagne et nourris par le seul procédé que nous venons d'indiquer.

L'utilité qu'il y aurait à signaler ce genre d'insectes aux personnes qui s'occupent d'élever des salmonides nous est surtout démontrée par la nécessité, que nous avons reconnue dans huit années de pratique, de tenir ces poissons séquestrés, après la résorption de leur vésicule ombilicale, pendant un espace de temps assez long pour qu'ils échappent aux ennemis aquatiques qui les détruisent presque tous quand on les lâche trop jeunes, au moins dans les étangs, comme nous l'avons plusieurs fois constaté. C'est, selon notre opinion, un espace de deux à trois mois, avril, mai et juin, qu'il importe de leur faire passer en captivité[2], avec un bon régime de nutrition, pour qu'ils acquièrent le développement qui peut les mettre à l'abri de beaucoup de périls.

Or, si l'on reconnaît la supériorité des proies vivantes

---

[1] V. note de M. l'ingénieur en chef des ponts et chaussées du département de l'Aveyron, ch. x.

[2] Après la résorption de la vésicule.

sur les autres, et si l'on est dans une localité où d'autres insectes d'eau stagnante soient rares, il ne restera d'autre ressource que l'emploi des jeunes poissons d'espèces communes, nouvellement éclos, pour fournir une pâture aux autres. Mais il est à observer qu'un petit nombre seulement de ces espèces frayent avant le mois de juin, surtout dans les régions un peu froides, et d'ailleurs ce système exige des recherches qui nous le font considérer comme impraticable dans toutes les situations où l'on n'aurait pas des piscines spéciales pour l'éclosion artificielle du frai de ces poissons; tandis que les larves de diptère tipulaire apparaissent en grand nombre vers la fin de mars et se succèdent, par une multiplication non interrompue, jusqu'aux premières gelées. Ces considérations rendent, comme on le voit, leur présence très-désirable près d'un établissement de cette nature.

Ce qui nous prouve que cette ressource existe pour les pisciculteurs sur plus d'un point de la France, c'est que j'ai rencontré les mêmes insectes en grande quantité, au mois d'août, dans un léger cours d'eau ou plutôt écoulement d'eaux vives, qui suit un fossé de la route de Bagnères-de-Luchon à Bagnères-de-Bigorre, à 7 ou 8 kilomètres de Luchon. Le fossé est pavé en cet endroit, et les vers aquatiques *le tapissaient entièrement* sur une longueur d'une centaine de mètres; le terrain d'où provenaient les eaux me parut gréseux.

Nous ignorions si ces larves existaient dans les ruisseaux du département de l'Aveyron, provenant de terrains calcaires, comme dans les eaux des terrains primitifs. Le hasard nous en fit voir 150 à 200 fixées à une pierre, à 2 ou 3 centimètres sous la nappe d'eau, dans

le ruisseau de Cruou, tributaire du Lot, et qui provient
de terrains calcaires et de grès bigarré. Disons cependant
que nous ne les avons encore jamais vues dans les ruisseaux de cette provenance, en quantité suffisante pour
rendre les services indiqués plus haut.

Voici dans quelles circonstances on trouve cet insecte,
et ce que nous pouvons dire de son aspect, de ses habitudes et de ses transformations, dont la dernière n'avait
peut-être pas été signalée jusqu'à ce jour (V. fig. 1).

Les larves du diptère tipulaire sont attachées par
leur partie postérieure soit à des pierres, soit à des
herbes flottantes ou à d'autres corps solides, immergés
à une faible profondeur dans l'eau courante, particulièrement dans les endroits où celle-ci est très-rapide et
là où elle forme de légères chutes. Elles ressemblent, au
premier aspect, à de petits vers à soie éclos depuis une
semaine environ, sauf que la partie inférieure de leur
corps est un peu renflée, tandis que le ver à soie est
plus gros à la partie antérieure du corps qu'à la partie
postérieure.

Ce petit ver aquatique produit une sorte de fil, qui
devient visible quand on cherche à enlever l'animal de
l'objet auquel il était fixé ; ce fil, qui paraît sortir de la
bouche, s'allonge à mesure qu'on éloigne l'insecte de
la place qu'il occupait. Il s'en sert pour se rattacher à
d'autres corps solides et pour résister ainsi à la violence
du courant qui l'entraînerait, au moment où la main de
l'homme, ou quelque autre cause de perturbation vient
le déranger de la place qu'il avait choisie.

Nous sommes du reste porté à croire qu'il éprouve
un besoin de pérégrination, dont le mobile reste inconnu. En effet, la présence de quantités considérables

de ces larves, arrivées à leur plus grande taille, sur des roseaux placés quelques heures auparavant dans les passages qu'elles recherchent, par exemple, à la sortie de l'eau d'un étang, nous a démontré qu'elles n'avaient pas eu le temps de naître et de grandir presque instantanément sur ces obstacles. Il n'y a donc pas de doute que l'eau de l'étang a dû leur servir de véhicule pour se rendre, du ruisseau qui précède et alimente l'étang, jusqu'au déversoir où ont été déposés les roseaux destinés à les recevoir : et, cependant, nous n'avons jamais pu découvrir une seule de ces larves au sein de l'étang lui-même, ni sur les végétaux qui l'entourent.

Quoiqu'il soit évident qu'une succession très-rapide se produit dans la multiplication de ces êtres et dans leurs évolutions, on trouve réunis des sujets de taille très-diverses ; ils naissent très-petits (invisibles à l'œil nu, croyons-nous). Ceux qui paraissaient à l'état moyen de leur développement croissent légèrement en quelques jours ; leur couleur brune devient plus pâle, et, arrivés à la longueur de 4 ou cinq millimètres, ils se renferment dans une sorte de cellule, de forme conique, faite probablement avec leur fil, posée horizontalement sur des herbes ou sur des cailloux, de manière que la base du cône reste ouverte et que toutes les cellules, qui se font les unes près des autres, sans juxtaposition ni symétrie, offrent leur ouverture toujours en aval du courant de l'eau. Là, ce ver subit une transformation : il se met en chrysalide, munie de branchies, qui se montrent par l'ouverture de la cellule. Cette ouverture est le plus souvent circulaire, mais quelquefois frangée de deux ou trois dentelures régulières.

Les branchies se montrent également chez l'insecte

à l'état de larve : ce sont de petites houppes que le ver développe ou contracte par un mouvement rétractile très-rapide ; elles semblent plus développées chez la chrysalide que chez la larve.

Sur l'invitation de M. Guérin-Méneville, j'observai la troisième métamorphose de cet insecte. A cet effet, j'introduisis quelques herbes flottantes, couvertes d'alvéoles du diptère, dans un bocal posé horizontalement dans le courant de l'eau et bouché imparfaitement de façon que l'air y pénétrât. Le lendemain, plusieurs petites mouches voltigeaient dans le bocal. Dans le même but, j'ai renouvelé dernièrement l'expérience, en déposant quelques touffes d'herbes chargées de larves, dans mes appareils de Pisciculture ; j'espérais en même temps obtenir la ponte de l'insecte après sa troisième métamorphose. Un grand nombre de petites mouches, semblables à celles observées précédemment, sortirent des cellules qui s'étaient formées en peu de temps et voltigèrent plusieurs jours contre les vitres de l'appartement ; mais, je ne pus constater la présence des œufs qu'elles ont dû cependant déposer dans les appareils, puisque beaucoup de larves extrêmement petites ne tardèrent pas à se montrer.

J'appris, à cette occasion, que les larves en question, que je m'étais fait envoyer de la campagne à la ville, supportaient sans inconvénient un voyage de plusieurs heures dans des herbes humides, ce qui pourrait être d'un grand secours, si l'on était obligé d'aller les chercher à distance pour nourrir les poissons d'une piscifacture. Un certain nombre de ces insectes, laissés dans l'eau stagnante d'un baquet, n'y périrent qu'au bout de quelques jours.

Je regrette de ne pas posséder des connaissances entomologiques suffisantes pour donner une description scientifique de la mouche et de n'avoir rien pu savoir de ses habitudes. Elle ressemble un peu aux mouches les plus communes qui abondent dans beaucoup d'appartements [1]; elle est cependant beaucoup plus petite que celles-ci : sa tête est relativement moins grosse, ses ailes transparentes plus allongées et son abdomen s'amincit en pointe ; les pattes sont marquées de bandes, les unes brunes, les autres jaunes. Malgré ces différences, il est sûr qu'elle ressemble plus — en langue vulgaire — à une *mouche* qu'à un *cousin*.

On trouve généralement dans le voisinage des herbes couvertes de larves, ou sur ces herbes elles-mêmes, des masses compactes d'une matière visqueuse, transparente, verdâtre, chargée d'une infinité de petits points moins transparents, quelquefois d'un vert plus foncé que la matière environnante, d'autres fois d'un jaune mat très-pâle. Est-ce le résultat de la ponte des diptères tipulaires, ou une chose déjà connue ? Je n'ai pu encore m'en assurer, mais je suis porté à adopter la première supposition. L'intérêt qu'il y aurait à vérifier le fait, c'est que la grande abondance de cette matière, qui tapisse les végétaux et les bords de nos ruisseaux, donnerait une idée plus étendue encore de la remarquable fécondité de ces êtres, et des ressources qui sont amoncelées dans certains endroits pour la nourriture des poissons.

Quant à la durée des pontes, nous avons eu, pendant cet hiver (1867), la preuve qu'elles peuvent se prolonger

---

[1] **Musca domestica.**

toute l'année ; il est vrai que la gelée s'est à peine fait
sentir dans nos contrées et que les pluies ont été très-
abondantes, circonstances qui ont favorisé la croissance
des plantes aquatiques, leur servant de gîte, d'emplacement probable pour leur ponte, et peut-être de nourriture.

On nous a quelquefois demandé comment nous sup-
posions que la mouche pût pondre dans l'eau ? Nous
pensons que c'est sur les objets qui affleurent avec l'eau
ou sur les herbes à demi submergées qu'elle dépose
ses œufs. Le courant, en se jouant de ces végétaux, ou venant à baigner légèrement les objets qui affleurent avec
sa surface, fait participer les œufs qui s'y trouvent à la
condition d'humidité qui doit convenir à leur éclosion ;
les végétaux s'affaissent d'ailleurs un peu, par le poids
qu'ils acquièrent en croissant, et concourent ainsi au
même but.

On ne remarque pas non plus sans étonnement la
quantité prodigieuse de *tissus filamenteux*, transparents,
assez semblables à des toiles d'araignée, qui s'attachent
partout, dans les ruisseaux, où les diptères tipulaires sont
abondants. A première vue, on prendrait ces tissus légers
pour des agglomérations végétales quelconques, mais
nous avons acquis la certitude qu'ils sont le produit des
fils que sécrète l'insecte. Ainsi, aussitôt après qu'on a déposé dans le bassin d'alevinage, sur une corde tendue
d'un bord à l'autre, des herbes munies de larves et plon-
gées dans l'eau, pour qu'elles soient à la portée des poissons, un grand nombre de vers quittent leur support et se
laissent entraîner par le courant vers l'orifice supérieur
du bassin, suspendus dans leur marche aux fils dont
nous avons parlé et dont la réunion ne tarde pas à

former des tissus fort étendus. Qu'on nous permette encore une supposition : c'est qu'il est probable que c'est à la faveur de ces mêmes filaments qu'ils traversent toute la longueur d'un étang, sans s'y arrêter, pour aller d'une eau courante dans une autre.

L'important pour le pisciculteur, c'est qu'il puisse recueillir facilement la nourriture de ses poissons; or, nous avons eu la preuve qu'il peut s'éviter la peine des recherches, en plaçant, comme nous l'avons indiqué plus haut, *des obstacles fixes sur le passage des larves* de ce genre, de manière qu'elles viennent d'elles-mêmes se réunir dans les endroits où il est le plus commode de les venir prendre.

De même, si, comme nous le constatons depuis plusieurs années, certaines situations leur plaisent particulièrement, il sera facile de leur en préparer artificiellement d'analogues, d'élargir par exemple les déversoirs des chaussées d'étangs où on les trouve particulièrement, ou de multiplier (s'ils sont peu abondants) les végétaux aquatiques dans les ruisseaux, ce qui n'offre aucune difficulté, car il suffit de les y assujettir d'une manière quelconque pour qu'ils s'enracinent.

Après des orages ou de grandes pluies, toutes ces richesses entomologiques semblent entraînées pour toujours; elles ont disparu : mais en quelques jours, les mêmes endroits offrent le même phénomène de nourriture vivante, se propageant avec hâte pour le plus grand bien des jeunes salmonides qui occupent les petits ruisseaux. La truite aime, on le sait, le voisinage des passages peu profonds, où l'eau est ridée par la rencontre des cailloux et par son frottement avec les herbes flottantes. Elle s'y tient en embuscade. C'est là aussi que se trouvent les plus nombreuses larves de diptère tipulaire. Le premier fait n'est-il pas souvent la conséquence de l'autre ?

Dans notre petit ruisseau, c'est la partie supérieure qui est la plus garnie de plantes aquatiques et qui contient les larves les plus abondantes ; quand il prend un cours plus large et plus profond, les végétaux y sont moins nombreux et les larves deviennent rares ou disséminées.

Ces observations viennent à l'appui des assertions d'un de nos maîtres en ichthyologie, M. E. Blanchard (de l'Institut), qui, dans un chapitre où il traite des « *conditions nécessaires à la propagation des poissons* [1], » signale l'enlèvement des herbes aquatiques comme une des causes de la ruine de nos cours d'eau. Elles assurent non-seulement le succès de la fraye des poissons à œufs adhérents, mais encore la multiplication des insectes destinés à nourrir les poissons de tous genres.

Une petite particularité que nous avons remarquée complétera ce que nous savons au sujet des diptères tipulaires. Quand on approche la main pour se saisir de leurs larves, on les voit se replier subitement en demi-cercle ou plutôt en forme d'S. Si l'on s'écarte un instant, elles reprennent leur position habituelle, qui est de se tenir allongées, la partie postérieure fixée à un corps solide et la partie antérieure mobile et dirigée en aval du courant de l'eau. Cette évolution qu'elles opèrent au moindre éveil est probablement la seule défense que l'instinct leur indique, pour offrir moins de prise à la bouche gloutonne des poissons.

[1] *Les Poissons des eaux douces de la France*, Paris, 1866, p. 613 et 617.

Disons encore, en revenant à la partie piscicole du sujet, que si les cours d'eau viennent à diminuer sensiblement de volume par suite de chaleurs excessives, la ressource nutritive en question se trouve amoindrie, dans la proportion de l'affaiblissement du cours d'eau qui l'entretient. Ce n'est là, du reste, qu'une exception, qui se présente rarement, chez nous du moins.

En résumé, nous trouvons l'application de ce système de nutrition pour les jeunes salmonides si avantageuse, que nous conseillons aux personnes qui voudraient chercher un emplacement pour un établissement destiné à élever des poissons de ce genre, d'envisager la présence du diptère tipulaire dans le voisinage du centre de leurs travaux comme une circonstance très-digne d'être prise en considération.

Les services que nous a rendus cet insecte, dans notre pratique, nous ont naturellement porté à l'examiner maintes fois avec attention et, en tenant note des observations curieuses qu'il nous a fournies, nous avons espéré contribuer à constituer son histoire qu'on nous a assuré être incomplète.

Si la découverte d'un nouvel insecte peut avec raison récompenser les labeurs d'une vie de savant, l'emploi utile d'une de ces éphémères créatures et son appropriation aux besoins d'un art nouveau peuvent avoir une certaine valeur. C'est pourquoi nous avons cru pouvoir soumettre à l'appréciation de l'Académie des sciences le résultat de nos observations [1].

---

[1] Si nous sommes bien informé, *la larve de l'eau courante* fait en ce moment l'objet d'études spéciales de la part de nos principaux naturalistes. Il en ressortira, nous l'espérons, des notions auxiliaires très-utiles pour l'Ichthyologie et la Pisciculture. Nous n'entrevoyons

L'utilité de cette petite découverte a déjà été indiquée, en 1860, à la Société centrale d'agriculture de l'Aveyron, et, en 1866, à la Société scientifique d'Arcachon, lors de son exposition de pêche et d'aquiculture. L'insecte y figurait dans ses trois états différents. Il a pris également place à l'Exposition universelle de 1867, avec des produits de l'élevage artificiel ; une mention honorable a été accordée à nos travaux de Pisciculture.

cependant pas qu'aucun insecte, plus que le *diptère tipulaire, voisin des simulies*, puisse rendre les services que nous venons de décrire trop longuement peut-être. On pourra nous montrer dans les eaux d'autres insectes abondants et propres à la nourriture des salmonides, mais nous donnera-t-on *un moyen facile* de nous en emparer ? Voilà la question. — Elle est résolue quant à celui que nous avons signalé.

CHAPITRE IV

PLAN IDÉAL D'UN BASSIN D'ÉCLOSION ET D'ALEVINAGE
POUR LES SALMONIDES.

Après avoir parlé des conditions qui conviennent le mieux pour l'élevage des salmonides, nous pensons utile d'indiquer le meilleur mode de construction du local destiné à les entretenir pendant la période assez longue où ils semblent réclamer les soins de l'homme.

De belles eaux, c'est-à-dire des eaux constamment limpides et suffisamment abondantes pour l'usage qu'on va décrire, étant trouvées, on devra faire une prise de ces eaux dont le volume soit invariable.

Si ce volume est très-considérable[1] et que l'établissement puisse être construit à proximité de la source, l'effet de la gelée pourrait n'être pas à redouter, et le bassin fonctionnerait à ciel ouvert. En effet, l'eau sortant de terre avec une température assez élevée et presque constante entretiendra dans le bassin une chaleur pro-

[1] Plusieurs fontaines d'une abondance remarquable existent dans le département de l'Aveyron, telles que celles de *Rocomissous*, près Montrozier, et des *Douzes* à La Combe, près Rodez. Cette dernière donne un débit moyen de 12 litres par seconde. Je l'ai vue marquer 12 degrés centigrades au-dessus de zéro, quand l'air indiquait 4 degrés au-dessous de zéro. On m'en a signalé plusieurs autres de ce genre.

bablement suffisante pour surmonter l'influence réfrigérante de l'atmosphère en hiver, et produira, en été, un effet inverse, mais non moins favorable, en rafraîchissant la masse liquide contenue dans le bassin, et qui tendrait à s'échauffer par son contact avec l'air extérieur.

Dans tout autre cas, c'est-à-dire si le bassin est éloigné des sources, ou que le volume de celles-ci soit trop peu considérable pour produire les effets dont nous venons de parler, la construction d'un bâtiment couvert et fermé sera indispensable pour abriter l'établissement. La seule condition que nous jugions nécessaire dans la structure de ce bâtiment est d'y ménager le plus que l'on pourra l'accès de la lumière du jour; elle facilite, en effet, beaucoup les soins à donner.

Nous devons noter, au sujet des effets du froid, qu'il ne nuirait pas au développement des embryons contenus dans l'œuf, pourvu que la température ne s'abaissât que progressivement autour d'eux, et que la gelée n'arrivât pas jusqu'à l'œuf lui-même. Le froid, dans ce cas, ne cause qu'un retard, sans préjudice, dans l'époque de l'éclosion, comme nous avons déjà eu occasion de le dire. Mais, s'il est nécessaire de se prémunir contre ses effets, c'est qu'il peut occasionner la congélation des rigoles qui alimentent le bassin et leur obstruction. D'ailleurs, une glace un peu épaisse sur les bassins, quand même elle n'arriverait pas jusqu'aux œufs mis en incubation, empêcherait d'y exercer la surveillance nécessaire.

Étant donc donnée la source A (voy. le plan fig. 1), fournissant un débit d'eau *suffisant pour que le conduit* C, *destiné à alimenter les bassins, soit toujours plein*, un cou-

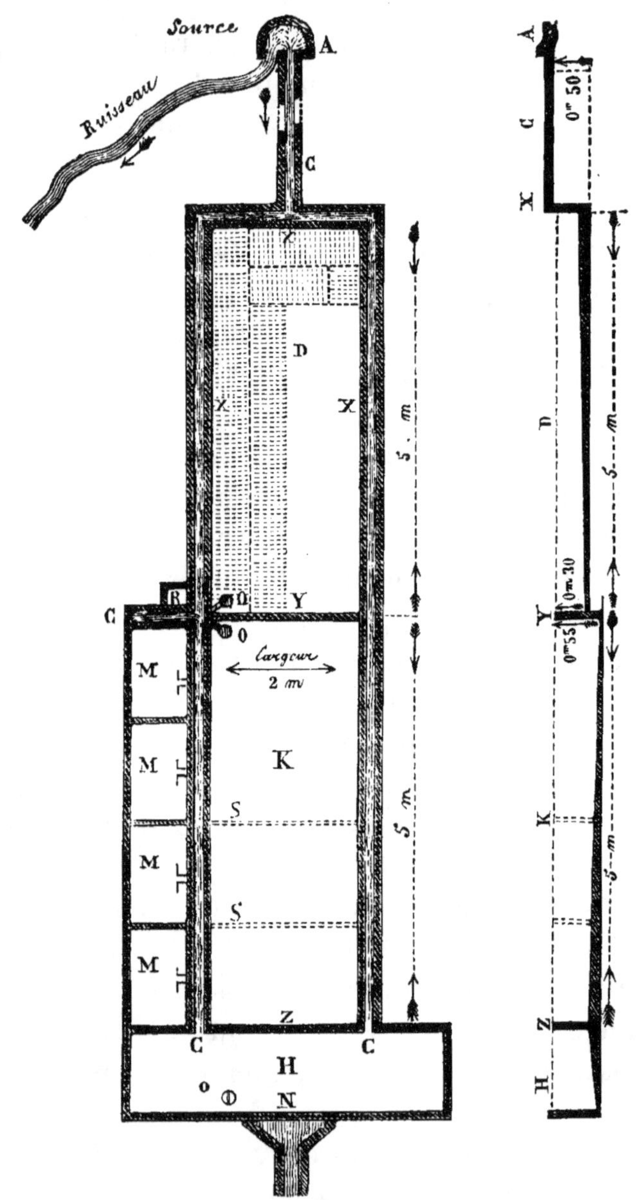

Fig. 1. — Plan idéal. Fig. 2. — Coupe.

rant s'établira dans la rigole C qui fera suite à ce conduit, et entourera les parois latérales des bassins D et K. Le niveau de l'eau contenue dans cette rigole devra être élevé de 0^m,20 ou 0^m,30 *au-dessus* du niveau de l'eau des bassins D et K, destinés : le premier, à l'éclosion et à l'élevage, jusqu'à la résorption de la vésicule ombilicale ; le second, à l'élevage et à l'alimentation, jusqu'au moment de la mise en liberté des poissons dans les eaux qu'on voudra peupler.

Le but de cette élévation de l'eau dans la rigole C est de la faire pénétrer, par de très-minces interstices (de

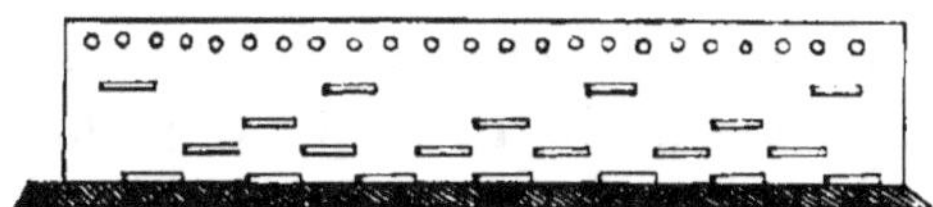

Fig. 3. — Profil des parois latérales des bassins D et K.

0^m,001 à 0^m,002) ménagés à diverses hauteurs, et particulièrement à la partie inférieure des cloisons qui séparent les rigoles C des bassins D et K. (Voy. fig. 3.)

Il faudra naturellement, pour éviter que l'eau contenue dans ladite rigole et les bassins ne prenne le même niveau, d'après la loi physique des *vases communicants*, et afin d'établir un véritable courant de celle-ci dans

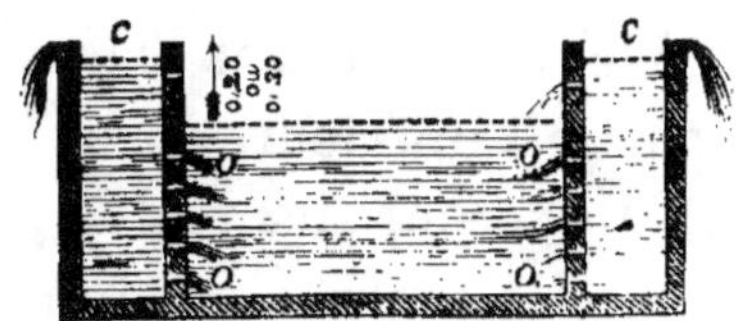

Fig. 4. — Coupe de profil de la largeur des bassins D et K
et des rigoles C.

ceux-là, que l'eau afflue dans la rigole C avec une abon

dance plus grande que la quantité qui, par la supériorité de son poids, pénétrera dans les bassins D et K au moyen des interstices ménagés au travers de la cloison.

Ainsi, dans la coupe de profil (fig. 4), l'eau contenue dans les rigoles en C, étant maintenue par un courant suffisant à une élévation de $0^m,20$ à $0^m,30$ au-dessus de la nappe d'eau des bassins D et K, tendra, *par son poids*, à pénétrer par les interstices établis en *o*.

Le surplus de cette eau en C, non absorbée par ces ouvertures, débordera aux extrémités des rigoles C.

Nous considérons ce détail de structure comme pouvant être des plus favorables aux salmonides, en leur offrant une infinité de petits courants qui auront de l'analogie avec ceux qu'ils trouvent dans les ruisseaux. La multiplicité de ces courants contribuerait aussi puissamment à entretenir une température égale dans toute la masse liquide contenue dans les bassins; ils auraient en outre pour effet de tenir les corpuscules organiques ou autres, qui tendraient à se déposer au fond des bassins, dans un état d'agitation perpétuelle, qui faciliterait leur expulsion par les points de décharge supérieure dont il sera question plus loin.

Le bassin D servirait, comme nous l'avons dit, à obtenir les éclosions. Les clayonnages en verre, adaptés à des cadres de $0^m,10$ de largeur sur $0^m,50$ de longueur, et destinés à recevoir les œufs, seront placés les uns à côté des autres à la partie supérieure et le long d'un des côtés du bassin D. Ils seront suspendus près de la surface, de manière que les œufs soient immergés à $0^m,02$ ou $0^m,03$ au-dessous de la nappe d'eau.

L'espace occupé par un clayonnage qui peut contenir 1,000 œufs au moins étant de $0^m,10$ de largeur sur $0^m,50$

de longueur (ou 500 centimètres carrés), 1 mètre carré donnera place à vingt de ces clayonnages pouvant recevoir 20,000 œufs de salmonides. La partie du bassin D, où les clayonnages sont indiqués sur le plan (fig. 1) par un pointillé, pourra donc donner place à 120,000 œufs, en supposant qu'on leur consacre 6 mètres carrés.

Mais, afin que les œufs placés dans cette situation jouissent immédiatement d'un léger courant d'eau supérieur, que nous leur croyons favorable, il sera bon de disposer au-dessus de chaque clayonnage une suite de petits tubes, introduits dans les parois en X, et destinés à distribuer un léger filet d'eau de la rigole C *au-dessus* de chaque clayonnage.

Le produit des éclosions pourra être surveillé, soigné, au moyen d'une grande pipette en verre, dans l'espace non muni de clayonnages du même bassin, où les nouveau-nés afflueront naturellement si l'on a soin d'établir le fond de ce bassin en pente douce, d'amont en aval.

Des planches légères couvriront ce dernier espace du bassin, pour préserver les alevins d'une trop vive lumière, comme il est indiqué au chapitre II.

Écoulement supérieur de l'eau des bassins. Système de décharge sans grille. — La paroi Y, de 0^m,20 à 0^m,30 plus basse que le niveau supérieur de l'eau contenue dans les rigoles C, sera aussi horizontale que possible et ne sera munie d'aucune grille, pour donner lieu aux conditions de propreté développées au chapitre II[1].

---

[1] Nous rappellerons que l'inconvénient des grilles très-serrées est d'arrêter les débris de corpuscules organiques, qui sont alors précipités au fond des bassins et y forment un dépôt nuisible.

La nappe d'eau qui trouvera son écoulement par ce côté, en contre-bas du bassin D et sur toute la longueur de la paroi Y, devra être *assez mince pour ne pas laisser aux alevins la possibilité d'y trouver un tirant d'eau suffisant pour s'enfuir*. — Une feuille de verre, aussi longue et un peu plus large que la paroi Y, posée à plat et cimentée à la partie supérieure de cette paroi, permettrait d'atteindre encore plus sûrement le but qu'on se propose ; ou bien encore une feuille de fer battu ou de plomb (fig. 5), fixée dans la même position et percée de fentes

Fig. 5.

semi-transversales, laisserait passer une partie de l'eau par ces fentes, et une autre partie s'échapperait à effleurement par-dessus la plaque elle-même. Cette dernière indication rendrait possible un débit d'eau plus considérable, sans *épaissir* la couche d'eau fuyante.

La paroi Z devra être identique à la paroi Y, quant à ces derniers accessoires, car elle remplira les mêmes fonctions pour le débit de l'eau. Elle sera seulement de quelques centimètres plus basse que la précédente.

Le bassin H, destiné au comptage final des poissons, comme aussi à recueillir les alevins qui seraient parvenus à s'échapper des autres bassins, sera muni d'une grille à la sortie de l'eau en N. Ce bassin recevra l'eau s'échappant par dessus la paroi Z et celle qui se déversera aux deux extrémités des rigoles en C. Ces extrémités, légèrement abaissées, serviront en effet de point de sortie à l'eau contenue dans les rigoles, et qui n'aura

pas été absorbée par les divers courants alimentant les
bassins D et K.

Nous rappellerons que l'affluence de l'eau devra être
telle, que les rigoles en *c* soient toujours maintenues *à
pleins bords*, pour que la masse d'eau qu'elles contien-
dront conserve le poids nécessaire à l'introduction d'une
partie de cette eau dans les bassins D et K, par les interstices ménagés dans les parois.

Les bassins en M serviront à tenir en réserve la plus
grande quantité possible de larves d'insectes aquatiques,
tels que le diptère tipulaire, différents mollusques, de
jeunes poissons, tels que goujons et vairons naissants,
du frai de batraciens, etc., ces différents animaux pouvant entrer dans l'alimentation des alevins d'une certaine taille[1]. Un tronçon de la rigole *c* distribuera de
l'eau dans ces bassins, qu'une porte ou trappe mettra
en communication directe avec le bassin K, destiné,
comme nous l'avons dit, à l'entretien des poissons jusqu'à leur distribution au dehors de l'établissement.

Un ou plusieurs de ces bassins en M pourraient aussi
recevoir une nourriture morte, telle que foie de veau
ou de mouton bouilli, séché et réduit en poudre[2], lait
caillé, sang coagulé, etc., que les poissons viendraient
bientôt y prendre, à défaut de nourriture vivante. On
aurait ainsi l'avantage de pouvoir enlever de cette
étroite enceinte les restes corrompus de leurs repas,
plus facilement que si les aliments avaient été dissémi-

---

[1] En supposant qu'on veuille les conserver captifs plus de trois ou
quatre mois ; — plus jeunes, ils ne pourraient absorber, par exemple,
le frai de grenouille.

[2] Comme l'a fait M. Chantran, appariteur au Collége de France.
(Liste des exposants à Arcachon, 2 juillet 1866.) M. Coste a cité ce
procédé et son auteur. *Instructions pratiques*, p. 78. 1856.

nés dans toute l'étendue du bassin K. Ces détails peuvent paraître minutieux : ils sont cependant, pour la pratique, d'une réelle et sérieuse importance.

Ces réservoirs en M communiqueront ensemble et se déverseront dans le bassin H par un mode quelconque.

Pavage des bassins D *et* K. — Des pavés émaillés, blancs ou en brique de cette couleur, seraient les meilleurs que l'on pût employer pour le pavage des bassins D et K. Pour le premier surtout, les poissons du premier âge se tenant dans le fond, il serait plus facile d'y distinguer, grâce à cette couleur, ceux qui seraient morts, afin de les enlever, ainsi que toute espèce de sédiments. L'obscurité devant être maintenue, au moyen de couvercles, sur ces bassins, la couleur plus ou moins claire de ces pavés est indifférente pour l'alevin. Quelques bandes de verre cannelé ou uni, placées le long des murs, sont aussi une bonne chose à introduire dans le pavage, si l'on n'a pas pu se procurer des pavés émaillés. Elles existent dans notre bassin d'alevinage actuel. L'avantage que nous avons cru voir dans ce détail de structure est que les jeunes poissons, qui se portent de préférence vers l'intersection des parois et du fond, ont moins de chance de blesser leur vésicule ombilicale sur cette surface lisse que sur les rugosités du ciment ou du pavé.

Profondeur des bassins D *et* K. — Une profondeur de $0^m,30$ à $0^m,40$ nous paraît suffisante pour le bassin D, destiné aux éclosions et aux premiers soins de l'élevage. Une profondeur plus grande ne ferait qu'augmenter les frais de maçonnerie et rendrait plus difficiles les soins à donner. Le bassin K, destiné à la seconde période de l'élevage, devra avoir une profondeur de $0^m,55$. Les alevins paraissent s'en accommoder, et elle permet de les bien distinguer. Les grandes pipettes que l'on trouve dans le commerce sont proportionnées à cette dimension.

Décharge inférieure des bassins. — Une chose dont on ne s'occupe pas toujours assez est le moyen de vider les bassins.

Le système que nous avons adopté dans notre pratique est, en petit, celui employé dans plusieurs pays pour vider les grands étangs, et indiqué dans *la Maison Rustique*[1]. Voici comment nous l'avons employé : un tube cylindrique de $0^m,05$ à $0^m.06$ de diamètre, en zinc ou en plomb, percillé dans toute son étendue de trous assez petits pour que le poisson ne puisse y passer ni s'y engager, et un peu plus haut que la profondeur du bassin, est soudé à la portion supérieure d'un raccord, à vis, de pompe ordinaire, comme on en trouve chez tous les quincailliers. La partie inférieure de ce raccord, également à pas de vis, est cimentée dans le fond du bassin, au-dessus de l'orifice de la décharge souterraine du bassin. A ce point vient se visser le tube; un bouchon, de la même grosseur que lui et muni d'une tige de la même hauteur, avec poignée, introduit dans ce tube, sert à fermer ou à ouvrir à volonté l'orifice de décharge (indiqué en *o* sur le plan, fig. 1).

Par une précaution que nous savons n'être pas inutile, il sera bon que ce conduit de décharge se déverse à l'extérieur dans un petit bassin en R (fig. 1), muni d'une grille, afin de pouvoir y pêcher les petits poissons

---

[1] La *Nouvelle Maison rustique*, etc. Paris, 1762, t. II, p. 519. — *Maison rustique du XIXe siècle* : Étangs.

qui s'échappent quelquefois, quand on veut enlever le tube de la bonde, que nous venons de décrire, pour vider complétement les réservoirs.

Nous avons dit, du reste, au chapitre H, combien il importe d'éviter de vider les bassins, sans une nécessité absolue, pendant le cours des opérations. Si, cependant, un transbordement est jugé indispensable, on pourra porter les alevins du bassin K dans le bassin D, ou *vice-versá*. L'eau se renouvelant abondamment, les poissons se porteront vers l'eau nouvelle, et il n'y aura pas d'inconvénient à redouter (comme nous l'avons signalé) de leur séjour plus ou moins prolongé au milieu des sédiments apportés avec eux par la pipette dans la manœuvre du transbordement.

Divisions dans le bassin K. —Autre remarque : comme il est dit plus haut, si les éclosions ont eu lieu à plusieurs semaines d'intervalle, les produits conservent une inégalité de taille, qui fait qu'arrivés à l'état de poisson ils s'attaquent entre eux, et que les plus forts font périr un grand nombre des plus faibles. On pourrait, dans ce cas, établir de légères séparations en briques sur champ dans le bassin K, comme nous l'indiquons en S (fig. 4), en observant les prescriptions relatives au déversement de l'eau pour les parois Y et Z.

Observation au sujet des abris. — S'il est bon de disposer quelques abris au fond des bassins (poteries offrant des ouvertures), il est important qu'elles soient munies d'une attache, afin de les soulever quelquefois pour s'assurer qu'elles ne cachent pas des poissons morts. Disons du reste que cela est rare, grâce aux oscillations produites par les poissons sains et qui expulsent presque toujours au dehors des abris tout corps inerte.

Appréciation des résultats qu'on peut obtenir au moyen du bassin d'alevinage ci-dessus décrit. — Le bassin ci-dessus décrit est-il propre à l'usage qu'on se propose ?

Nous espérons que les hommes compétents reconnaîtront l'utilité de certaines de nos indications basées sur l'expérience.

Plus de 120,000 alevins pourront-ils en être tirés annuellement ?

Ce serait vouloir tromper sciemment de ne pas appuyer fortement sur l'article *Pertes*. Telle n'est pas notre intention.

Proportions éventuelles entre le nombre d'œufs mis en incubation et le nombre de poissons propres au repeuplement qu'on peut obtenir. — Les chances de succès peuvent varier par une foule de circonstances, et nous croyons de notre devoir de prévenir toute personne qui voudrait tenter, d'après nos données, une entreprise industrielle, qu'elle devra s'éclairer de sa propre expérience pour calculer les chances de succès ou de perte, qui nous semblent encore trop peu éprouvées pour en fixer nous-même la proportion d'une manière péremptoire.

Voici ce que nous en pouvons dire :

A l'établissement de Pisciculture de Stormontfield (Ecosse), où les comptages des œufs fécondés, de ceux éclos et des alevins obtenus après la résorption de la vésicule, n'ont jamais été faits exactement, suivant M. Coumes,... « on estime à peu près à un dixième la « perte jusqu'à l'éclosion, et au cinquième du nombre

« des œufs fécondés, celui des jeunes poissons lâchés
« dans la rivière[1]. »

A l'établissement de Huningue, les résultats « peuvent
« être évalués approximativement à un tiers de poissons
« vivants, relativement à la quantité d'œufs récoltés, »
d'après la notice publiée en 1862 par l'administration
des ponts et chaussées[2].

Nos propres expériences nous ont, le plus souvent,
donné des résultats plus en rapport avec ceux indiqués
à Stormontfield (quoique un peu supérieurs à ceux-ci)
qu'avec ceux constatés à Huningue, surtout dans les
années où les alevins n'ont été lâchés que deux ou trois
mois après la résorption de la vésicule, comme nous le
croyons vraiment opportun. On conçoit en effet que plus
l'élevage se prolonge, plus le chiffre des pertes se trouve
grossi : si l'on se contentait de faire éclore les poissons
et de les lâcher immédiatement, on aurait à relater des
chiffres plus redondants, mais, selon nous, d'une bien
moindre valeur.

En 1867, cependant, sur 10,000 œufs reçus, j'ai pu
lâcher 4,400 poissons, âgés de trois mois environ et
nourris artificiellement pendant un à deux mois depuis
la résorption[3] ; j'ai donc dépassé le chiffre approximatif
constaté à Huningue, et encore pouvait-on déduire du
nombre d'œufs reçus 1,000 œufs d'omble-chevalier,
que le transport avait avariés en grande partie.

Le même bassin envisagé au point de vue industriel. —

---

[1] Rapport sur la Pisciculture et la Pêche fluviales en Angleterre,
en Écosse et en Irlande. Strasbourg, 1863, p. 29.

[2] Notice historique sur l'établissement de Pisciculture de Huningue, p. 61.

[3] Voy. *Procès-verbal,* ch. x.

Étant admise, si l'on veut, la proportion la plus faible entre les alevins obtenus et les œufs recueillis, on peut espérer obtenir 24,000 alevins, âgés de 3 à 4 mois, sur 120,000 œufs fécondés, mis en incubation dans le bassin que nous venons de décrire.

Si nous supposons qu'un acheteur puisse les payer 0,05 la pièce, le bassin en question pourrait donner un produit brut de 1,200 francs.

Or, nous estimons les frais de cet établissement ainsi qu'il suit :

1° Ceux de construction, en admettant qu'un bâtiment couvert soit nécessaire, à la somme de 2,000 francs ; en y ajoutant l'achat de 120 clayonnages en verre à 3 fr. = 360 fr., le capital engagé s'élèvera à 2,360 fr., et la rente annuelle 5 pour cent à. . . . . 118 fr.

2° Ceux de surveillance, à 200 fr. seulement par campagne, le surveillant pouvant joindre à cette charge d'autres travaux, tels que ceux de la garde d'une propriété ou d'un moulin, et les opérations piscicoles ne réclamant ses soins que pendant une moitié de l'année, ci. 200

3° Ceux d'approvisionnement des œufs, en supposant qu'on n'en obtienne pas gratuitement tout ou partie de l'établissement du gouvernement, à 220 fr. en comptant 1 fr. pour la prise de chaque poisson, qui pourra être vendu ensuite conformément à la loi du 15 mai 1865, art. 6, qui fait exception à la prohibition de la vente du poisson destiné à la reproduction, même au temps du frai. Nous estimons

A reporter. . . . . . 318 fr.

Report . . . . . . 318 fr.

que 120 femelles d'une livre en moyenne et
100 mâles au plus seraient suffisants pour
donner les 120,000 œufs proposés. La prime
d'un franc pourra être réduite suivant les circonstances, ci. 220

4° Ceux de la nourriture des alevins, soit
que l'on fasse recueillir autant que possible
des insectes aquatiques dans les eaux voisines,
pendant 4 mois, soit qu'on donne aux alevins
du lait caillé ou des viandes qui leur conviennent, pendant le même temps, à 0,50 par
jour, s'élèveront à. 60

5° Les frais imprévus et de bureau, les ré-
parations pourront monter à. 50

Le total des frais annuels s'élèverait à la

somme de. . . . . 648 fr.

Un produit net de 552 fr. pourrait donc rémunérer
l'industrie de celui qui désirerait vendre des élèves de
poissons, comme on vend ceux des autres espèces d'animaux, en admettant que les différents chiffres que nous
avons posés se trouvent réalisés dans la pratique,
comme nous croyons qu'ils le seraient.

Où seront les acheteurs ? — Nous exposerons plus
loin, par quel ordre de considérations nous avons été
amené à penser qu'il pourrait s'en présenter pour ce
nouveau genre de produits dès que l'idée du repeuplement des eaux courantes aura achevé de faire son
chemin.

Observation quant au mode d'incubation. — Il nous

reste à dire au sujet du bassin lui-même, en ce qui concerne les éclosions, que si l'on craignait l'insuccès des œufs mis en incubation dans la situation que nous avons indiquée, il sera facile de se procurer les auges inventées par M. Coste. Leur emploi simple, commode et éprouvé les recommande assez. Nous avons cherché à *simplifier*, pensant que toute chose qui tend à devenir *industrielle* doit épargner le capital à engager. Or, on comprend que si l'on pouvait amener un jour la Pisciculture sur ce terrain, c'est-à-dire voir créer des Piscifactures *industrielles*, on serait bien près de toucher aux plus grands résultats qu'on puisse ambitionner pour cette branche de production.

Quant au point qui nous occupe, on verra, dans la description que nous donnons de l'établissement de Stormontfield, qu'on a réussi à obtenir des éclosions dans de grandes proportions, sans le secours des auges et à ciel ouvert. Nous-même avons fait éclore plusieurs milliers d'œufs de salmonides, sans auges, — en plaçant les clayonnages qui les supportent à proximité de l'arrivée de l'eau, dans notre petit bassin d'alevinage.

Réflexions sur le chiffre d'œufs qui convient dans beaucoup de cas à une piscifacture. — Faisons enfin observer que nous n'avons n'avons pas fixé au hasard le chiffre de 120,000 œufs comme devant suffire, dans beaucoup de cas, à une piscifacture, même étant admis qu'ils produisent 24,000 poissons *seulement*. En effet, nous croyons qu'il ne serait pas prudent de lâcher tout d'un coup, dans les mêmes cours d'eau, des quantités indéfinies de jeunes poissons carnassiers. Il faut penser à leurs moyens d'existence et proportionner leur nombre, dans un même centre, aux quantités probables d'êtres aquatiques d'un ordre plus ou moins inférieur qui devront leur servir de pâture.

Ainsi, quand même on pourrait créer des établissements propres à fournir des millions de jeunes salmonides, il serait préférable de multiplier les établissements, opérant sur une plus petite échelle, sur des points différents du pays. On éviterait ainsi l'agglomération trop forte d'alevins qu'on aurait de la peine à disséminer convenablement au loin, à cause de la difficulté du transport.

Quoiqu'il soit probable que ces races, plus ou moins voyageuses, soient douées de l'instinct de chercher à distance une nourriture qui serait devenue rare autour d'elles, il pourrait se faire qu'étant plus sédentaires dans le premier âge, comme nous le croyons, elles souffrissent de la faim, ou qu'elles en vinssent à s'entre-dévorer comme dans les bassins d'alevinage.

D'ailleurs l'approvisionnement d'œufs, pour des établissements trop vastes, pourrait offrir aussi le danger d'enlever aux cours d'eau voisins un trop grand nombre de sujets reproducteurs, — tandis que la petite quantité nécessaire pour de petits établissements aurait un effet presque nul sur le peuplement naturel.

Points géographiques qui conviennent le mieux pour l'emplacement des piscifactures destinées au peuplement des cours d'eau. — Les points les plus propices à ces constructions, qui auraient pour but principal le peuplement des eaux courantes, seraient ceux qui avoisinent *de nombreux petits cours d'eau*, les plus favorables pour la dissémination des jeunes salmonides, comme nous essayerons de le démontrer[1]. Leurs ramifications, les plus rapprochées les unes des autres, se trouvent le plus souvent au pied des chaînes de montagnes ou des collines qui sont le point de départ de la plupart d'entre eux et particulièrement de ceux qui conviennent aux salmonides ; en effet, les ruisseaux qui prennent leur source dans des étangs ou dans des lieux bas et marécageux conviennent mieux aux espèces des eaux dormantes, telles que la carpe, la tanche, le gardon, l'anguille, etc.

De même qu'il n'y a pas de plaine sans colline, il n'y a guère de colline ou de montagne sans eau. Celle-ci trouve ordinairement sa source dans le voisinage d'une déclivité du terrain. Il est aisé d'observer sur une carte géographique que, plus les groupes de montagnes sont considérables, plus les eaux qui en proviennent sont nombreuses, ramifiées et abondantes. La composition, presque toujours impénétrable du sous-sol des montagnes, l'étendue des surfaces en pente qu'elles présentent à la pluie, les bois qui les préservent de la sécheresse, les neiges qui s'y accumulent et s'y fondent lentement, suffisent à expliquer ce phénomène, sans le secours d'autres hypothèses plus ou moins admissibles. C'est donc dans les parties supérieures des bassins fluviaux que les établissements destinés au repeuplement pourront opérer avec le plus de chances de succès.

Complément d'une bonne piscifacture par la propagation des espèces de poissons de deuxième ordre. — Les espèces moins recherchées et plus communes que les salmonides, telles que la carpe, le barbeau, le gardon, le goujon, la

____
[1] Ch. VI.

brême, etc., méritant d'être prises en considération comme denrée alimentaire d'un prix inférieur, il serait désirable de rendre leur propagation *dans toutes les eaux* plus dense par la multiplication artificielle et plus étendue par l'échange des diverses espèces d'un point à un autre ; certaines d'entre elles pullulent énormément et seraient aussi très-utiles comme moyen de nourriture pour les salmonides élevés artificiellement et mis en liberté. Il serait donc bon de compléter les établissements piscicoles futurs par la création de bassins à ciel ouvert, peu profonds, sans maçonnerie, à bords en pentes et plantés d'herbes aquatiques. On y disposerait le frai de poissons de second ordre qu'on aurait recueilli dans d'autres eaux, où leur éclosion est mise en péril par des causes connues, telles que la voracité de leurs congénères ou des insectes et reptiles, le passage des bateaux de pêche et de transport, les crues violentes des eaux, ou leur abaissement intermittent pour les besoins de l'irrigation ou des usines, etc.

Nous avons entendu un aquiculteur distingué du département de la Sarthe déplorer qu'on n'employât pas ce moyen de multiplier particulièrement la carpe[1] dont le frai, reposant en quantités énormes sur les herbes de la rivière du Loir, en amont de la ville de La Chartre, est dévoré en grande partie par les perches et autres poissons, ou dispersé par le passage des barques. Il suffirait, pour remédier à ces inconvénients de placer ce frai, pris en temps utile, dans de meilleures conditions.

Après bien des preuves recueillies par d'autres obser-

---

[1] D'après M. Blanchard, « on peut compter 5 ou 600,000 œufs chez un individu de cette espèce » d'assez forte taille. (*Les Poissons des eaux douces*, p. 327.)

vateurs en faveur de cette opinion, nous rappellerons, comme il a été dit au chapitre II, que nous avons vu éclore plusieurs années de suite, avec un plein succès, des myriades d'œufs de goujons, apportés d'une rivière, sur des herbes ou des cailloux, dans le ruisseau qui alimente les étangs où se font nos expériences.

Les petits de ces espèces pouvant être lâchés dès qu'ils sont nés, puisqu'ils commencent à nager et à manger immédiatement, leur multiplication dans des bassins spéciaux n'exigerait ni beaucoup de soins ni beaucoup de frais.

CHAPITRE V

§ 1. — Séquestration du saumon dans les eaux fermées.

Disons-le dès en abordant cette partie de l'ensemble que nous avons entrepris d'esquisser, ce que l'on a à attendre de la Pisciculture artificielle pour les *eaux fermées*, c'est-à-dire pour les lacs, étangs, viviers, ne répond pas entièrement aux espérances que beaucoup de personnes avaient conçues, comme nous-même, quand on crut possible de faire croître avec avantage dans des étangs, ainsi qu'on le faisait à la petite piscine du Collége de France, les poissons d'espèces précieuses et fluviatiles dont on obtient si facilement de nombreux alevins.

Les saumons continueront très-probablement à régner seulement dans les fleuves et à se rendre à la mer, selon leur habitude ; peu de truites d'*étangs* grossiront l'approvisionnement de nos marchés : telle est la conviction qui ressort de nos études tant particulières que générales, et nous croyons que nous serons, sur ce point, d'accord avec les autres expérimentateurs qui voudront faire connaître le résultat de leurs opérations.

Ce n'est pas, cependant, sans un sentiment pénible d'étonnement que nous avons lu, dans les écrits de plusieurs auteurs sérieux, des pages où la Pisciculture nouvelle était traitée avec un dénigrement motivé probablement, mais non justifié, par l'insuccès de quelques tentatives faites pour l'introduction de certaines espèces fluviatiles dans les eaux fermées.

En effet, si, d'un côté, l'on avait trop préjugé de l'application des méthodes artificielles pour doter toutes les eaux des meilleurs poissons, on aurait pu, de l'autre, constater simplement, en le déplorant, que les eaux enclavées dans l'intérieur des terres n'étaient pas susceptibles de tout le progrès supposé, mais on n'aurait pas dû risquer de jeter du discrédit sur les méthodes elles-mêmes, qui renferment de si précieux moyens de rendre les pêches plus fructueuses dans les eaux courantes, comme nous essayerons subséquemment de le démontrer [1].

En admettant, du reste, que la Pisciculture ait éprouvé un échec, ce n'a été qu'au sujet de l'acclimatation du saumon dans les étangs. Or, l'idée de *l'acclimatation*, bien que féconde en conquêtes réalisées et réalisables, est sujette à échouer devant certaines lois de la nature, méconnues ou ignorées.

Hâtons-nous cependant de dire, qu'en dehors même des progrès très-considérables qui ont été faits dans l'art d'élever du poisson et des succès que l'on a obtenus dans les eaux fluviales, tout n'a pas été perdu dans les travaux de Pisciculture artificielle appliquée aux eaux fermées ; ce qui tend à nous le prouver, c'est que nos

---

[1] La Pisciculture maritime n'entrant pas dans notre cadre, nous nous abstenons d'en parler.

études pratiques ayant principalement porté sur cette branche de l'aquiculture, nous avons acquis la conviction que l'on peut en effet enrichir ces eaux de certains poissons *nouveaux,* au moyen d'œufs fécondés de provenance lointaine, comme nous l'exposerons plus loin.

Si, d'un autre côté, nous espérions, ainsi que nous l'avons écrit dans une communication faite à la Société centrale d'agriculture de l'Aveyron, le 27 novembre 1860, « élever toutes les espèces, même fluviatiles, dans « presque toute sorte d'eaux, » et, bien que dans notre esprit le mot *élever* signifiât faire croître jusqu'à l'âge adulte et au poids marchand, ces belles espérances ont au moins été justifiées en ce sens que nous avons parfaitement réussi à *élever et à conserver en captivité,* pendant plus de deux années, des espèces fluviatiles en assez grande quantité dans des eaux d'étangs, et que quiconque le tentera dans des circonstances favorables y réussira comme nous.

Voici les traits principaux qui peuvent donner une idée exacte de nos opérations expérimentales :

Un étang d'un hectare de superficie environ, dont la profondeur près de la chaussée est de 3^m,50, et qui est alimenté par un petit ruisseau dont les sources sont peu éloignées et donnent une eau limpide, fut mis à ma disposition, en 1859, par M. de Monseignat, mon beau-père, au château du Cluzel (Aveyron), pour y faire des essais de Pisciculture. Afin de pouvoir séparer les produits de chaque année, deux autres petits étangs furent créés sur le même domaine et un quatrième dans le fond d'une étroite vallée ombragée, sur un terrain dont je fis l'acquisition.

Le bassin d'alevinage, dont il a été parlé au chapitre III,

reçut chaque année de nombreux alevins de truites des lacs, de saumons du Rhin et d'ombles-chevaliers nés sous notre surveillance à Rodez et transportés au bout de quelques semaines dans ce bassin, où ils recevaient, sous nos yeux, les soins mentionnés plus haut.

Nous avons dit aussi les chances plus ou moins grandes de succès ou de pertes constatées, après un élevage *plus ou moins prolongé*, sur les poissons mis en liberté dans ces étangs.

En nous reportant à l'année 1862, où 484 sujets âgés de deux ans, élevés dans deux des plus petits étangs, furent réunis dans le plus grand, nous voyons que, sur ce chiffre total, nous comptions 184 saumons et 300 truites des lacs, bien portants et arrivés à un développement normal [1].

Quelle a été, relativement au saumon, l'issue de cette expérience, poursuivie avec une grande attention?

Nous écrivions à peu près dans ces termes à la Société scientifique d'Arcachon, à l'occasion de son premier *Congrès piscicole* : « Quant à la grande question de savoir où il convient de placer les saumons, après leur élevage artificiel, pour les conserver et en obtenir un produit commercial, nous ne pouvons que constater l'inutilité de nos efforts en ce qui concerne leur introduction dans les eaux fermées. Sur les 184 saumons, placés dans le plus grand des étangs du Cluzel, avec 300 truites des lacs du même âge et un peu plus grosses qu'eux, suivant la différence naturelle aux deux espèces à cet âge (2 ans), nous avons revu fréquemment pendant plus d'une année et nous avons même pris à la ligne,

---

[1] Voy. ch. II.

avec le concours de plusieurs personnes, des saumons
dont la taille ne semblait pas s'être accrue considéra-
blement, mais qui étaient en parfait état de santé.
Ayant ensuite voulu savoir, en 1866, ce qui était advenu
des 484 sujets, truites et saumons, placés dans cet
étang quatre ans auparavant et qui, par conséquent,
devaient avoir atteint l'âge de 6 ans, l'étang fut mis à
sec au mois de mars. Parmi les truites, pas un seul
saumon ne put être rencontré [1]. Qu'étaient-ils devenus?
— Nous nous perdions en conjectures.

L'étang possède une grille qui ne permet pas au
poisson de s'échapper; aucun saumon mort n'avait été
trouvé échoué près des bords, comme cela était arrivé
quelquefois pour des truites portant la trace de bles-
sures occasionnées probablement par l'atteinte d'animaux nuisibles aux poissons. Voici l'hypothèse à laquelle nous nous sommes arrêté : la chaleur anormale
des trois étés précédents avait fait monter la température
de la surface de l'étang jusqu'à 25 et même 28 degrés
centigrades. Nous supposons que les saumons ont pu
souffrir de cette température élevée, et qu'ils sont arrivés à un état si débile que les truites, un peu plus
fortes qu'eux, les ont dévorés. »

Ce récit contient un aveu que nous sommes bien aise
d'avoir fait, pour indiquer que les conditions dans

---

[1] Soixante-quinze saumons et truites de la même année avaient été
portés, avant la résorption de la vésicule, dans un petit vivier, situé
dans la région calcaire du département. Sept saumons y furent pêchés, une réparation étant devenue urgente dans la chaussée de ce
vivier : le plus grand avait atteint $0^m,24$ en vingt-trois mois ; il nous
sembla avoir pris la livrée du deuxième âge, où les Anglais le dési-
gnent sous le nom de *smolt*; il a été déposé au musée de Rodez. Sa
nageoire dorsale était encore dépourvue de toute tache. (Fig. 2,
pl. II.)

lesquelles nous avons opéré n'étaient pas les meilleures que l'on pût trouver. En effet, cette expérience n'a qu'une valeur relative, et elle peut être contredite par d'autres, faites dans de meilleures conditions, c'est-à-dire avec des eaux rafraîchies par un ruisseau plus abondant, ou plus ombragées, plus profondes, plus vives, plus limpides, etc. [1].

Notre appréciation, du reste, sur la cause de la perte des saumons, s'est modifiée par la connaissance de ce qui s'est passé ailleurs. Au bois de Boulogne, à Saint-Cucufa, à Vincennes, les truites et saumons placés dans les lacs et étangs sont morts, nous dit M. Blanchard [2], qui semble conclure à une impossibilité radicale. Là aussi, cependant, disons-le en passant, nous avons quelque méfiance au sujet de *l'excellence* des eaux ; nous ignorons si la truite même y peut prospérer ; et, jusqu'à affirmation contraire, nous ne le pensons pas.

D'autre part, le lac Pavin (Puy-de-Dôme) a produit, notamment, deux saumons qui ont été servis avec plusieurs autres à d'honorables invités ; l'un de ces poissons pesait 500 grammes et l'autre 700. M. Gillet de Grandmont a fait part de ce fait à la Société d'acclimatation dans la séance du 10 mars 1863 [3], et la connaissance de ce succès avait entretenu nos espérances. Il a été fait mention également, dans la même séance et par la même personne, de plusieurs saumons, produits artificiels, dont un de deux kilogrammes, pris dans les ruisseaux qui alimentent le lac Léman ou dans ce lac

---

[1] On peut, par contre, en retirer la preuve que la truite peut supporter, comme on le verra plus bas, une température élevée.

[2] *Les Poissons des eaux douces, etc.*, p. 592.

[3] Bulletin de la Société impériale zoologique d'acclimatation.

lui-même, et, dans ce cas surtout, il n'y aurait pas possibilité que les saumons eussent pu se rendre à la mer et remonter ensuite dans le lac, puisque la perte du Rhône ne laisse rien passer, dit-on, « sans broyer impitoyablement tout ce qui s'y trouve entraîné. »

Il y a donc encore un coin obscur dans cette question au point de vue scientifique. Nous ne pouvons que rapporter aussi fidèlement que possible les expériences qui nous sont propres, en laissant à l'avenir, avec toutes réserves, la charge de mettre complètement d'accord les savants sur ce point.

Pour nous, il n'y a rien eu à retirer, *au point de vue commercial*, des nombreux saumons qui se sont succédé depuis huit ans dans les étangs du Cluzel [1]; on ne peut compter comme un produit de ce genre les quelques saumoneaux que nous avons fait goûter à plusieurs de nos amis, qui généralement les ont trouvés succulents et se distinguant des jeunes truites par une plus grande finesse de chair et par ce goût un peu relevé qui probablement rend les mêmes poissons très-estimés dans la Lozère, à Langogne, par exemple, où on les mange sous le nom de *tacons*, bien que ce soient de véritables saumons, avec leur livrée de *smolts*, c'est-à-dire dans leur second âge, alors qu'ils sont prêts à se rendre à la mer.

Sauf de bien rares exceptions, les résultats des essais faits sur le même objet ont été, croyons-nous, partout les mêmes en France. Sans avoir la prétention de donner le dernier mot dans ce long litige, qui semble à peu près vidé, au moins quant aux conclusions pratiques,

---

[1] Les eaux sont de celles qui conviennent à la truite, comme on le verra.

nous émettrons, sur les causes qui peuvent forcer les saumons à se rendre à la mer à un certain âge, une opinion tirée d'un auteur anglais [1], qui lui-même paraît l'avoir puisée à une source qu'il n'indique pas. Le saumon serait envahi, dans l'eau douce, par des parasites, animaux ou végétaux, qui le forceraient, guidé par son instinct à se rendre à la mer, où il trouverait un remède à ses maux. Ce qui prouve que, si la chose n'est pas réelle, elle est du moins admissible, c'est que M. Charles Robin, dans son *Histoire naturelle des végétaux parasites qui croissent sur l'homme et sur les animaux vivants* [2], parle en effet d'un végétal de ce genre, le *Saprolegnia-ferax*, qui croît très-rapidement sur les animaux aquatiques, tels que les tritons, les grenouilles, les poissons, et qui, recouvrant leur peau et envahissant leurs branchies, occasionne leur mort.

D'après le même auteur [3], « Unger a le premier observé « que des poissons d'un bassin du jardin botanique de « Graetz, ayant l'air maladif, devaient cet état à la pré- « sence de l'*Achlya probifera*, » autre végétal parasite. « Dans cette année, les poissons des environs de Graetz se « trouvaient fréquemment attaqués par cette algue. Dans « les viviers, le thymale (ombre) et la truite en étaient « souvent affectés. En se frottant contre le sable grossier, « les poissons parviendraient, dit-on, à se débarrasser de « cette plante [4]. »

Des conferves de ce genre occasionnent, paraît-il, quelquefois des épizooties sur les poissons d'étangs;

[1] *The Quarterly-Review*. N° 226, april 1863. *The Salmon Question*, p. 399.

[2] Par Charles Robin, docteur en médecine et docteur ès sciences naturelles, etc. Paris, 1853, p. 381.

[3] *Ibid.*, p. 385.

[4] Dans les étangs ce remède n'est généralement pas à leur portée.

le même auteur nous apprend aussi que l'*Achlya prolifera* est l'espèce observée sur les œufs de poissons conservés pour en suivre le développement ; elle « se produit toutes les fois que les œufs sont placés « dans une eau qui n'est pas suffisamment renouvelée. »

Il serait possible de s'assurer, par des observations attentives, si telle ne serait pas la cause qui rendrait les saumons, renfermés dans des eaux douces, impropres à y prolonger leur existence au delà d'un temps déterminé. On peut objecter ceci : pourquoi ces conferves ne se développeraient-elles chez eux qu'à un certain âge ? — Quoiqu'on en soit réduit aux hypothèses, ne peut-on chercher la cause déterminante de ces végétations parasites dans des sécrétions cutanées de l'animal, et ne peut-on présumer que ces sécrétions, devenant plus abondantes avec l'âge, pourraient ne donner lieu au développement du parasite, que quand l'animal aurait atteint un certain degré de croissance ?

Si nos efforts pour arriver à un autre résultat, dans la question du saumon, ont été vains, *l'élevage* de ces poissons précieux, en captivité, ne laisse pas d'offrir beaucoup d'intérêt. et nous essayerons de démontrer, dans la deuxième partie de ce travail, qu'on peut tirer de ce fait, incontestable aujourd'hui, un moyen usuel de repeupler les eaux fluviales, comme on l'a déjà fait en Écosse pour le fleuve du Tay, et comme on a commencé de le faire dans certains cours d'eau de la France [1].

---

[1] D'après des renseignements officieux qui me sont parvenus d'une source officielle, divers cours d'eau dépourvus de truites et de saumons (la Sèvre-Nantaise, la Tet et ses affluents, la Castellane et la Nantilla, le Grand-Morin, affluent de la Marne, la Charentonne, le Doubs, le ruisseau de Châtel-Saint Germain, affluent de la Moselle, et quelques autres) en possèdent déjà.

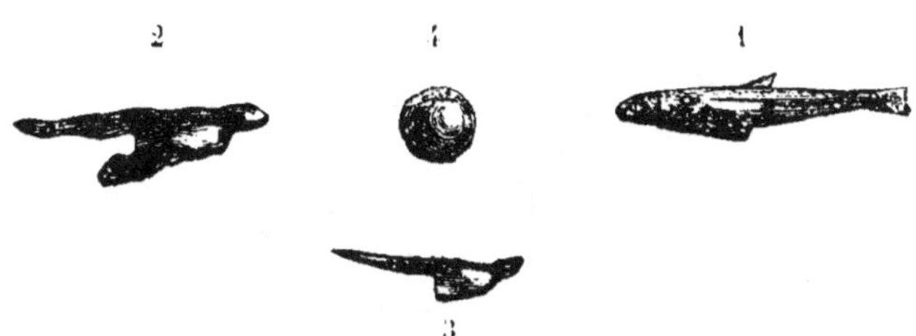

Fig. 1. — 1. Truite âgée d'un mois. — 2. Saumon âgé de quinze jours. —
3. Ombre-chevalier âgé de quinze jours. — 4. Œuf de saumon.

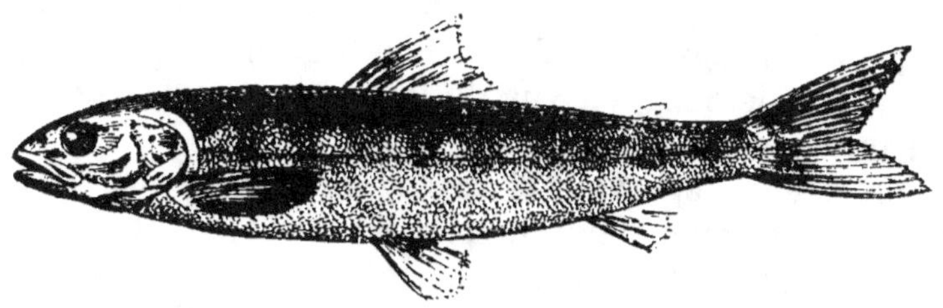

Fig. 2. — Saumon du Rhin : longueur, 0m,24 ; âge, 23 mois.

Fig. 3. — Corégone-Féra : longueur, 0m,17 ; âge, 9 mois.

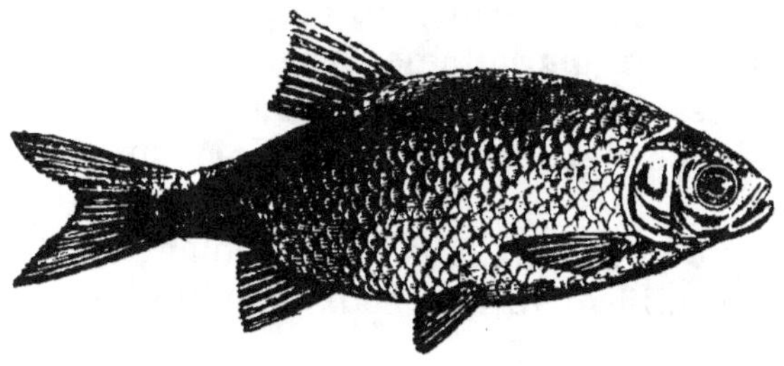

Fig. 4. — Gardon : âge, 3 ans.

Planche II. — Produits d'Huningue élevés au Cluzel. — Gardon, produit
de l'acclimatation par voie de transport.

APPENDICE.

Nous recevons, au moment de terminer ce travail, une des dernières livraisons du *Nouveau Dictionnaire général des Pêches*, par M. de la Blanchère, qui nous inspire de sérieuses réflexions, non-seulement au sujet de la possibilité qu'il y aurait, contrairement à nos conclusions, de faire croître des saumons dans des eaux fermées, mais sur le fait d'une méprise très-forte que nous aurions commise dans l'appréciation de nos propres résultats. L'auteur nous permettra de citer textuellement, en vue de la science, ce passage de son bel ouvrage :

« La question de savoir si les saumons peuvent vivre
« constamment dans l'eau douce est maintenant résolue
« d'une manière certaine. Les expériences faites en Norvége
« sont probantes. Les premiers essais de repeuplement, en
« saumons, de lacs de montagnes ne communiquant point
« avec la mer, datent du printemps 1857 et eurent lieu
« dans un étang de Vefferstad, à Lier, près de Drommen.
« On y déposa des alevins, mais le manque de nourriture
« les força à ne croître qu'avec une extrême lenteur. En
« cinq ans, ils ne pesaient qu'une livre et demie ; leur chair
« était blanche. — Est-ce donc au genre de nourriture
« *marine* du saumon, qu'il doit la couleur rouge de sa
« chair ? — L'expérience fût répétée en 1856, dans les deux
« lacs Siljevandene, près de Laurdal, dans le Laurvig. Là,
« comme la surface de l'eau était de près de 7 kilomètres,
« et sa profondeur parfaitement peuplée de *vérons*, *gre-*
« *nouilles* et insectes, les jeunes saumons se sont parfaite-
« ment développés, et, en 1864, on a pris un saumon de
« 9 kilogrammes[1]. »

Voici donc de nouveaux faits qui semblent établir, d'une manière plus significative que ceux signalés plus haut, la

---

[1] *La Pêche et les Poissons, nouveau Dictionnaire général des Pêches*, par H. de la Blanchère. Paris, 1868. (Article *Saumon commun*, p. 705.)

possibilité de la croissance du saumon en eau douce, mise en doute tant de fois, même par des hommes de science, tels que M. Blanchard qui disait [1] : « Dans une notice récente, M. R. Caillaud déclare qu'il regarde l'éducation du saumon en eau douce comme *douteuse. Nous pensons qu'il a bien raison.* »

On regrette de n'être pas fixé, en même temps, sur la valeur des expériences suédoises, au point de vue commercial.

Quant à la méprise que nous-même aurions faite dans l'appréciation de nos propres résultats, voici en quoi elle consisterait : M. de la Blanchère, dans sa description du saumon commun (*salmo salar*, *Linné*), nous a fait connaître un signe *caractéristique*, bien léger. qui distingue ce poisson de la truite et qui, pour nous, avait passé inaperçu. Il en est résulté que nous sommes convaincu d'avoir obtenu, à notre insu, un certain nombre de saumons adultes, que nous avons confondus, dans nos observations, avec les truites, par la raison que les signes si peu apparents par lesquels ils diffèrent entre eux, à la seconde phase de l'existence du saumon, nous ont complétement échappé. Laissons parler l'auteur du *Dictionnaire des Pêches* : « L'opercule, « l'interorpercule et le subopercule [2] sont tous trois soudés « et forment comme une seule bande, sur laquelle se dessinent des *stries* en divers sens. L'œil est, de même, en-« chassé au milieu de stries rayonnantes en arrière ; ce « caractère, propre au saumon dès l'état de *smolt*, permet « toujours de le distinguer de la truite et est l'un des meil-« leurs, *sinon le seul*, selon nous. » M. Blanchard avait signalé déjà les pièces operculaires soudées ensemble et garnies de stries, comme permettant toujours de distinguer un saumon d'une truite ; mais ces caractères constituent des différences difficiles à distinguer pour tout autre qu'un naturaliste exercé.

On nous pardonnera dès lors, si nous avons fait confusion entre les deux espèces, d'avoir peut-être été dans le faux, à force de vouloir rester dans le vrai.

---

[1] *Les Poissons des eaux douces*, p. 595.
[2] **Membranes** qui recouvrent les ouïes.

Un sujet long de 0^m,22, que nous avions conservé dans l'alcool, observé plus attentivement depuis cette lecture révélatrice, nous paraît présenter ce signe distinctif du saumon à l'état de smolt ; les stries sur l'opercule sont parfaitement visibles. Nous avions conservé ce sujet après une pêche faite l'année dernière dans l'un des étangs, parce que la tête et le corps nous ayant paru plus effilés que chez les autres salmonides, les taches moins nombreuses sur le dos et presque nulles sur les flancs, non-seulement chez ce sujet, mais chez plusieurs de ceux pêchés à cette époque, nous nous étions proposé de le soumettre à un examen minutieux ou de l'envoyer à des connaisseurs plus habiles, si nous avions pu lui trouver accès dans un laboratoire. Mais ce qui nous faisait croire, jusqu'à preuve contraire, que lui et ses pareils étaient de simples truites, c'étaient les taches disséminées sur la nageoire dorsale. En effet, à l'état de *par*, c'est-à-dire dans le premier âge, le saumon a cette nageoire *unicolore* [1]. Ce qui avait contribué à entretenir notre erreur, c'est que des sujets, arrivés à la taille de 0,24 centimètres en 23 mois, dont un déposé au Musée de Rodez, et offrant complétement l'aspect de saumoneaux à l'état de smolts, avaient la dorsale unicolore ; ce seul signe distinguait donc, à nos yeux, les saumons des truites, celles-ci ayant *toujours* cette nageoire plus ou moins *marquée de taches irrégulières* [2].

Cette erreur est regrettable, et nous ne doutons pas qu'elle ait pu être faite par d'autres éleveurs de saumons, qui ont dû éprouver la même difficulté pour apprécier sciemment le résultat de leurs travaux. Elle indique le besoin d'un livre usuel, traitant du saumon, des nombreuses phases qu'il traverse et des modifications si notables et irrégulières qui s'opèrent chez lui, dans chacune de ces phases.

---

[1] Voy. M. Coste : *Instructions pratiques sur la Pisciculture*, p. 118, 2e édition.

[2] M. Blanchard dit que le saumon adulte a *souvent* de petites taches noires éparses sur la nageoire dorsale. Cette particularité nous avait échappé à la première lecture : elle nous avait d'autant moins frappé, que les premiers smolts que nous avions obtenus ne la possédaient pas.

Nous nous sommes demandé si la découverte tardive que nous venions de faire ne devait pas nous engager à modifier ce que nous avons dit sur le supposé échec éprouvé à ce sujet par la Pisciculture. Mais notre manière de voir, quant au point le plus important, n'ayant pas varié, en ce sens que, si nous avons obtenu des saumons adultes, ils ne sont, en définitive, ni restés très-nombreux ni devenus très-gros, et par conséquent le *côté pratique ou commercial* demeurant tel que nous l'envisagions, du moins d'après nos essais particuliers, nous avons cru suffisant de faire part de ces nouveaux éclaircissements, sous forme d'annexe.

Si notre faible science est en défaut, nous rappellerons que nous signalions, dès les premières lignes de cet opuscule, la difficulté que nous éprouvions à mener de front la science et la pratique. Malheureusement, ceux qui ont le loisir et le goût d'élever des poissons ne sont que rarement, par leurs études antérieures, en mesure de les bien connaître, de même que ceux qui les connaissent le mieux, ne sont pas toujours des praticiens émérites et assidus.

---

§ 2. — Séquestration de la truite dans les eaux fermées.

Les questions que nous cherchions à éclaircir au sujet de la truite dans les étangs étaient celles-ci :

Peut-on peupler des étangs avec des truites écloses artificiellement ?

Y prospèrent-elles ?

Y-a-t-il bénéfice ?

Les faits consignés plus haut[1] prouvent que la Pisciculture artificielle est un excellent moyen de se procurer de nombreux sujets de la plupart des genres de

---

[1] Voy. ch. II.

salmonides, et qu'en prolongeant leur élevage en captivité pendant deux ou trois mois après la résorption de la vésicule ombilicale, on peut obtenir aisément des *quantités considérables* de truites et les conserver, en nombre suffisant et avec un accroissement normal, au moins pendant les deux ou trois premières années.

Ont-elles prospéré dans les étangs du Cluzel? Oui, puisqu'on a pu y en obtenir d'une fort belle taille.

Y a-t-il eu bénéfice? Non, parce que, selon nous, elles se sont probablement dévorées entre elles.

Ces conclusions ressortent en effet de l'expérience dont nous avons commencé à rendre compte dans ce chapitre.

Sur les 300 truites susmentionnées, placées à l'âge de 2 ans avec les saumons, dans le grand étang du Cluzel, voici quel fut le résultat de l'inventaire qu'on en fit quatre ans après:

Il n'en fut retrouvé que 150 environ, parmi lesquelles quatre avaient atteint d'assez fortes dimensions : l'une mesurait 0^m,56 de longueur et pesait 1^k,600[1] ; la seconde atteignait presque la même longueur ; la troisième et la quatrième ne mesuraient que 0^m,40 à 0^m,42. Les autres s'échelonnaient entre cette dimension et 0^m,20. Celles de 0^m,20 à 0^m,25 étaient en assez grande quantité pour m'avoir même fait supposer qu'elles ne pouvaient avoir l'âge de 6 ans, et j'ai dû penser qu'un certain nombre d'entre elles pouvaient bien provenir du bassin d'alevinage, d'où elles se seraient échappées depuis un

---

[1] Cette truite a figuré à l'Exposition de Pêche et d'Aquiculture d'Arcachon en 1866, et à l'Exposition universelle de Paris en 1867. Donnée au musée de Rodez. (Pl. III.)

ou deux ans et seraient venues remplacer d'autres sujets disparus de l'étang.

A quoi attribuer cette diminution numérique très-sensible, que nous avons eu à constater ? — Plusieurs dangers encourus, plus ou moins probables, s'offraient à nos réflexions. L'étang avait pu déborder légèrement, après quelques crues d'eau subites, que la déclivité des terrains du bassin circonvoisin rend difficiles à conjurer, car, dans ce cas, les rigoles de ceinture qui enveloppent le périmètre des étangs, en vue de parer à cet inconvénient, deviennent quelquefois insuffisantes pendant les orages ; mais on pense communément, et nous sommes porté à le croire, que la truite ne quitte guère les profondeurs de l'eau, quand celle-ci est troublée par de fortes pluies.

Les maraudeurs furent accusés à leur tour : malgré la trop réelle possibilité du fait, aucune constatation n'avait pu être faite à cet égard.

La loutre avait-elle dévoré une partie des plus beaux poissons? Les incursions de ce dangereux ichthyophage sont à redouter principalement dans les étangs situés à peu de distance des cours d'eau de quelque importance ; or, ceux du Cluzel n'étant qu'à 3 ou 4 kilomètres de l'Aveyron, des traces de la loutre, telles que résidus et débris de truites laissés sur les bords, nous avaient été, en effet, plusieurs fois signalées ; cet animal ne faisant son apparition qu'à de longs intervalles, les piéges placés sur sa passée n'ont obtenu aucun résultat[1].

---

[1] Comme preuve que nos craintes à ce sujet n'étaient pas un effet de l'imagination, nous pouvons annoncer un fait tout récent, qui les justifie entièrement. La neige ayant couvert la terre pendant plusieurs jours, à la fin de mars 1869, on avait pu remarquer que la loutre faisait

Un autre ennemi redoutable pour les poissons est *la couleuvre d'eau douce*, très-commune dans le pays, et qui se tient soit dans les bois voisins des étangs, soit dans l'intérieur des chaussées. On en voit quelquefois dans le Viaur, traversant cette rivière à la nage avec une truite de 0^m,20 à 0^m,25 dans la gueule. Nous en avons vu plusieurs qui s'étaient emparées de gros goujons et une entre autres, qui tenait avec ses dents une jeune truite de 0^m,16 de longueur, par un côté de la membrane qui recouvre les ouïes. On devrait s'appliquer à la destruction de ce reptile, auquel pour notre part nous faisons guerre pour guerre.

Ces fléaux peuvent sans doute tromper les soins les plus vigilants, détruire le fruit de travaux attrayants et plus ou moins dispendieux; sont-ils cependant l'obstacle principal qui fait que, pour nous, le peuplement d'un étang en truites ne paraît pouvoir amener un bénéfice?

Nous ne voudrions pas qu'une telle épreuve, faite au milieu de tant d'inconvénients locaux, pût décourager les futurs éleveurs de truites en eau fermée, qui pourraient se trouver mieux situés; néanmoins ce qui

des rondes nocturnes autour de deux des étangs, dont l'un contient la grande quantité de saumons et truites nés en 1867, et des gardons. Non-seulement les traces de ses pas étaient visibles et très-nombreuses sur la neige, mais elle laissait une grande quantité de débris de ses festins, et particulièrement les larges écailles de nos pauvres gardons. Malgré un froid très-vif, deux hommes déterminés, le régisseur du Cluzel et le garde de la commune de Vors, se postèrent à l'affût pendant plusieurs nuits consécutives, pour avoir raison de ce destructeur acharné. Dans la nuit du 20 au 21 mars, entre onze heures et minuit, la loutre se montra sur une des chaussées. Elle fut tuée par le garde, au moment où elle allait plonger dans l'étang. C'était un mâle de grande taille. (Voy. divers ouvrages sur les dégâts causés dans les étangs par la loutre.)

nous paraît devoir, partout, mettre obstacle au succès de cette industrie, c'est la voracité de ce genre de poissons, qui ne peut faire autrement que d'en diminuer le nombre. M. Milne-Edwards, dans son remarquable rapport du 26 août 1850, a dit au sujet de la truite : « Lorsque c'est dans des étangs ou des viviers qu'on « veut les élever, il faut aussi avoir la précaution de « séparer complétement les produits de chaque année, « car les grosses truites dévorent les petites, et, pour « éviter cette cause de destruction, il faut que tous les « individus aient le même âge. » Mais cela ne suffit pas toujours : L'inégalité de croissance entre les sujets de même âge doit forcément annuler en partie les bons effets des précautions prises à cet égard. Agglomérés dans un local relativement restreint pour eux, ils sont poussés par leur nature carnassière et féroce à s'entre-déchirer, alors même qu'ils ont à leur portée d'innombrables fretins de goujons, vérons et des multitudes de batraciens, qui se montraient encore très-abondants dans les étangs, lors du dénombrement final des truites, comme nous l'avons constaté avec étonnement; nous pensions en effet que ces êtres inférieurs auraient dû être presque tous dévorés par les salmonides de même âge renfermés dans cette enceinte depuis plusieurs années. Il est probable que l'instinct agressif des truites les porte, non seulement à combattre les plus faibles pour s'en repaître, mais à faire disparaître dans celles-ci des rivales inquiétantes sous le rapport de la compétition de nourriture. C'est ainsi que l'on voit, dans les bassins d'alevinage, de tout jeunes sujets en attaquer de plus faibles pour leur disputer leur proie. Cet instinct n'a-t-il pu aussi entrer dans leurs fins, par

7.

un motif de prévoyance au sujet de leur reproduction?
En détruisant les plus faibles de leur race, ces poissons,
destinés plus spécialement aux eaux courantes, ne
cherchent-ils pas à restreindre le nombre d'ennemis
qui, dans les ruisseaux où ils déposent leur frai, ne
manqueraient pas de s'en nourrir? Ce qui pourrait le
faire supposer, c'est qu'à l'époque du frai, comme nous
l'exposerons plus loin, les petits cours d'eau sont généralement dépourvus de sujets non adultes, ceux-ci ont
gagné les rivières, et c'est le moment où les reproducteurs d'un âge plus avancé font leur apparition dans les
ruisseaux.

Quoi qu'il en soit, notre opinion est qu'il n'est guère
plus praticable ou plus lucratif de peupler un étang en
truites qu'en brochets, et que l'on peut en revenir sur
cette matière à la théorie de la vieille *Maison rustique*,
qui disait [1] : « Il est vrai qu'il y a quelques étangs d'eau
« très-vive, où la truite peut se nourrir : c'est un excel-
« lent poisson ; mais vivant de proie comme le brochet,
« l'on n'en doit point faire le principal objet. Il ne se
« peut transporter vif par charroi ; et qui ne constrai-
« rait un étang que pour y mettre des truites perdrait
« son temps, sa peine et son argent. »

Ce qui rend tout à fait problématique un bénéfice à
réaliser par l'entretien de tels animaux, en admettant
même qu'ils ménagent leurs semblables plus que nous
ne le supposons, c'est qu'on ne peut espérer de voir
prospérer à côté d'eux d'autres espèces de poissons,
dont la vente pourrait combler le déficit laissé par les
truites manquant à l'appel [2]. D'après l'assertion de

---

[1] *La Nouvelle Maison rustique*, t. II, p. 523. Paris, 1762.
[2] A moins d'un aménagement qui exigerait de très-nombreux

M. Baude et d'autres auteurs, il ne faut pas moins de 12 livres de poisson consommé par la perche, pour former une livre de chair de cet animal. Nous croyons pouvoir, sans crainte, adopter ce rapport pour la truite.

A ce compte, la livre de truite devrait se vendre infiniment plus cher qu'elle ne se vend; c'est tout au plus si nos plus beaux sujets ont pu se vendre sur le marché, à raison de 2^f,50 la livre (500 gr.). — 12 livres de carpe ou de tanche produiraient 9^f,50 à 0^f,80 la livre, prix moyen.

Nous avions mis quelques reproducteurs de ces deux dernières espèces de poissons avec les salmonides de 2 ans, espérant, ou que leur fretin servirait d'aliment aux autres, ou qu'il échapperait en partie à leur voracité et augmenterait le produit de la pêche de l'étang. Nous n'avons guère retrouvé que les reproducteurs eux-mêmes, qui avaient atteint, il est vrai, un beau poids.

Ajoutons encore, pour répondre à une question qui nous a été posée maintes fois, que la truite ne peut se reproduire dans les étangs eux-mêmes, la vase mettant obstacle à l'éclosion des œufs; elle n'y parvient que si le ruisseau qui alimente l'étang offre des emplacements propices à la ponte et à l'éclosion, à savoir un lit graveleux, baigné d'une eau limpide. Cette condition se présente quelquefois, et c'est une des meilleures qu'on puisse rencontrer, si l'on veut consacrer un étang à ce genre de poissons.

Nous ne pouvons toutefois livrer ce tableau, désenchanteur peut-être, mais réel, à l'appréciation du pu-

étangs, et qui consisterait à ne placer avec de jeunes truites que des poissons d'autres espèces, arrivés à plus de moitié de leur croissance, c'est-à-dire à une taille qui ne permettrait pas à la truite de les manger. A cette fin, un cinquième étang au moins deviendrait nécessaire.

blic, sans l'entourer de quelques faits puisés au dehors, et qui peuvent militer contre notre propre opinion au sujet de l'entretien ruineux, selon nous, de la truite dans les eaux fermées.

Certains lacs, dont les profondeurs nous cachent beaucoup de mystères, fournissent des truites en abondance et de toutes les dimensions; on les y exploite avec fruit, depuis des siècles, et leur nombre ne semble pas diminuer. Il est vrai que l'on ignore beaucoup de choses au sujet de telles eaux et que l'on peut même être étonné qu'elles soient si peu connues. Les conditions de reproduction y sont probablement excellentes, en amont ou en aval de ces lacs, et c'est ainsi que peut s'entretenir la prospérité de cette race, quoique des myriades de jeunes truites doivent succomber chaque année pour subvenir aux besoins dévorants des plus fortes d'entre elles; la plupart de ces lacs reçoivent des tributaires, propices à la multiplication, ou bien s'écoulent sans chutes insurmontables, en formant un cours d'eau dans lequel peuvent naître et grandir de nouvelles générations, qui, poussées ensuite par l'instinct migrateur et ascensionnel propre à leur espèce, se trouvent amenées naturellement dans les eaux des lacs : elles y séjournent plus ou moins de temps, suivant la convenance ou la quantité de la nourriture qu'elles y trouvent [1]; — celle-ci peut s'accroître de quelque provende encore ignorée. Ainsi, un vieux pêcheur, ancien

---

[1] Si l'on nous objectait sur ce point une différence reconnue entre les truites lacustres et fluviatiles, nous citerions le fait, qu'ayant fait pêcher des truites dans le lac d'O, et d'autres à 10 mètres en aval du lac, dans le ruisseau de l'Arboust, elles nous ont présenté des caractères extérieurs identiques. Les dents du *vomer* étaient, chez toutes, disposées comme chez la truite commune.

fermier du lac d'O, près Bagnères-de-Luchon, nous a affirmé que, trois fois par an, des nuées d'insectes s'abaissaient sur les lacs élevés et, chose plus étonnante encore, ce serait à chaque fois un insecte différent. D'après son dire peu scientifique, que nous livrons comme tel aux observateurs, les truites feraient alors une ample curée de ces diptères, et il m'exprimait cet avis en réponse à la demande que je lui faisais, de quoi pouvaient vivre les truites dans de pareils sites, longtemps glacés, et où, la végétation étant plus rare à mesure qu'on s'élève, le nombre des insectes devait diminuer en proportion de la rareté des végétaux qui pouvaient les nourrir.

Dans les eaux que nous avons peuplées de truites, celles-ci se livrent en été à la chasse des insectes ailés qu'elles saisissent hors de l'eau, en sautant (ce qui rend l'aspect des étangs très-animé dans cette saison); nous avons même remarqué qu'elles se livraient beaucoup plus activement à cet exercice pendant leur deuxième et troisième année, que pendant la première, la quatrième et les subséquentes; mais nous n'avons jamais observé de période où les insectes se montrassent en quantité plus grande que d'habitude.

Ce qu'il y a de certain, c'est que beaucoup de lacs possèdent des truites, et qu'on en fait l'objet d'un commerce qui doit être assez important, puisqu'ils peuvent être affermés en vue de ce seul produit. — Des lacs où ces poissons n'existaient pas en ont été pourvus par le transport de quelques couples dans leurs eaux, comme le lac Lovitel (Isère), peuplé vers 1770 par M. Garden, curé de l'endroit, de truites [1] *qui s'y sont considérable-*

---

[1] *Les Poissons des eaux douces, etc.* Blanchard, p. 556.

ment multipliées. Le lac Pavin (Puy-de-Dôme) en a été doté, il y a quelques années, grâce aux procédés artificiels, par M. Rico. D'autres exemples du même genre pourraient certainement être cités.

Nous ne prétendons pas, du reste, prouver d'une manière péremptoire, à l'aide des quelques faits qui résultent de nos expériences, qu'il ne puisse être profitable, dans certains cas, d'élever des truites dans des étangs et viviers et d'en faire croître un nombre assez considérable, au moyen d'une nourriture quelconque, comme cela a été fait, nous a-t-on dit, par une personne des environs de Vimoutiers (Orne), qui aurait obtenu des truites d'une belle dimension, en leur donnant à manger du lait caillé. De pareils faits mériteraient d'être divulgués avec détails par ceux qui en ont été témoins; ce qu'il importerait en effet de connaître, ce sont les frais occasionnés par ce genre d'alimentation, en un mot le rapport entre ces frais et le produit obtenu. Il en est de même de la culture des autres espèces de poissons, placés dans les mêmes conditions, c'est-à-dire soumis à une sorte de régime de stabulation. On nous a rapporté, par exemple, que des carpes, tenues dans un vivier d'une vingtaine d'ares de superficie, où l'on avait l'habitude de laver le blé, étaient devenues *fort belles* en peu de temps. Reste à savoir le point essentiel, c'est-à-dire quelle quantité de blé il faudrait donner à un nombre déterminé de carpes, placées dans telles et telles conditions hydrologiques, pour obtenir un certain poids de poisson.

Nous avons essayé, à différentes reprises, de distribuer à nos truites de la viande hachée et du blé, dans les étangs; nous y avons renoncé en voyant qu'elles n'avaient jamais pris une parcelle de cette nourriture, que l'on avait fait descendre à leur portée au fond de l'eau. Il est probable qu'elles préféraient les proies vivantes qui ne leur manquaient pas.

Il n'est peut-être pas inutile de parler, à ce propos, des difficultés qui entourent les expériences qui ont les eaux pour objet et pour théâtre. Si les pratiques artificielles de la fécondation, des éclosions et du premier élevage ne sont guère que des jeux d'enfant ou des travaux de laboratoire simples et tranquilles, il n'en est pas de même de la suite des opérations au sein des étangs eux-mêmes. C'est un travail assez assujettissant, pour celui qui s'en charge ou qui en est chargé, de surveiller les crues d'eau qui menacent souvent les chaussées d'une submersion partielle ou totale, de faire ou d'ordonner des rondes pour s'assurer que les maraudeurs n'ont pas essayé de dérober nuitamment du poisson, ce qui peut se reconnaître aux joncs et herbes des bords, déracinés ou ramenés par les filets, que la loutre n'a pas laissé des traces de son passage. Au Cluzel, cette ronde n'exige pas moins de deux à trois kilomètres de marche.

Pour que les grilles puissent débiter un plus fort volume d'eau, et afin que l'on n'ait pas à craindre un débordement, celles-ci doivent être munies d'un *chasse-feuille*, sorte d'estacade en planche ou en osier tressé, qu'il est bon d'établir devant les grilles, de manière qu'elles ne soient pas promptement obstruées par les feuilles d'arbres ou les débris de végétaux. Les rigoles de ceinture destinées aussi à prévenir les débordements, doivent être entretenues et la vanne régularisatrice du ruisseau, ouverte ou baissée, suivant les circonstances.

En outre, la revue annuelle des produits contenus dans chacun des étangs et le transport des plus âgés, d'un étang plus petit à un plus grand, le comptage, etc., nécessitent des soins, des bras et quelques frais. Il faut aussi s'assurer que les pieux munis de crochets en fer destinés à entraver l'épervier, et autres engins des pêcheurs de nuit, n'ont pas été ébranlés et il faut en replacer, s'il y a lieu, tout autour des étangs. Ces travaux exigent que celui qui les entreprend, particulièrement avec la volonté d'en tirer des conclusions scientifiques, ait à sa disposition beaucoup de loisirs et la facilité de donner suite à ses études en temps utile. On peut déplorer que, parmi ceux qui les font, il n'y en ait pas

PLANCHE III. — Truite des lacs provenant d'œufs envoyés d'Huningue. Age, 6 ans; longueur, 0m,56. (D'après la photographie.)

un plus grand nombre qui trouvent plaisir à en faire connaître les déductions.

Quant à nous, puisque nous avons cru bon d'entrer dans cette voie, nous ne pouvons taire que le rendement d'étangs, peuplés en truites, n'a pas été rémunérateur, quoique ces étangs, dont l'un passe pour assez grand, dans notre localité, reçoivent une eau courante qui leur est propice et qu'ils soient fournis de larves aquatiques, de vérons, de goujons et d'une grande variété de reptiles qui entrent dans leur alimentation. Nous croyons qu'un tel peuplement peut être un objet d'agrément et de luxe, mais qu'il s'éloigne beaucoup d'un bon revenu. Il est très-agréable de pouvoir, avant son déjeûner, pêcher à volonté quelques-uns de ces estimables poissons à la ligne volante, ou d'en faire pêcher plusieurs, en quelques minutes, par ses hôtes, comme cela nous est arrivé plus d'une fois ; mais, en définitive, la question sérieuse en matière de production étant *le profit*, nous ne pouvons dire qu'elle ait été résolue favorablement sous nos yeux. Nous avons en effet obtenu quelques beaux sujets ; nos élèves se sont montrés en foule et ont prospéré pendant les deux ou trois premières années, mais leur chiffre a été toujours en décroissant, depuis leur âge adulte jusqu'au jour où ils auraient dû devenir propres à être livrés à la consommation.

D'autres essais ont été faits, des résultats meilleurs peuvent avoir été obtenus ; nous le souhaitons vivement sans jalousie de métier [1].

---

[1] Voy. Lettre sur le rendement d'un étang peuplé naturellement de truites (note G, ch. x).

§ 3. — **Le corégone-féra dans les étangs.**

Un poisson non moins estimé pour la qualité de sa chair et non moins précieux que la truite, quoiqu'il n'atteigne pas le même poids, est le corégone-féra, dont l'établissement de Huningue nous a envoyé des œufs pendant plusieurs hivers consécutifs. De grandes difficultés accompagnent sa reproduction par les moyens artificiels, parce que les œufs, beaucoup plus petits que ceux des autres salmonidés, ne peuvent selon nous recevoir les mêmes soins pendant l'incubation, et qu'ils n'éclosent qu'*en très petit nombre* dans les eaux fermées où nous les plaçons.

Ce qui rendrait surtout désirable l'acclimatation de ce poisson dans les étangs à eaux vives, c'est que celui-ci n'étant pas muni de fortes dents ou n'en ayant même pas du tout et l'ouverture de sa bouche étant très-petite, il n'est pas possible qu'il cause les mêmes ravages que la truite, soit parmi ses congénères, soit parmi les autres espèces destinées à vivre avec lui. Ce serait donc, selon nous, *le poisson des étangs et des lacs par excellence.*

Voici ce que nous apprennent différents auteurs au sujet de ce charmant et savoureux salmone, qui n'est guère connu en France que des personnes qui ont été en Suisse ou dans quelques pays étrangers où il existe ; celles-ci font un grand éloge de ses qualités gastronomiques.

Rappelons d'abord que les corégones, classés dans la famille des salmonidés, n'ont avec eux que peu de rapports apparents : le plus marquant est la nageoire adipeuse ou seconde dorsale molle et charnue qui n'existe que chez les poissons de cette famille. Les corégones diffèrent des autres par la petitesse des œufs et par la taille, non moins que par la faible ouverture de leur bouche dont les dents sont d'une extrême ténuité, celles-ci faisant même quelquefois complétement défaut, nous disent des écrivains récents.

D'après M. E. Blanchard, le corégone-féra [1], très-voisin du corégone-lavaret, « ne dépasse guère la taille de « 0^m.30 à 0^m.40. Il fait sa nourriture de débris orga« niques et surtout de très-petits animaux, se montrant « particulièrement avide des insectes qui voltigent à la « surface de l'eau. Il fraye sur les herbes à une assez « grande profondeur, et l'on a insisté sur ce fait qui in« dique une différence dans les habitudes avec le *lavaret*, « déposant ses œufs très-près des rivages. »

Nous recevons depuis plusieurs années des œufs de féra (grande espèce) et de féra (petite espèce). D'après les renseignements que nous devons à l'obligeance de M. Dubuisson, ingénieur en chef des travaux du Rhin, qui dirigeait Huningue en 1867, la féra, indiquée comme de la *grande espèce* dans les expéditions de Huningue, se pêche dans les lacs de la Suisse, et est désignée dans ce pays sous les noms de *Weissfelchen*, *Blaufelchen*, *Ballen*, etc. Toutes ces espèces diffèrent trèspeu entre elles et peuvent être regardées comme des variétés du genre corégone : taille maxima 0^m.35 à 0^m.40 de longueur. La féra, indiquée comme de la *petite espèce*, se tire du lac de Constance, et est désignée dans le pays sous le nom de *Gangfisch*. Elle diffère peu de l'espèce

---

[1] *Salmo lavaretus*, Linné. *Coregonus-fera*, Jurine, Valenciennes, Blanchard. — Lacépède désigne *féra* comme synonyme de *lavaret*. (*Hist. naturelle des Poissons*, 1804, p. 21, t. XII.)

précédente, mais sa taille ne dépasse pas 0^m,25 de longueur.

M. de la Blanchère est encore plus affirmatif quant à
la grande affinité des diverses variétés de la plupart des
corégones. « Notre avis bien formel, dit-il, est que le
« lavaret et la féra sont un seul et même poisson ; du
« moins une variété peu appréciable de la même
« espèce [1]. » Il dit ailleurs : « Admettons une certaine
« variabilité dans les âges, et nous serons bien près de
« croire que le lavaret, la féra, la gravenche, la palée,
« la blaufelchen, la marène, le sandfelchen, le gang-
« fisch, etc., tout cela n'est qu'un seul et même poisson à
« différents états de saison, de lieu et d'âge [2]. » Le même
auteur termine son article sur les corégones en disant
qu'il réduirait volontiers ce genre à deux espèces : « Co-
« régone à museau ordinaire... *féra ;* corégone à mu-
« seau pointu... *houting.* » Mais, au lieu de cela et par
respect apparemment pour ses prédécesseurs, il laisse le
genre corégone comprendre douze espèces : lavaret, féra
gravenche, houting, etc.

La seule chose que nous ayons observée par nous-
même, c'est que les œufs de la féra grande espèce, ainsi
désignée à Huningue, sont plus gros que ceux de la féra
petite espèce. Il nous semble que cette seule particularité ne suffirait pas pour constituer deux espèces dis-
tinctes. On sait en effet et nous avons souvent remarqué
que les œufs d'une truite commune âgée de deux ans
sont plus petits que ceux d'une truite plus âgée. La

---

[1] *La Pêche et les Poissons, nouveau Dictionnaire général des Pêches,*
par H. de la Blanchère, p. 426. **Paris, 1868.**
[2] *Ibid.,* p. 202.

différence de taille maxima que l'on nous dit exister entre les sujets de l'une et l'autre catégorie serait, selon nous, plus significative en faveur de la pluralité des espèces.

Quoi qu'il en soit, « la féra, nous dit M. Blanchard [1], « abonde dans le lac Léman. Pendant les mois d'été et « d'automne, la pêche est si considérable qu'on en voit « arriver chaque jour à Genève de nombreux bateaux « chargés. » Elle n'existerait pas dans le lac du Bourget (Savoie), « la patrie du lavaret », mais dans divers lacs de la Suisse, de la Bavière et de l'Autriche.

Pour mieux faire connaître à nos lecteurs cet intéressant poisson, étranger à notre pays, nous ne craignons pas de nous étendre sur son aspect et ses caractères principaux : sa tête est petite, ses yeux sont grands et argentés, la ligne du dos est moins convexe que celle du ventre comme chez le hareng, auquel on l'a comparé avec raison ; les flancs, peu saillants, sont couverts d'écailles argentées, moyennement grandes et s'aggrandissant avec l'âge, qui forment des rangées très-distinctes ; la ligne latérale est ponctuée d'une manière très-visible. Le dessus de la tête est vert clair et le dos bleuâtre violacé changeant. Les préopercules recouvrant les ouïes sont argentés. La nageoire dorsale est incolore et est composée de 14 ou 15 rayons ; l'adipeuse incolore ; la caudale est fourchue et a 24, 28 rayons et quelquefois plus, dit-on.

Quant à la qualité de la chair, M. de la Blanchère émet l'opinion que celle des corégones est la plus savoureuse que puisse offrir la famille des salmonidés, et

____
[1] *Les Poissons des eaux douces*, p. 431.

celle de la féra est « excellente, parfumée et ferme, sans
« arêtes, blanche se conserve peu ; on en sale beaucoup
« pour l'Allemagne et même pour l'Alsace. »

La féra fraye en décembre, d'après M. Blanchard.
M. de la Blanchère dit qu'elle fraye du 10 au 15 février :
l'une et l'autre de ces assertions peuvent être vraies, si
l'époque de la fraye se prolonge pendant plusieurs mois,
comme cela a lieu pour la truite. Ce que nous pouvons
affirmer, c'est que c'est en décembre que nous recevons,
depuis 7 ou 8 ans, les œufs qui nous sont envoyés de Huningue, et que les deux derniers envois que nous avons
reçus sont arrivés, l'un le 1er et l'autre le 23 décembre
1867.

Lacépède place le corégone lavaret ou féra, dont il fait
une même espèce, dans l'océan Atlantique septentrional,
dans la Baltique, et leur prête l'habitude de venir frayer
dans les fleuves ; il leur assigne aussi comme demeure
plusieurs lacs, notamment celui de Genève ou Léman.
Sur le premier point, il diffère avec la plupart des
ichthyologistes modernes. M. Blanchard n'admet pas *sans
quelque surprise et sans crainte d'erreur* la présence du
lavaret, signalée par M. Charvet [1], dans le Drac et dans
l'Isère, et que ce savant dit assez commun dans le Guier,
surtout en hiver. Quant à la féra, elle n'est considérée,
de nos jours, que comme espèce *lacustre*. Le seul des
corégones qui, suivant M. Blanchard, fréquenterait les
mers du Nord, est le houting [2], à museau pointu, qui
remonterait les fleuves, tels que le Rhin, la Meuse, etc.,
comme le saumon [3].

---

[1] *Statistique générale du département de l'Isère*, t. II, p. 251 ; 1846.
[2] *Coregonus oxyrynchus*. Valenciennes, Blanchard, etc.
[3] **M. de la Blanchère** (*Dictionn. des Pêches*, p. 426) nous apprend

Lacépède est plus d'accord avec les observateurs modernes, dans ce qu'il dit de la manière dont ces poissons voyagent. « Plusieurs lavarets remontent.... dans les « rivières, ils s'avancent en troupes ; ils présentent « deux rangées, réunies de manière à former un angle, « et que précède un individu plus fort ou plus hardi, « conducteur de ses compagnons dociles... Ils s'ar- « rêtent vers les chutes d'eau et les embouchures... »

C'est en effet dans cet ordre que nous avons vu pour la première fois des féras circuler avec vitesse dans le petit étang qui les contenait, se portant réunis en bande et précédés d'un guide vers l'embouchure du ruisseau, s'y arrêter pour jouer un instant avec le courant, regagner l'étang et revenir un quart d'heure après dans le même ordre pour se livrer au même exercice. Ils avaient alors trois mois et demi et mesuraient environ trois ou quatre centimètres. Nous n'en avons vu aucun remonter le ruisseau.

Même exactitude reconnue par nous dans le passage suivant, tiré du même auteur : « Ils meurent bientôt « après être sortis de l'eau. On peut cependant, avec des « précautions, les transporter dans des étangs où ils « prospèrent et croissent, lorsque ces pièces d'eau sont « grandes, profondes et ont un fond de sable. » Ces précautions, en effet, doivent être grandes, car nul poisson ne nous a paru d'un transport plus difficile. — Plusieurs ont succombé chez nous, par la seule agitation que leur causait l'écoulement de l'eau des étangs que l'on vidait, pour constater l'état des poissons qui

que **Bloch** et **Pennant** attribuent au lavaret la même habitude de fréquenter certaines mers, et il conclut à la probabilité d'un *lavaret de mer*, distinct de ceux des lacs.

s'y trouvaient, ou, ce qui est plus probable encore, par suite de leur séjour dans l'eau troublée au moment de cette opération. Quelques-uns ont péri, pendant le trajet de quelques centaines de mètres, nécessaire pour les transporter d'un étang à l'autre ; d'autres, cependant, avaient bien supporté ce transbordement. M. de la Blanchère dit, en parlant du lavaret et de la féra : « Tous deux meurent « si facilement, qu'on a vainement tenté de transporter « ces poissons du lac du Bourget dans celui d'Annecy » (25 à 30 kilomètres).

C'est le cas de rendre hommage aux procédés artificiels, qui permettent de propager une si précieuse espèce à des distances considérables.

On n'a pas été d'accord, dans le principe, sur la meilleure situation où devaient être placés les œufs de féra après leur réception. Nous essayâmes d'abord, d'après les premières indications qui nous avaient été données, et dont nous ne nous rappelons pas la provenance, de les déposer *à fleur d'eau,* sur des lits de mousse ou de végétaux aquatiques, sur du gravier ou même dans nos auges à incubation garnies de mousse. Nous ne pouvions les mettre à fleur d'eau que dans l'intérieur du bassin d'alevinage, à cause de la gelée qui les aurait atteints infailliblement, s'ils eussent été à ciel ouvert. Nous obtenions ainsi un petit nombre d'éclosions sur la quantité assez considérable d'œufs mis en incubation ; nous avions encore imaginé un moyen d'en placer une certaine quantité à fleur d'eau, en dehors du bassin, sans avoir à redouter les effets de la gelée. On semait des œufs sur une frayère artificielle, composée de plantes aquatiques enlevées des bords de l'étang avec la terre qui les soutenait. Cette frayère était environnée de toile métallique, pour mettre le frai à l'abri de la rapacité des oiseaux, des reptiles et des insectes, et on la plaçait, faiblement immergée, entre le chasse-feuille et la grille d'un étang, de manière que le courant continu du trop plein empêchait la glace de se former autour de l'appareil. La frayère était ouverte vers la fin de février, et le petit nombre d'œufs sains qui étaient arrivés à un degré assez avancé de développement étaient réunis à ceux du bassin d'alevinage, où ils ne tardaient pas à éclore.

Depuis lors, afin de nous conformer aux instructions rédigées par M. Coste et annexées aux expéditions d'œufs de féra, et ayant appris aussi par l'ouvrage de M. Blanchard[1] que la féra frayait sur les herbes à une assez grande profondeur, nous semâmes les œufs qu'on nous envoya sur des végétaux enracinés, dépourvus de larves et d'insectes aquatiques et dont on avait tapissé le *fond* des bassins d'alevinage. Ce nouveau système ne nous procura pas un plus grand nombre d'éclosions que le précédent ; elles eurent lieu à peu près dans les mêmes proportions.

Ce qui met principalement obstacle, selon nous, au développement des œufs de ce genre, dans une plus large mesure, c'est qu'ils ne supportent que difficilement le transport. Leur petitesse rend le comptage des œufs sains, au moment du déballage, presque impossible ; mais on s'aperçoit, à la première immersion, que le plus grand nombre d'entre eux deviennent partiellement ou totalement opaques, ce qui est un signe non équivoque d'altération. Nous estimons de la ma-

---

[1] *Les Poissons des eaux douces, etc.* p. 131.

nière la plus approximative ce premier déchet aux deux tiers au moins de l'envoi, et encore une partie de ceux qui paraissaient sains, à l'arrivée, montrent-ils dès le lendemain les mêmes signes d'altération. En définitive, les éclosions sont *peu nombreuses;* mais qu'importe, si quelques-unes ont lieu et peuvent mener à bonne fin *la propagation de l'espèce.*

Vingt-sept féras ont atteint, au Cluzel, l'âge de deux et trois ans.

Ce résultat de longues tentatives peut paraître minime, au premier abord ; à nos yeux, il prend de grandes proportions, car il démontre la possibilité d'un fait d'acclimation qui pourrait être éminemment utile pour les lacs et étangs. Nous avons peut-être lieu d'en être d'autant plus satisfait, que nous avons la presque certitude d'avoir réussi l'un des premiers, parmi de nombreux émules, à obtenir des féras de cet âge, dans des étangs, au moyen des procédés artificiels.

Deux sujets de trois ans, présentés à l'Exposition. universelle de 1867, ont attesté la possibilité du fait. Ils avaient figuré précédemment à l'Exposition d'Aquiculture d'Arcachon [1].

Voici comment se sont développés, presque sous nos yeux, ces êtres à la reproduction desquels nous nous sommes attaché plus particulièrement qu'à celle de

[1] Nous avons vu dans la liste des exposants d'Arcachon que M. Périer, propriétaire agriculteur au Mazeau (Haute-Vienne), avait présenté des féras. M. Chantran, appariteur du Collége de France, à Paris, a aussi envoyé des « féras âgés de seize mois, éclos et élevés dans le laboratoire. Ils se sont reproduits. » On regrette de n'avoir pas de plus amples informations sur ces expériences. (*Liste des Exposants.*) Paris, imp. administrative de Paul Dupont, rue de Grenelle-Saint-Honoré, 45.

toute autre espèce, en vue de l'intérêt qu'ils semblent offrir pour les eaux fermées. Nous les avons observés d'autant plus attentivement, que nous avions tout à apprendre à leur sujet.

Quelques semaines avant l'éclosion, les yeux de l'embryon se montrent distinctement, comme deux petits points noirs cerclés d'or, au travers de la coque transparente de l'œuf; le jeune être s'agite sous la pression exercée à la surface. Dès qu'il a quitté sa légère enveloppe, on le voit vaguer dans les couches supérieures du liquide ambiant, en imprimant à tout son corps des mouvements réguliers, ondulés, continus et rapides. Sa longueur, à la naissance, ne dépasse pas 1 centimètre, et son épaisseur est à peu près celle d'une épingle. La tête est la seule partie relativement volumineuse dans ce petit corps, très-délié dans sa terminaison et très-souple dans ses articulations; le ventre présente une légère saillie ovoïde et nacrée qui ressemble à la vésicule des autres salmonides, quand celle-ci est presque résorbée, mais ils ne prolongent en aucune manière cet état d'inertie pour ainsi dire embryonnaire qui appesantit les autres pendant une période si longue.

Les féras commencent, dès en naissant, une promenade incessante, qui ne paraît pas, dans le premier âge du moins, être mêlée d'aucun temps de repos, car je ne les ai jamais vues rester stationnaires un seul instant, soit au fond, soit sur aucun point des bassins, quoique j'aie passé beaucoup de temps à les observer[1]. A peine semblent-elles ralentir leur marche pendant une ou

___

[1] Si les poissons dorment, comme le dit M. de la Blanchère (*Diction. des Pêches*, p. 737), les féras se reposent peut-être alors

deux secondes, en présence de quelque objet microscopique qui échappe aux regards; elles paraissent s'en saisir, à en juger par le mouvement de leurs mâchoires, et reprennent leur course.

N'ayant pas osé, d'abord, confier à une eau de quelque étendue ces êtres *minuscules*, j'avais essayé de les conserver dans le bassin d'alevinage jusqu'à ce qu'ils fussent devenus un peu plus grands. Cette année-là, je n'avais obtenu que 15 jeunes féras dont j'avais constaté les éclosions presque une à une : au bout de deux semaines, ce petit troupeau devint languissant. Elles ne suivirent plus leur marche habituelle dans les couches supérieures du bassin, mais dans les couches intermédiaires, puis dans les inférieures, et enfin se traînèrent lentement tout près du fond. Elles périrent une à une, comme elles étaient nées. Je leur avais distribué de la poudre de foie de veau et des parcelles de lait caillé, mais elles ne paraissaient pas s'arrêter devant cette nourriture. Sont-elles mortes de faim, l'eau qu'elles aspiraient ne contenant peut-être que peu d'animalcules, à cause du filtre qu'elle traversait, ou par l'effet d'une captivité trop étroite, nous l'ignorons.

L'année suivante, je me gardai bien de renouveler cet essai malheureux de stabulation des féras dans un bassin maçonné. Je fis creuser, à ciel ouvert, un bassin triangulaire, d'une profondeur de $0^m,50$, et pouvant contenir 40 mètres cubes d'eau environ : ses bords furent garnis de plantes aquatiques, et on l'alimenta au moyen d'une prise d'eau faite sur le ruisseau qui afflue dans le petit étang du Cluzel, dit étang supérieur, séparé de ce bassin par une étroite chaussée.

Je m'occupai principalement du système d'écoulement à donner à ce réservoir : en effet, l'extrême tenuité des jeunes poissons qu'il s'agissait d'y renfermer et leur constante habitude de fréquenter les couches supérieures de l'eau devaient, selon moi, les rendre très-susceptibles d'être entraînés par le courant, en dehors de l'enceinte où il importait de les laisser croître ; c'est pourquoi je n'avais pas osé en livrer un nombre aussi

Grille d'un bassin à féras.

limité que l'était le produit de ces éclosions à la pleine eau d'un étang, qu'il était presque impossible de munir de grilles assez fines pour empêcher leur fuite [1]. Le

---

[1] Il est facile de s'assurer que des mailles trop fines, opposées au courant d'un ruisseau, sont obstruées en quelques heures. Le débordement de l'étang devient, dans ce cas, inévitable et la fuite des poissons imminente.

petit bassin à ciel ouvert n'étant alimenté que par un tuyau d'une ouverture de $0^m,03$ à $0^m,04$ de diamètre, il suffisait d'une grille assez peu étendue et à mailles très-serrées pour débiter le faible volume d'eau qu'il déversait, sans avoir autant à craindre un débordement. Je trouvai même un moyen d'éloigner ce danger, en établissant cette grille sur plusieurs châssis, formant une sorte de cage grillée de tous côtés, sauf au point d'échappement de l'eau, et qui fut juxtaposée au conduit de décharge servant de trop-plein. (Voy. la figure). Le côté vertical faisant face au bassin fut en outre muni d'un chasse-feuilles. De cette manière l'écoulement de l'eau resta toujours complétement libre, ce qui n'aurait pas eu lieu longtemps avec une petite grille de quelques centimètres carrés, placée devant le conduit de décharge, à cause de son obstruction plus ou moins prompte.

Ne craignons pas de le dire en passant, c'est souvent de la solution de petites difficultés de cette nature que dépend le succès d'expériences importantes.

Les féras déposées dès leur naissance dans ce bassin à ciel ouvert se développèrent parfaitement : elles se montraient chaque jour, circulant en bandes de six ou sept, quelques-unes deux à deux, d'autres isolées. J'essayai plusieurs fois de placer sur leur passage des végétaux chargés de larves de diptère-tipulaire; mais, soit que cette proie fût trop forte pour elles, soit qu'elles craignissent de s'embarrasser dans les fils que secrète cet insecte, je les ai toujours vues s'en éloigner avec une sorte de frayeur, se tournant presque *à plat* dans leur fuite, et faisant des mouvements brusques et saccadés, comme pour se débarrasser d'une entrave.

En 1863, cinq sujets arrivèrent à un complet développement. L'ingénieur en chef qui dirigeait Huningue me pria de lui en envoyer un, pour s'assurer qu'il n'y avait pas erreur sur l'identité de l'espèce. Un sujet fut pêché et envoyé ; il résulta de l'examen auquel il fut soumis que c'était une féra, et M. Coumes, en m'en accusant réception par une lettre en date du 29 novembre 1863, me faisait savoir qu'il n'y avait encore qu'un petit nombre d'acclimatations en France et que je devais m'efforcer de profiter de la convenance de nos eaux, pour propager cette espèce[1]. Le sujet envoyé mesurait $0^m,17$ et il n'avait que 9 mois d'existence. Un autre sujet semblable au premier fut pris en même temps, et déposé au musée de Rodez (fig. 3, pl. 2).

En 1864, 105 éclosions eurent lieu dans le bassin d'alevinage, où la plupart des œufs de féras avaient été semés sur des lits de végétaux aquatiques maintenus sous l'eau à une faible profondeur, une petite quantité seulement ayant été disséminés sur divers points de l'*étang supérieur* consacré aux féras et vide d'autre poisson. Les sujets éclos dans le bassin d'alevinage furent portés dans le bassin à ciel ouvert.

Le 15 mai suivant, neuf sujets longs de $0^m,06$ se montrèrent dans le bassin à découvert, et une autre bande de treize sujets de même taille furent vus dans l'étang supérieur remontant jusqu'à l'embouchure du ruisseau, sur deux files, précédés d'un conducteur, à la manière des canards sauvages qui émigrent. La communication directe ayant été ouverte entre le bassin et l'étang, les jeunes produits se rejoignirent dans ce der-

---

[1] Voy. Note, ch. x.

nier; ils y atteignaient, en automne, la taille de $0^m,15$, $0^m,16$ et $0^m,17$.

Malheureusement une imprudence devait compromettre et détruire momentanément une partie des résultats scientifiques et pratiques que l'on croyait pouvoir retirer de ces travaux et d'une longue attente. Voulant disposer de l'*étang supérieur* pour l'élevage d'autres salmonides beaucoup plus nombreux auxquels j'attachais alors d'autant plus de prix qu'ils ne m'avaient encore fait éprouver aucune déception, et croyant les féras obtenues assez fortes pour se défendre, je les disséminai dans les trois autres étangs, occupés par d'autres poissons arrivés à différents degrés de croissance. Chose remarquable du reste, les truites et saumons n'en dévorèrent aucune, grâce probablement à leur agilité. qui leur aura permis d'éviter toute atteinte.

Un accident devait cependant causer leur perte, avant qu'on eût pu constater le fait de leur reproduction *naturelle* dans les eaux où elles avaient si bien prospéré.

Dans les diverses pêches de revue ou de transbordement des différents poissons contenus dans les étangs, toutes les féras périrent, et ce fait eut lieu au moment même où je venais de prendre la résolution d'abandonner complétement aux féras l'étang supérieur que je n'aurais jamais dû leur faire quitter.

Soit que, dans un âge plus avancé, elles ne supportent pas aussi bien le transport que quand elles sont plus jeunes, soit que les circonstances atmosphériques ne fussent pas aussi bonnes, aucune ne put survivre au court trajet qu'on leur fit subir pour les réintégrer dans leur première demeure. Une seule se montra encore quelques jours languissante, non loin des bords et à la surface de l'étang, et ne fut plus revue.

D'autres avaient succombé par le seul effet produit sur elles par l'eau vaseuse, où elles se trouvaient confinées, dans l'opération d'une pêche de revue ; deux d'entre elles furent aperçues mortes, grâce à leur éclat métallique, au fond de l'étang qui s'était rempli le lendemain de cette opération.

Deux spécimens de féras, qui avaient péri dans l'une de ces circonstances, furent envoyés et ont figuré aux deux expositions précitées et au concours régional de Rodez 1868. Elles avaient trois ans et quatre mois quand elles succombèrent, étant nées en février 1863, et mesuraient 0^m,30 de longueur. Elles ont été placées au musée de Rodez.

En 1866, nous n'avons obtenu que sept sujets, que nous avons vus dans le bassin à découvert jusqu'à l'âge de quatre mois, époque à laquelle on leur a ouvert la communication avec l'étang supérieur, qui leur est aujourd'hui consacré exclusivement[1].

Ce qu'il y a de réellement regrettable dans la conclusion de nos premiers essais d'acclimatation de la féra, si bien commencés, c'est que nous n'avons pu acquérir encore la preuve de la multiplication naturelle de ce précieux poisson, dans les eaux d'étang où il a prospéré jusqu'à l'âge adulte.

On peut éprouver quelque crainte à ce sujet en considérant que sur les 27 féras, arrivées à un complet développement, aucune ne s'est reproduite. Mais voici comment il nous paraît que cette expérience ne prouve

____
[1] Voy. ch. x. Dernières nouvelles.

nullement l'impossibilité du fait, que nous croyons au contraire des plus probables :

Comme nous l'avons dit, ces premiers produits ont malheureusement été disséminés dans trois étangs. En supposant qu'il y ait eu neuf sujets de cette espèce dans chacun d'eux, on ne peut guère présumer qu'il y ait eu par étang plus de deux ou trois *couples*, desquels il n'a pu résulter encore des pontes très-abondantes. Or, les pièces d'eau n'étant pas munies de grilles assez serrées pour retenir les jeunes, il n'y a rien d'étonnant qu'ils aient pu s'échapper en suivant le courant, conformément aux prévisions qui nous ont fait prendre tant de soin pour éviter ce danger, dans le bassin à ciel ouvert destiné à leur première croissance. D'ailleurs, si les autres salmonidés avec lesquels avaient été mis imprudemment les sujets adultes n'ont pas dévoré ceux-ci, qui ne leur ont peut-être échappé que grâce à leur agilité et au complet développement de leurs forces, il a pu ne pas en être ainsi du produit de leurs pontes.

Si nous n'avons pas eu connaissance d'autres faits concernant la complète acclimatation de la féra dans des eaux fermées, au moyen des procédés artificiels, M. de la Blanchère nous apprend du moins que le lavaret, si proche parent de la féra (comme nous nous sommes appliqué à l'établir au commencement de ce paragraphe), passe pour avoir été transporté on ne sait d'où, ni par quels procédés, dans quelques lacs d'Écosse (d'après Pennant-Brit., *Zool.*, III, 346). Ce serait à l'infortunée reine Marie Stuart que la tradition attribuerait le bienfait de cette introduction. « Noël (ms) a trouvé « le lavaret dans la pièce d'eau de *Lochmaben*, près d'un

« ancien château du comté de *Dumfries* qui faisait
« autrefois partie du domaine de la couronne d'Écosse,
« dès le règne de Robert Bruce. Les habitants du pays
« ont même accepté comme traditionnelle l'opinion
« que ces poissons ne peuvent réussir dans aucune
« autre eau que dans le lac merveilleux où *la Bonne*
« *Reine* les a miraculeusement acclimatés[1] ».

Notre ichthyologiste exprime, il est vrai, de forts
doutes au sujet de cette opinion, limitant à un seul
lac la présence du lavaret en Écosse.

Quant à nous, l'analogie très-frappante qui existerait,
au dire d'Écossais qui ont visité notre région, entre
celle-ci et certaines parties de l'Écosse, nous fait émettre
l'avis que si la féra a pu prospérer chez nous d'une
manière remarquable, ce fait pourrait être dû à une
similitude de conditions locales. La partie de l'Aveyron
dite *Ségala* est entièrement composée de terrains schisteux, de formation primitive, et son altitude est de
6 à 700 mètres au-dessus du niveau de la mer. Elle
peut donc offrir, sous ce rapport, de même que pour la
composition du sol, qui exerce une influence sur la nature des eaux, de nombreux rapprochements physiques
avec la partie montagneuse de l'Écosse appelée *High-
land* et avec celle qui avoisine les monts *Cheviots*.
Si la féra se plait dans de telles situations, c'est dans
de semblables qu'on devra s'appliquer à la propager.
Elles sont nombreuses dans tous les pays élevés, comme
le groupe des montagnes du centre, les Alpes, les Pyrénées, dans des zônes d'une altitude moins grande, mais

---

[1] *La Pêche et les Poissons, nouveau Dictionnaire général des Pêches*
par H. de la Blanchère, p. 426.

de formation primitive, telles que la Bretagne, le Morvan, etc [1].

§ 4. — Introduction du gardon dans les eaux fermées d'un département où ce poisson était inconnu.

Connaissant les espèces de poissons qui habitent les étangs du nord de la France, nous avons été frappé, dans le Midi, notamment dans le département de l'Aveyron, de l'absence complète de certaines de ces espèces.

Nous ne retrouvions plus dans les étangs ni même dans les cours d'eau de ce pays le sémillant gardon, si facile à prendre à la ligne, et qui forme, dans le département de l'Orne et autres circonvoisins, une partie du peuplement des eaux fermées et fluviales où on le voit prospérer à côté de la carpe ; la perche, plus estimée des gourmets y est également inconnue [2]. La brême [3], que je me rappelais avoir vue sortir des filets, dans une pêcherie de la rivière du Loir (Sarthe), ne se montre dans aucune des eaux de l'Aveyron.

La tanche, la carpe et l'anguille, forment tout le peu-

[1] Si la féra est, comme on le dit, particulièrement avide des insectes qui voltigent à la surface de l'eau, nous croyons qu'elle en trouve beaucoup plus dans les pays élevés, où ces diptères me semblent, de même que les larves de l'eau courante, infiniment plus abondants que dans les pays bas. Toujours même connexité de faits : altitude, — déclivité, — eaux rapides, — insectes de l'eau courante, — tels sont les attributs qui constituent le milieu propice aux salmonides.

[2] Nous ne conseillerions, du reste, son introduction que sous toute réserve, à cause de sa voracité.

[3] La brême atteindrait un poids considérable dans les lacs d'Écosse, d'après M. de la Blanchère (*Dictionn. général des Pêches*, p. 109). Voy. *Féra*, analogie présumée entre l'Écosse et le Ségala aveyronnais.

plement de la plupart des étangs de ce dernier département; la truite ou le brochet se rencontrent dans quelques-uns seulement.

Me rappelant la prodigieuse fécondité du gardon, qui motive, dans les étangs du Nord, l'introduction du brochet destiné à détruire la surabondance du frai, je pensai, en 1861, à procurer aux salmonides que j'élevais en captivité une nourriture abondante, en introduisant ce *poisson blanc*, de qualité moyenne, dans les étangs du Cluzel [1].

Je rapportai donc du département de l'Orne neuf gardons de deux ans, dans un litre d'eau que je faisais renouveler le plus souvent possible. La chaleur en fit périr sept pendant le trajet. Les deux survivants furent mis dans une des pièces d'eau du Cluzel. Il y avait *mâle et femelle*, comme au jour de la création ; la preuve en est qu'ils multiplièrent. A la première pêche de l'étang qui les avait reçus, et où ils vivaient en compagnie de jeunes salmonides carnivores, je comptai trente-cinq gardons, plus le premier couple. Deux ans plus tard, j'en comptai 150, mesurant $0^m.10$ à $0^m.20$ de longueur. Parmi les plus grands, plusieurs furent mangés au sortir de l'eau et trouvés bons par des personnes qui ne connaissaient pas ce poisson. La rapidité de leur croissance, la qualité de leur chair m'ont paru les mêmes que dans le Nord, et l'on peut dire que cette espèce est aujourd'hui complétement acclimatée dans le département de l'Aveyron [2].

---

[1] M. Koltz dit, au sujet du *Meunier-Rosse* (*Gardon*) : « Il est recher- « ché par tous les poissons carnivores, qui en font ample curée. Sou s « ce rapport, il mérite d'obtenir notre attention. » *Traité de Pisci- culture*, etc., par J.-P.-J. Koltz, p. 120. Paris.

[2] Un gardon de quatre ans, né et élevé au Cluzel, a figuré aux

Je donnnai sept sujets de deux ans à un voisin qui possède quelques viviers, où la tanche avait seule vécu jusqu'alors. En peu de temps, les gardons étaient deveus plus nombreux que les tanches.

Là vient se poser une question : à savoir si la tanche étant peut-être supérieure au gardon, sous le rapport de la qualité, il n'y aurait pas, pour la meilleure espèce, d'inconvénient à redouter de l'introduction de la moins bonne, dans les mêmes eaux.

Ce qui nous fait croire qu'il y aurait un avantage *économique* réel à l'importation de nouvelles espèces quelconques, dans toutes les eaux, c'est que nous pensons que les espèces différentes ont un mode différent de se nourrir. Quoique l'on nous dise que la tanche et le gardon vivent l'un et l'autre d'insectes, de mollusques, de vers, de débris végétaux plus ou moins en décomposition, ce qui peut faire penser qu'ils diffèrent cependant dans la manière de chercher leur nourriture, c'est que la tanche, dis-je, ne quitte guère les bas-fonds ; c'est à peine si l'on en aperçoit quelqu'une dans des eaux qui en contiennent en grande quantité. Le gardon, au contraire, se montre en bandes nombreuses, au premier rayon de soleil, s'approche des berges et agite dans ses évolutions les roseaux près desquels il trouve probablement une nourriture. Avoir une espèce de plus, qui utiliserait des matières nutritives négligées par une autre, serait évidemment une *conquête économique pouvant pro-*

deux Expositions précitées, et 35 sujets de divers âges au concours régional de Rodez, en mai 1868. Ceux-ci ont été distribués à quelques personnes qui nous ont manifesté le désir de les introduire dans leurs eaux. (Fig. 4, pl. II.) — Aujourd'hui nous les comptons par milliers.

duire de grands effets, si on la réalisait partout où elle se-
rait possible.

Il est à souhaiter que des essais consciencieux soient faits pour comparer le rendement de pièces d'eau identiques, peuplées les unes en tanches uniquement, les autres en tanches et gardons. Nous pensons que le poids de poisson marchand obtenu sera plus élevé dans le second cas que dans le premier.

Et, dans les cours d'eau où l'on se préoccupe avec raison, mais d'une manière un peu timorée, des moyens d'existence des jeunes salmonides que l'on reconnait utile d'y propager, y aurait-il lieu de faire la même objection ? Nous ne le croyons pas non plus, par une double raison : la truite est presque le seul poisson de quelque valeur qui existe dans les cours d'eau de notre région. A coup sûr, un gardon, une brême valent autant qu'une vandoise ou qu'une chevaine, à moins que cette dernière n'ait atteint un fort développement. Or, ces deux espèces forment la majeure partie du contingent des pêches de nos rivières. Le barbeau, l'anguille, qui s'y rencontrent en bien moins grande quantité, leur sont peut-être supérieurs en qualité ; mais ne peut-on à leur égard se fier, pour leur conservation, à la différence présumée plus haut dans le mode de nourriture qui conviendrait à chaque espèce ? La seconde raison qui semble militer en faveur de l'introduction de la brême et du gardon dans les cours d'eau qui n'en contiennent pas, c'est que précisément la fécondité de ces deux races assurerait aux salmonides devenus plus nombreux, grâce à la Pisciculture, un surcroît de nourriture, en leur offrant des myriades de jeunes fretins qui seraient pour eux une proie facile à atteindre.

La carpe et la tanche, très-rares dans la rivière de l'Aveyron[1], et absentes de presque tous les cours d'eau de montagne, pourraient certainement y être propagées aussi, avec plus ou moins de chances de succès. Si nous conseillons plus spécialement l'introduction du gardon et de la brème, c'est qu'ils s'arrangent peut-être mieux que les précédents des eaux de toute nature. La carpe, au contraire, multiplie très-peu dans les eaux de la partie du territoire aveyronnais, dite Ségala.

Quoique le fait suivant se rapporte comme ces dernières conjectures aux eaux fluviales, et qu'il sorte par conséquent du cadre assigné à ce chapitre, il nous semble pouvoir trouver place ici : ce fait tend à prouver qu'on ne perd ni son temps ni sa peine, en confiant aux cours d'eau des poissons dit d'*étangs*, dans le but d'augmenter le produit des pêches. Le propriétaire d'un beau château situé sur les bords de l'Aveyron, en amont de Rodez, nous a dit dernièrement qu'ayant livré, il y a plusieurs années, une assez grande quantité de carpes tirées d'une de ses pièces d'eau à la partie de rivière dont la pêche lui appartient, il en prit depuis lors assez fréquemment dans ses filets. Ce n'était que depuis peu de temps qu'elles tendaient à disparaître, et il se proposait de renouveler ce peuplement par voie de transport. Dans cet endroit, la rivière a un cours peu rapide et une profondeur moyenne, et coule au milieu de ter-

---

[1] La présence de ces deux espèces dans la partie *aveyronnaise* de son cours ne paraît qu'accidentelle : dans la partie inférieure, la carpe existe d'une manière permanente. M. Blanchard cite même le fait, qu'il tenait de M. Millet, d'une carpe de 17 kilogrammes et demi prise il y a quelques années dans l'Aveyron, à Bruniquel (Tarn-et-Garonne). *Les Poissons des eaux douces*, etc., p. 327.

rains d'alluvion dominés par des calcaires. Elle convient mieux à la carpe que dans les parties situées en aval de Rodez, où son cours se précipite avec plus de vitesse, sur un lit moins profond, bordé de terrains primitifs.

Si le fait de l'acclimatation du gardon dans un département qui ne le possédait pas a paru à beaucoup de personnes très-digne d'attirer l'attention, on conçoit dès lors combien il serait utile que l'on fût complétement fixé sur le séjour actuel de toutes les races qui composent la faune ichthyologique de la France. Ainsi, un article de journal nous apprit, il y a quelques années, que la brême vivait dans le lac de Saint-Féréol près Revel (Haute-Garonne) ; nous avons su aussi que le gardon, rapporté par nous de si loin, se trouvait à Montauban, dans le département de Tarn-et-Garonne limitrophe du nôtre, et nous avons reçu un spécimen de ce genre de poisson provenant de cette localité. On conçoit combien il serait avantageux, pour la propagation *méthodique* de toutes les espèces de cette catégorie, dont le transport est praticable, de ne pas aller chercher à distance des races qui pourraient exister dans le voisinage. C'est ce qui nous a inspiré l'idée d'une *Carte Ichthyologique de la France*, qui est, depuis un an, en cours d'exécution, et que nous espérons terminer bientôt grâce au concours officieux et des plus bienveillants de **MM.** les ingénieurs des ponts et chaussées. Il serait très-désirable que l'on pût indiquer en même temps la nature des eaux de chaque cours d'eau, et nous nous efforcerons d'y arriver. De curieuses et instructives analogies ressortiraient, nous n'en doutons pas, de la comparaison entre les eaux elles-mêmes et les espèces de poissons qu'on y trouve actuellement. L'absence de certaines espèces, constatée dans les cours d'eau qui offriraient de nombreuses ou complètes similitudes hydrologiques avec ceux qui possèdent ces mêmes espèces, serait signalée, et l'on pourrait remédier aux défauts de cette distribution comme on a remédié, dans certains pays, à l'absence des animaux les plus utiles, en les y transportant. Les cours d'eau désignés comme ayant un fond vaseux seraient naturellement indiqués comme pouvant recevoir la tanche, l'anguille, etc., s'ils n'en possédaient pas; ceux à fonds solides, à eaux limpides, comme étant propres aux salmonides. Cette carte pourra donc faciliter la direction des travaux d'un repeuplement méthodique. Elle restera, d'ailleurs, comme un document scientifique et historique, indiquant l'état primitif de nos cours d'eau à l'époque où l'on aura entrepris d'y introduire de nouvelles espèces, ou d'y faire revivre celles qui s'y trouvèrent jadis florissantes [1].

Plus d'un exemple prouve qu'il est possible de doter les eaux de poissons qu'elles ne possèdent pas, et que la nature accorde, dans beaucoup de cas, un caractère de durée à ces importations. Ainsi, la carpe passe pour ne s'être répandue que par ce moyen de l'Asie jusque dans les pays du nord de l'Europe : Pierre Marshall la porta, dit-on, en Angleterre, en 1504; et Pierre Oxe en

---

[1] La rivière de l'Aveyron, par exemple, et celle du Viaur, possédaient des saumons, il y a quarante ans environ, au dire de tous les hommes qui se rappellent les choses de cette époque. Depuis lors, on n'en voit plus aucun. La capture d'un seul saumon a été faite l'année dernière dans un petit affluent de l'Aveyron; il nous est peut-être permis de nous flatter qu'il avait reçu son premier élevage au Cluzel. (Voy. ch. x. Note.)

Danemark, en 1560. Le cyprin doré de la Chine n'existe en France que depuis un siècle. La loche fut transportée d'Allemagne en Suède sous le règne de Frédéric Ier. La lote fut introduite, d'après M. Blanchard, dans le lac d'Annecy en 1770, et s'y est parfaitement multipliée[1]. Comme nous l'avons déjà mentionné, le lac Lovitel fut peuplé de truites en 1770, et l'Écosse reçut le lavaret à l'époque de Marie Stuart. Nous puisons également, dans les renseignements que MM. les ingénieurs en chef des ponts et chaussées des Landes et de la Meurthe ont bien voulu nous accorder, deux exemples bien avérés d'acclimatations consacrées par le temps : la perche a été introduite il y a quarante ans, et existe aujourd'hui dans le courant de Sainte-Eulalie et dans les lacs de Parentis, Biscarosse, Sanguinet (Landes); la carpe-carassin fut importée de Pologne en Lorraine par le roi Stanislas, et est devenue depuis lors une des espèces répandues dans les étangs du pays, dans la *Seille*, affluent de la Moselle, et dans quelques autres rivières.

CONCLUSION

Il nous semble résulter des considérations développées ci-dessus, que les eaux fermées ne sont susceptibles de recevoir que dans une mesure restreinte le bénéfice des pratiques artificielles actuellement en usage.

---

[1] *Les Poissons des eaux douces*, etc., p. 530.

La féra nous paraît le seul des poissons *de premier ordre* qu'on doive s'attacher à leur procurer par cette voie. On pourra procéder à un *meilleur* peuplement de ces eaux par le transport, très-praticable, des espèces communes que l'on jugerait désirable d'y introduire; et à un peuplement *plus abondant* par divers moyens artificiels ou naturels indiqués d'une manière précise par les auteurs cités plus haut.

La Pisciculture artificielle pouvant, selon nous, produire des effets beaucoup plus considérables dans les eaux fluviales, par son application à la propagation des salmonides, nous consacrerons toute la seconde partie du compte rendu de nos études à cet objet.

DEUXIÈME PARTIE

DEUXIÈME PARTIE

CHAPITRE VI

QUESTIONS D'HISTOIRE NATURELLE TOUCHANT
LES SALMONIDES

§ 1er. — Où se fait la multiplication naturelle des salmonides ?

Pour bien saisir les faits et les considérations développés dans les chapitres suivants au sujet du repeuplement des cours d'eau et des moyens qui peuvent y concourir, il est utile de savoir précisément le temps, le lieu et autres circonstances dans lesquels se reproduisent les salmonides à l'état naturel.

C'est de novembre en février que frayent la plupart des poissons de cette famille, qui paraît la plus précieuse de celles que contiennent les eaux douces de l'Europe, et dont nous nous occuperons, pour cette raison, plus que de toutes les autres, au point de vue fluvial. — La ponte a lieu, le plus souvent, dans les petits cours d'eau, que les reproducteurs remontent avec empressement au moment où la maturité des œufs et de la laitance se fait sentir chez eux. Ils choisissent, pour frayer, un lit graveleux, baigné d'eaux limpides.

des endroits peu profonds et où l'eau se précipite avec
une certaine force. Les œufs sont déposés dans les interstices du gravier et des pierres du lit par la femelle,
qui est suivie de près par le mâle, dont la laitance
baigne presque aussitôt les œufs nouvellement pondus.
Ces animaux ne négligent pas, comme on le sait, et
comme nous l'avons souvent constaté à peu de distance de la chute d'eau qui alimente un des étangs où
nous élevons des salmones, de creuser, au moyen de
leurs nageoires, de leur tête et de leur queue, une sorte
de cavité au milieu des éléments mobiles qui doivent
retenir leurs œufs, en leur servant à la fois de lit
d'incubation et de rempart contre l'entraînement des
grandes eaux. Le courant les recouvre généralement
d'une couche peu compacte des mêmes matériaux, et
c'est là que le frai repose, soumis à un courant continu
qui empêche toute espèce de sédiment de rester longtemps fixé sur la surface polie et transparente de l'œuf,
condition essentielle pour la naissance de l'embryon.

C'est le cas de faire remarquer un petit fait d'une
grande simplicité, qui a pu échapper à quelques observateurs, mais qui explique la bonne situation des œufs
ainsi déposés : dans le lit d'un ruisseau à eaux vives,
les cailloux qui gisent au fond sont le plus souvent
couverts, à leur partie supérieure, de plus ou moins de
sédiments amenés par le courant; mais si l'on soulève
ces objets, on trouve leur partie inférieure complètement nette. L'œuf, qui repose plus ou moins couvert ou
abrité dans leurs interstices, doit participer à cette
même condition de propreté qui lui est si nécessaire
pour éclore, comme nous l'ont démontré les nombreuses
expériences fournies par les incubations artificielles.

Cette condition n'est pas moins utile à l'embryon nouvellement éclos, qui se garde bien de quitter ces retraites, si l'on en juge par l'empressement qu'il met à les rechercher dans les bassins d'alevinage [1].

Nous n'avons pu encore suivre des yeux l'incubation naturelle d'œufs déposés par leurs auteurs dans les ruisseaux ; il est probable qu'elle se rapproche, pour la durée, de celle qu'on obtient artificiellement. Cette étude serait surtout intéressante sous un autre rapport ; nous n'avons pas encore réussi à la poursuivre jusqu'à sa conclusion, mais nous en signalerons l'utilité à d'autres *chercheurs*. Il s'agirait de voir, sur une frayère naturelle, quel nombre d'œufs approximatif écloraient, combien seraient frappés de mort ou disparaîtraient. Ce serait le moyen de répondre victorieusement, nous l'espérons, à cette assertion de quelques hommes trop prompts, selon nous, à donner l'alarme, qui émettent l'opinion que le résultat des fécondations artificielles, opérées dans le but d'expédier des œufs de poissons dans toute la France, est d'appauvrir les régions que l'on en prive, sans que ce dommage soit compensé par des succès appréciables. Pour dire que nous faisons moins bien que la nature, faudrait-il encore savoir com-

---

[1] Ce que nous avons dit plus haut des *végétaux parasites*, que l'on a reconnu se développer quelquefois sur des poissons (de même que sur des œufs placés dans une eau qui n'est pas suffisamment renouvelée), nous fait adopter l'opinion que l'empressement des jeunes salmones à se rapprocher des cailloux peut leur être salutaire pour se préserver, par le frottement, de toute formation de ce genre. Ils trouvent en même temps dans leurs interstices un abri contre la lumière qui favorise, comme on le sait, le développement de ces végétaux nuisibles. (Voy. ch. v. Observations de M. Ch. Robin et de Unger.)

ment elle fait. Voilà la difficulté : nous n'avons pas encore ouï dire qu'on l'ait surmontée complétement.

Ce que nous avons constaté personnellement, dans le cours de nos observations, au sujet des pertes occasionnées, à l'état naturel, soit sur des œufs, par l'effet de leur entraînement au milieu de sédiments *où ils ne tardent pas à se gâter*, soit sur des embryons naissants, atteints de piqûres, morsures, etc., de la part de petits ou gros insectes aquatiques qui ne cessent de les harceler, nous porte à penser qu'un bien petit nombre d'êtres reçoivent ou conservent la vie sur une si grande quantité de frai propre à la perpétuer [1].

Donc, quand bien même les pertes éprouvées dans les pratiques artificielles seraient encore plus nombreuses qu'elles ne le sont, nous avons la conviction que, loin de faire plus mal que la nature, nous pouvons sauver, au contraire, par nos soins, une quantité notable de poissons des causes de destruction prématurée auxquelles ils semblaient condamnés par elle. Une sage prévoyance a mis sans doute obstacle à une trop grande multiplication d'êtres carnassiers de cet ordre, afin que l'équilibre fût conservé entre eux et leurs congénères moins redoutables.

Mais l'abondance du frai, outre que celui-ci sert d'aliment aux poissons et à l'homme lui-même [2], était pro-

---

[1] Une foule d'autres ennemis mettent en péril le frai des poissons, tels que les oiseaux aquatiques, les poissons eux-mêmes, la loutre probablement, les écrevisses, etc.

[2] Le caviar ou conserves d'œufs d'esturgeon fait l'objet d'un commerce considérable dans le sud de la Russie. Beaucoup d'autres œufs de poissons sont comestibles, sinon aussi recherchés. En Angleterre, des gastronomes peu raffinés font grand cas de ceux du saumon, d'après le *Quarterly-Review*. (1863, p. 388, *the Salmon-Question*.)

bablement un moyen mis entre nos mains de favoriser une multiplication plus intense de ces espèces, quand le besoin s'en ferait sentir. Dans combien d'autres choses n'est-il pas visible qu'une augmentation de produit est réservée au travail de l'homme? La nature tend à son son but, et l'homme l'y conduit [1].

Pour les travaux pratiques, entrepris en vue du repeuplement des eaux, ce qu'il est important de savoir et ce qui peut servir surtout, en cas qu'ils l'ignorent, aux fonctionnaires chargés aujourd'hui par l'administration d'indiquer des réserves sur nos cours d'eau, pour y défendre la pêche pendant un certain temps, non moins qu'aux communes et aux particuliers qui peuvent s'intéresser un jour au repeuplement, c'est que la ponte des salmonides ne se fait pas dans les grands cours d'eau, mais bien dans les affluents de petite dimension.

Dans chaque localité, les habitants voisins des ruisseaux connaissent parfaitement l'époque de la remonte des salmonides et la place où on les voit préparant les faits qui accompagnent leur reproduction. C'est là, malheureusement, qu'on en prend le plus.

Cette prédilection instinctive des poissons de ce genre pour les petits cours d'eau, au moment de la fraye, s'explique par plusieurs raisons ou plutôt par plusieurs nécessités : voici celles qui concordent avec nos observations.

----

[1] La culture des végétaux offre de nombreux exemples du surcroît de production accessible au travail de l'homme. Que donnerait la vigne sans culture? — **Noé n'inventa pas la vigne,** *il la cultiva*, et le vin **fut créé.**

§ 2. — Faible profondeur des eaux, nécessaire à l'éclosion naturelle des œufs de salmonides.

Les grandes rivières sont les plus variables sous le rapport de l'élévation des eaux par suite des pluies; elles conviennent donc moins que les plus petites à l'éclosion des œufs qui doivent se trouver à une faible profondeur, où ils sont plus en contact avec le courant de l'eau qui les débarrasse de tout sédiment; ce qui n'aurait généralement pas lieu dans une eau profonde et aussi, croyons-nous, afin qu'ils ressentent, dans une certaine mesure, l'influence de la lumière.

M. de Tocqueville a émis l'opinion que la lumière avait une influence fâcheuse sur les œufs de la truite[1]; cependant, dans notre longue pratique artificielle, les œufs placés dans les auges les plus exposées au grand jour (sans être au soleil) éclosaient plus rapidement et plus simultanément que ceux situés à contre-jour. Il est vrai que le pinceau passé de temps à autre sur ces œufs pouvait les débarrasser des formations végétales parasites qu'une lumière trop vive aurait pu déterminer et qui leur seraient devenues funestes. Nous avons dit plus haut qu'ils étaient souvent *recouverts* de cailloux dans les frayères naturelles; cette expression est inexacte ou imparfaite. Ils sont plutôt abrités, protégés, retenus par ces matériaux, qu'ils n'en sont couverts. Nous croyons donc que la nature les place dans un *demi-jour*, insuffisant pour favoriser sur eux le développement des bys-

---

[1] Bulletin de la Société philomathique et *Journal de l'Institut*, 1855, p. 116. M. de Tocqueville; relaté dans *les Poissons des eaux douces*, etc. E. Blanchard, p. 591.

sus et conferves, mais plus propice à leur éclosion qu'une obscurité complète. Ils ne peuvent trouver cette condition moyenne qu'à une faible profondeur, et c'est dans cette situation qu'on les trouve généralement déposés par les salmones.

Quant à l'embryon naissant, il fuit positivement toute lumière ; le premier usage qu'il fait de sa faculté de locomotion est de se glisser dans les interstices qui peuvent le mieux le cacher, comme nous avons eu l'occasion de l'indiquer à propos des soins de l'alevinage.

§ 3. — La limpidité des eaux, nécessaire à l'éclosion des œufs de salmonides et aux jeunes produits, se rencontre plus fréquemment dans les petits cours d'eau que dans les grands.

La limpidité des eaux étant une condition fort nécessaire à l'éclosion des œufs de ce genre, parce qu'ils périssent quand une matière quelconque envahit leur surface polie et transparente, c'est encore dans les ruisseaux et non dans les rivières qu'ils trouvent le plus sûrement cette condition. En effet, il arrive plus souvent que l'eau se trouble dans la plupart des grands cours d'eau que dans les petits, par une raison bien simple : presque tous les fleuves et rivières reçoivent, par leurs affluents, des eaux de provenance différente, sous le rapport des terrains qu'elles traversent, et par conséquent plus ou moins limpides. Celles qui proviennent de terrains primitifs le sont presque toujours : certains terrains calcaires [1] donnent les plus belles de toutes les eaux. Les argilo-calcaires en donnent quelquefois de troubles ;

---

[1] Ceux de l'oolithe inférieure et les calcaires du lias, par exemple.

mais les terrains de grès bigarré (appelé aussi *rougier*), ceux d'alluvion et tant d'autres en donnent de si colorées ou limoneuses, que bien souvent les grands cours d'eau sont troublés, si la pluie a grossi tel ou tel affluent de cette nature. Aussi, que font les salmones ? — Non-seulement ils ne séjournent pas dans les rivières, *aux approches de la fraye* ; mais, parmi les petits affluents, ils choisissent ceux dont l'eau est le plus constamment limpide. Guidés par un instinct infaillible, ils passent, par exemple dans l'Aveyron, près de Rodez, devant l'embouchure du ruisseau de Lauterne (rougi aux moindres pluies par le passage d'une de ses ramifications dans des terrains de grès bigarré), sans jamais s'y engager ; ils remontent au contraire, non loin de là, dans les deux Bryannes, dans le ruisseau de Vors[1], etc., provenant de terrains schisteux, de formation primitive, et dont les eaux ne se troublent jamais d'une manière sensible : ils s'y engagent en grand nombre au temps du frai.

Cette condition de limpidité ● l'eau est non moins indispensable aux jeunes poissons qu'aux œufs eux-mêmes, depuis leur naissance jusqu'à l'entière résorption de leur vésicule ombilicale. En voici la cause reconnue dans l'élevage artificiel, auquel nous ferons encore cet emprunt rétrospectif : le moindre corps étranger s'attache aux bronches[2] du jeune poisson et produit, dans beaucoup de cas, sa mort. La fonction respiratoire leur est alors d'autant plus nécessaire, dans toute sa

---

[1] Affluents de l'Aveyron.

[2] Celles-ci deviennent, dans ce cas, le siége de végétations parasites très-visibles à l'œil nu ; elles se tuméfient par l'obstruction, et ce point sert de base au byssus qui se développe rapidement, surtout si les alevins ne trouvent pas d'abri contre la lumière.

plénitude, qu'ils n'en possèdent pour ainsi dire pas d'autre. Comme ils se meuvent difficilement dans les premiers jours, ils ont de la peine à se débarrasser du moindre obstacle qui encombre ces organes. Nous avons cependant constaté que les corpuscules minéraux, dont l'eau peut être chargée, leur sont beaucoup moins funestes que ceux qui proviennent de débris végétaux ou animaux.

Une autre cause peut leur rendre le séjour des eaux à *fonds vaseux* défavorable : c'est qu'ils n'y trouvent pas de gravier pour s'y frotter, ce qui leur semble utile dans beaucoup de cas, comme nous l'avons déjà mentionné. Or, le lit de presque tous les cours d'eau de quelque importance est plus souvent chargé de limon que celui des petits affluents.

§ 4. — Où les salmonides passent-ils la première année ?

Voici les faits résultant de nos propres observations ou des renseignements que nous avons pris, et qui peuvent servir à résoudre cette question importante dans les conclusions qu'on peut en tirer.

Dans le dernier des cours d'eau que nous avons cité plus haut, dans celui de Vors [1], il nous a été donné de prendre la nature sur le fait, en ce qui concerne le séjour des jeunes salmonides pendant la première année de leur existence : explorant le cours de ce ruisseau, que je savais fréquenté par des truites et très-favorable à leur reproduction, je remarquai vers la mi-septembre une suite de jeunes poissons de cette espèce, longs de 0,06

---

[1] Ou l'Enne (du patois : *Enne-Lierre*), dit aussi *Maresque de Vors*.

à 0,07, échelonnés à une distance de 15 a 20 mètres les uns des autres, dans cette position fixe qu'ils prennent dans le courant, quand ils guettent leur proie.

Il y avait tout lieu de croire qu'ils n'avaient pas encore quitté le petit cours d'eau pour se rendre à la rivière de l'Aveyron distante de 3 ou 4 kilomètres, et séparée, en quelque sorte, de ce point, par des chutes élevées et de très-forts rapides, accessibles aux poissons adultes, mais insurmontables pour ceux de cet âge. Il est probable que les pluies de l'automne engagent ceux-ci à se fier à une eau plus abondante et à émigrer dans les rivières, à l'âge de 9 ou 10 mois, alors qu'ils mesurent 12 à 15 centimètres. Les larves aquatiques se montrent en moins grande quantité autour d'eux à cette époque de l'année et ne suffisent peut-être plus à leurs besoins, tandis que d'innombrables fretins les attendent dans les grandes eaux, pour satisfaire leur voracité.

Pour me confirmer encore dans cette opinion, j'ai voulu prendre des renseignements de la bouche des habitants des cantons de St-Chély d'Aubrac et de Laguiole (Aveyron), où l'abondance de la truite est renommée dans toute la région.

Ces truites, réputées d'un goût exquis, étaient, m'avait-on souvent répété, toutes de la même taille, de 0,15 à 0,20 de longueur : telles sont en effet celles que l'on sert, de temps immémorial, dans les auberges de ces localités. A en croire le récit des voyageurs et des personnes qui y avaient séjourné, cela devait être *une espèce à part*, car on n'en offrait jamais de plus grandes, ni même de plus petites. Si la première proposition m'étonnait, la seconde me paraissait naturellement inadmissible.

Or voilà le récit des gens du pays, tous plus ou moins adonnés à la pêche, tant par le désir d'un modeste gain que par le besoin de trouver un sujet de distraction au milieu des vastes et vertes solitudes de la montagne, où les humains sont rares et fort disséminés [1].

Dans les ruisseaux dits le Boralde de Saint-Chély [2] et le Servel [3], on voit remonter en automne des truites de 1 kilo et 1 kilo 1/2 jusque dans leurs plus petites ramifications, qui n'offrent guère « *que la largeur du chapeau.* » On en prend à la remonte et à la descente, qui aurait lieu au printemps, au moyen de verveux dont l'ouverture se tourne en aval du courant pour la remonte et en amont pour la descente. Les *grosses truites* ne sont donc pas étrangères à ces localités. Le produit des prises de ce genre, dont on n'a pu me spécifier l'importance, est porté le plus souvent dans les villes, où le poisson se vend mieux que dans les bourgs voisins. La pêche cesse forcément pendant les trois ou quatre mois où la neige couvre ces sites élevés d'une couche épaisse et glacée. Après la descente de printemps, il se rencontre encore de *grosses truites* dans les cavités des rives, dans certains gouffres de 2 à 3 mètres de profondeur, creusés par la force des eaux qui descendent des montagnes environnantes.

---

[1] La guiole et Saint-Chély d'Aubrac sont situés au sud d'un groupe montagneux qui relie les monts du Cantal à ceux de la Margeride.

[2] Affluent direct du Lot.

[3] Ramification du ruisseau de Selves, affluent de la Truyère, qui se jette dans le Lot à Entraygues. Le Servel est aussi appelé *le Noir;* ce nom ne lui vient pas de sa couleur, qui est celle du cristal, mais des pierres basaltiques sur lesquelles il coule. Le saumon s'y rencontre encore et vient y frayer.

Mais ce qu'il y a de remarquable et ce que je supposais du reste, c'est que, dans les endroits où ces petits ruisseaux offrent un cours moins encaissé, sur un sable fin, dans les remous, se montrent des quantités innombrables de jeunes truites, longues de 3 à 6 centimètres. On tend des filets à mailles étroites à ces fretins de salmonides, si faciles à prendre, et l'on m'a même parlé de la juste sévérité de l'autorité à l'égard de ce délit, quand il peut être constaté. Le récit qui précède concorde avec le fait que j'avais noté, il y a quelques années, qu'au marché de Rodez une personne, ayant envoyé acheter des goujons, s'aperçut que parmi ceux-ci beaucoup de jeunes truites lui avaient été portées.

Il est, du reste, à présumer que le plus souvent ces malheureux produits, détruits prématurément et presque sans valeur vénale, sont consommés par ceux qui les ont pris, et qui n'osent pas s'exposer au danger de la mise en vente sans l'appât d'un gain suffisant.

Quant aux truites de $0^m,15$ à $0^m,20$ dont nous avons parlé et qui doivent avoir accompli leur première année, elles se prennent, paraît-il, dans les ruisseaux inférieurs à ceux que nous venons de mentionner et qui ont atteint plus d'un mètre de largeur, en dessous du bourg de Laguiole, par exemple, et là, comme plus haut, leur abondance est encore remarquable, quoiqu'on dise qu'elle décroisse. Ce sont celles que l'on offre traditionnellement aux voyageurs, et qui sont connues sous le nom de *truites de Laguiole*[1].

Nos précédentes assertions se trouvent ainsi confir-

---

[1] Il y a vingt ans, une truite de Laguiole ne coûtait que 25 centimes ; aujourd'hui elle se vend, dit-on, de 75 centimes à 1 franc.

mées par de nouveaux faits : aux *petits* ruisseaux les petits salmonides (sauf les reproducteurs, qui y séjournent plus ou moins de temps, en quantité variable); aux ruisseaux plus grands les poissons moyens; aux grands cours d'eau les gros poissons. Comme nourriture pour les jeunes alevins, pas autre chose, très-souvent, que des larves aquatiques ou de petits vérons [1]. On peut encore reconnaître ici une prévoyance admirable dans l'ordre de la nature, car moins les ruisseaux destinés à la reproduction sont habités par d'autres poissons plus gros ou d'espèces différentes, plus sûrement est menée à bonne fin l'œuvre de la multiplication [2].

C'est le cas de convenir que si toutes les parties de la France offraient des situations aussi propices à cette œuvre, il serait inutile d'aider la nature; il suffirait de la laisser faire, en protégeant ses efforts. Mais si fréquemment la main de l'homme a changé l'état primitif des cours d'eau par la destruction des herbes, l'élévation de barrages de toute nature, l'absorption de l'eau pour l'irrigation, que l'économie fluviale a dû être nécessairement et a été profondément troublée. Les espèces médiocres ont fini par remplacer presque entièrement les bonnes dans une foule d'endroits que nous connaissons, et il n'est pas trop tôt de s'occuper de ces dernières, si l'on ne veut pas en perdre la race dans un grand nombre de cours d'eau où elles furent abondantes jadis.

---

[1] Ceux-ci n'ont que rarement la bouche assez grande pour donner passage aux œufs de saumon et de truite.

[2] Nous exposerons plus loin ce qui nous porte à croire que *tous* les poissons dévorent le frai ou fretin dont ils peuvent s'emparer. (Voy. ch. X, note N.)

Quelques essais de repeuplement artificiel nous ont fourni encore les données suivantes, tendant à prouver que les jeunes saumons ne s'empressent pas plus que les truites de quitter, pendant le cours de leur première année, les eaux où ils ont été mis en liberté. J'écrivais à Huningue, le 6 septembre 1860 : « J'ai pêché dans le ruisseau du Buguet, au-dessous des étangs, un saumon de $0^m,10$ et une truite des lacs de $0^m,07$ de longueur [1]. » Ils avaient été mis en liberté presque au même endroit quelques mois auparavant.

Parmi cent sujets, saumons et truites des lacs, lâchés dans le même ruisseau qui n'a qu'un mètre de largeur environ, le 17 juillet 1866, après un séjour de cinq mois et demi dans notre bassin d'alevinage, trois saumons ont été revus ou repris, un au mois de septembre suivant, à 150 mètres en aval du point où ils avaient été lâchés, et les deux autres en décembre et en janvier, à l'endroit même où ils avaient été mis en liberté. Ces derniers avaient atteint une longueur de $0^m,10$ à $0^m,15$. Parmi ceux lâchés en 1867 [2] dans le ruisseau du Buguet, quatre ont été repris dernièrement, après un an d'indépendance.

D'autres faits semblables ont été constatés dans le ruisseau de Cruou [3] : Des sujets provenant de nos essais ont été retrouvés, dans la même année, à quelques centaines de mètres de leur point de départ.

Le jeune poisson élevé artificiellement n'est donc pas semblable à un corps léger et inerte qu'on abandonne

---

[1] Relaté dans la Notice historique sur l'établissement de Pisciculture de Huningue. 1862.

[2] Voy. ch. x, note C.

[3] Affluent du Lot.

aux hasards et à la vitesse d'un courant qui, comme à un fétu de paille ou à un morceau de liége, lui fera parcourir tant de kilomètres en tant de secondes, pour le mener à un sort inconnu et probablement fatal. Pour bien des gens, livrer des poissons à l'eau courante n'est guère plus sensé que d'y jeter son argent. Or, à coup sûr, il n'en est pas ainsi : la tribu des salmonides est surtout douée de la faculté de résister à l'entraînement des plus forts courants et de choisir un abri, un lieu sûr dans les sites aquatiques paraissant les plus tumultueux [1]. Il importe seulement à un haut degré de ne les mettre en liberté que dans le milieu qui leur convient. Les livrer à un fleuve ou à une rivière nous paraît une imprudence résultant de l'ignorance complète de ce qui se passe à cet égard dans la nature, ou un oubli des dangers qu'ils doivent rencontrer dans des eaux peuplées de gros poissons et que la prévoyance la plus élémentaire indique. S'ils naissent au ruisseau, ils doivent s'y trouver bien encore dans leur premier âge. Nous essayerons d'indiquer quelques-unes des causes qui peuvent les y retenir.

§ 5. — Les larves de l'eau courante, abondantes dans les petits ruisseaux, considérées comme une des causes qui y retiennent les jeunes salmonides.

Nos observations sur les mœurs de certaines larves de l'eau courante, telles que celles des diptères-tipulaires (qui ont fait l'objet d'un précédent chapitre), la larve porte-bois (phrygane), etc., dont les jeunes salmonides sont très-friands, et qui sont pour eux les

[1] Voy. ch. x, notes O et P.

proies les plus faciles à atteindre, ces observations nous font émettre l'avis que le séjour prolongé de ces poissons dans les petits cours d'eau est motivé principalement par la présence de ce genre de nourriture qu'ils y trouvent en abondance depuis le premier printemps jusqu'à la fin de l'automne. Dans les petits ruisseaux ces larves sont nombreuses; on le comprend quand on voit qu'elles ont besoin, comme ces poissons eux-mêmes, pour se reproduire, d'une eau courante peu profonde et, en outre, de végétaux ou de pierres pour y déposer leurs œufs. Quand le ruisseau grandit en avançant dans sa marche, ces conditions deviennent plus rares. Dans les rivières, où ces larves se fixeraient-elles, où placeraient-elles leur ponte? L'eau a généralement de la profondeur; les herbes, les passages guéables ne sont qu'une exception dans leur parcours.

§ 6. — Nécessité de faire exercer une surveillance active sur les petits cours d'eau propices aux salmonides.

C'est donc vers les *ruisseaux*, dont on s'est si peu occupé jusqu'à ces derniers temps, que doivent se porter non-seulement les premiers efforts de repeuplement, mais les soins d'une surveillance efficace.

Puisqu'ils contiennent chaque année tout l'avenir des pêches futures et qu'ils ne sont pour ainsi dire que des pépinières de poissons, *le nœud de la question s'y trouve tout entier*, nous n'en doutons pas; c'est pourquoi nous chercherons à faire ressortir les actes de législation et d'administration qui doivent naturellement découler des convictions qui ne tarderont pas à s'établir et à se généraliser à cet égard.

Les actes les plus récents émanés du gouvernement nous prouvent que nous ne faisons qu'entrer dans ses vues en les expliquant : les mesures les plus sages ne trouvent pas toujours l'accueil qu'elles méritent, faute d'être bien comprises par ceux même qui sont appelés à en retirer le plus d'avantages.

D'ailleurs, parmi ceux qui les comprennent, il existe plusieurs catégories de réfractaires au sujet de l'idée tendant à réaliser un progrès dans cet ordre de choses : les uns, par un sentiment de charité que nous ne trouvons admissible que dans des cas bien rares, plaignent les malheureux pêcheurs poursuivis pour avoir enfreint les règlements. C'est un amusement innocent, disent les uns; un *gagne-pain*, disent les autres. Sans doute les cas varient à l'infini, et dans la plupart d'entre eux, si nous étions consulté, nous serions désireux qu'on pût se borner à infliger au braconnage de chasse ou de pêche des amendes de 25 à 2.000 francs, plutôt qu'un seul jour de prison: mais admettre en principe qu'un de ces délinquants ne mérite *que* l'intérêt nous paraît une théorie subversive en matière de chasse ou de pêche, et même en matière de propriété.

D'autres particuliers, aussi indifférents pour la loi que pour le braconnage, ne tiennent pas à voir une nouvelle immixtion s'introduire dans leurs héritages : ils n'ont que peu de propriétés sur le bord des eaux, et ne s'inquiètent pas si d'autres en ont de plus étendues et si ceux-ci peuvent désirer voir leurs eaux poissonneuses, n'attachant eux-mêmes aucune importance à la pêche.

D'autres, enfin, croient la question insoluble : ils ne voient pas de remède à un mal qu'ils déplorent, à un pillage qu'ils tolèrent chez eux parce qu'ils ne peuvent l'empêcher, et aussi parce que, le poisson étant devenu très-peu nombreux, ce qu'ils perdent leur paraît de peu de valeur : or ils ne voient aucun moyen de le rendre plus abondant.

C'est principalement pour ces derniers que nous avons entrepris d'indiquer les améliorations qui pourraient résulter d'une volonté ferme et collective tendant à rendre aux cours d'eau privés leur précieuse et ancienne fécondité [1].

---

[1] Nous avons placé à la fin du volume plusieurs notes (Q, R, S, T, U, V, ch. x) qui, bien que se rattachant à l'histoire naturelle des salmonides et pouvant intéresser ceux de nos lecteurs qui s'occupent d'ichthyologie, auraient détourné l'attention du but pratique que nous cherchons à faire envisager.

CHAPITRE VII

PISCICULTURE DANS LA GRANDE-BRETAGNE

Établissement de Pisciculture de Stormontfield, près de Perth (Écosse). — Pêcheries de Galway et de Ballysadare (Irlande). — Échelles à poissons.

Après les indications données plus haut, touchant les meilleures conditions dans lesquelles nous pensons que puisse être pratiquée la Pisciculture artificielle, nous croyons utile d'exposer les faits les plus saillants qui se sont produits en Angleterre, dans l'application de procédés analogues, pour le repeuplement des eaux fluviales.

N'ayant pu visiter nous-mêmes ces différentes exploitations, nous avons cru pouvoir néanmoins tirer des conclusions utiles pour notre sujet de la connaissance de faits recueillis avec soin par d'autres écrivains, et que nous avons puisée :

1° Dans le rapport de M. Coumes, ingénieur en chef des ponts et chaussées, chargé des travaux du Rhin et de l'établissement de Pisciculture de Huningue, sur la Pisciculture et la pêche fluviale en Angleterre, en Écosse et en Irlande, publié par ordre du ministre de l'Agriculture, du Commerce et des Travaux publics [1] ;

[1] Rapport sur la Pisciculture et la Pêche fluviale en Angleterre, en

2° Dans un article de la Revue trimestrielle[1] de Londres « *the Salmon Question,* » dont nous avons obtenu une traduction[2] et où nous avons trouvé de précieux développements sur certains points importants relevés, sur les lieux, par M. Coumes.

C'est donc, à proprement parler, une analyse de ces travaux ou plutôt des extraits que nous faisons intervenir ici, comme moyen de soutenir les différentes thèses que nous chercherons à développer. Nous citerons des périodes entières, non pour *grossir* notre ouvrage, mais par la crainte de rien dénaturer dans le compte rendu d'observations faites et relatées scientifiquement.

§ 1. — Établissement de Pisciculture de Stormontfield ; repeuplement artificiel du Tay.

Nous trouvons d'abord, dans le document anglais, que c'est aux enseignements de M. Coste que remontent ceux de M. Ashworth, propriétaire d'une pêcherie écossaise, qui fit part, dans une réunion de sociétaires de la pêche du fleuve du Tay, des résultats obtenus au Collége de France dans l'élevage artificiel des poissons. A la suite de cette réunion fut prise, dans une autre séance du 21 octobre 1853, la détermination de fonder l'établissement piscicole de Stormontfield (nom de terre), moyen-

Écosse et en Irlande, considérées au double point de vue des procédés de production tant naturels qu'artificiels et de la législation qui protége le peuplement des cours d'eau. Strasbourg, imp. veuve Berger-Levrault, 1863.

[1] *The Quarterly-Review*, n° 226, april 1863, p. 388. London, John Murray, Albemarle street.

[2] M. Wright, professeur d'anglais au lycée de Rodez, a bien voulu se charger de ce travail.

nant une somme de 12,500 francs, votée par les sociétaires.

Voici comment on opéra dans cet établissement :

Afin de se rapprocher davantage de la nature, les œufs de salmonides recueillis et fécondés artificiellement furent déposés, *à ciel ouvert*, sur du gravier disposé en plan incliné dans 25 rigoles parallèles à forte pente, séparées entre elles par des sentiers intermédiaires. « Douze seuils tranversaux équidistants empêchent le gravier et les œufs d'être entraînés par le courant, et forment autant de compartiments avec cascades aérant l'eau [1]. »

Un canal usinier, dérivé du Tay, servit à alimenter un bassin supérieur au plan incliné, et destiné à filtrer l'eau qui arrivait ensuite, par un conduit, jusqu'aux lits d'incubation. Les alevins éclos passèrent, dans cette série de rigoles, le temps qui s'écoula depuis leur naissance jusqu'à la résorption de la vésicule. Ils descendirent de là dans un vivier où ils passèrent leur première année. Ce vivier avait, suivant M. Coste, qui en a fait mention dès 1856, « 1,500 mètres de superficie » (soit 50 mètres de longueur sur 30 m. de largeur) [2].

On estime à 300,000 le nombre d'œufs mis en incubation en 1853, sans parler ici des années suivantes, où des quantités plus ou moins considérables ont été effectivement ou ont dû être placées, bisannuellement, dans les mêmes conditions. Le désir de conserver les alevins pendant une année révolue, depuis la résorption de leur vésicule, dans ce vivier unique, empêchait d'opérer annuellement.

---

[1] M. Coumes. Rapport précité, p. 28.
[2] *Instructions pratiques, etc.*, p. 87, 2ᵉ édition. — Nous ignorons l'état actuel des choses.

Les résultats de cette campagne de 1853 ont été à peu près ceux-ci :

Les pertes, jusqu'à l'éclosion, ont été évaluées approximativement à 1/10 et les poissons lâchés dans la rivière à 2/10 des œufs fécondés.

Les pertes éprouvées durant l'élevage artificiel peuvent donc être évaluées aux 7/10 et le peuplement total dont purent être enrichies les eaux du Tay au chiffre encore considérable de 60,000 saumons âgés d'un an pour la plupart, une autre fraction ayant été conservée plus longtemps, comme nous l'exposerons.

En dehors de l'accroissement du produit de la pêche qui dut être la conséquence de cette opération et des suivantes, plusieurs questions de la plus haute importance au sujet du saumon furent en même temps résolues, à savoir :

1° L'identité de ce poisson, aux différentes phases de sa vie, où il prend un aspect distinct par la variation de ses couleurs et la dimension de ses écailles ;

2° L'âge où il se rend à la mer et les époques de cette migration ;

3° Enfin, son retour périodique vers les eaux qui l'ont vu naître.

La première de ces questions avait donné lieu, chez nos voisins, où les saumons sont plus nombreux que chez nous, à d'interminables contestations. « Jusqu'à « ces derniers temps, dit M. Coumes[1], beaucoup de « personnes avaient pensé en Écosse, et c'est une « croyance encore répandue dans plusieurs pays, que

[1] *Rapport sur la Pisciculture et la Pêche fluviale, etc.*, p. 31.

« le *par* ou jeune saumon, qui n'est pas encore allé à
« la mer, est une espèce particulière[1]. »

Cette opinion était basée sur ce qu'on en trouvait en
toute saison dans les rivières, ce qui les faisait envisager
comme des poissons d'eau douce, d'une petite espèce,
mais on a observé que les *pars* n'émigraient pas tous au
même âge : les uns émigrent à 12 ou 15 mois et d'autres
à 2 et 3 ans.

Le nom de *par* ne désigne plus aujourd'hui que le
jeune saumon portant la livrée du premier âge décrite
plus haut, et qui n'est pas encore revêtu des couleurs
qu'il prend quand il est prêt à se rendre à la mer[2].

Dans ce second état, les Anglais l'appellent *smolt*.
Ses écailles, devenues un peu plus grandes, prennent
une teinte bleuâtre.

Il revient le plus souvent de ce voyage dans un troisième état, c'est-à-dire avec des écailles se rapprochant
de celles qu'il aura plus tard à l'état de saumon, mais
moins adhérentes, dit-on, et avec la queue moins fourchue que dans son dernier état. On le nomme alors
grilse.

Il ne reçoit le nom de *saumon* que quand il a pris
tous les signes caractéristiques, bien connus, de ce
poisson.

Les Anglais ont enfin l'habitude de donner encore
une autre dénomination au saumon adulte, pendant
l'intervalle qui s'écoule entre l'époque où il descend à

---

[1] Le saumoneau, appelé *tacon* dans plusieurs départements traversés par la Loire, a donné lieu chez nous à des discussions analogues.

[2] *Par* en Écosse; *Brandling, Samlet* en Angleterre. *Quarterly-
Review*.

la mer après le frai et celle où il regagne les eaux douces : ils l'appellent *kelt*.

Au nombre des signalés services rendus par la Pisciculture artificielle, un des plus intéressants pour la science a été de permettre de suivre pas à pas les diverses phases de la vie de ce roi des eaux, depuis sa naissance jusqu'à son âge adulte, et de compléter les persévérantes observations qu'on avait déjà faites à son sujet à l'état de nature.

Voici, d'après le *Quarterly-Review*, quels procédés on employa pour éclaircir les divers points en litige si intéressants dans leurs conclusions, le premier surtout, puisque, de la certitude acquise que le *par* était bien le saumon dans son premier âge, devaient résulter des actes de législation pour interdire qu'il fût traité sans ménagement, comme on le faisait au temps où on le considérait comme un petit poisson sans avenir et d'une espèce sans valeur : « Après en avoir rempli la poêle à « frire, nous dit l'auteur anglais, les riverains remplis- « saient souvent l'auge de leur porcherie avec le sur- « plus de ces fretins [1]. »

Nous croyons utile de relater ces observations, telles que nous les trouvons consignées dans l'article de la Revue anglaise, car leur ensemble répond aux trois

---

[1] Comme on le fait encore en France avec le fretin de l'anguille (appelé *montée d'anguille*), si abondant aux embouchures de certains fleuves, qu'on en fait même un engrais pour les terres. Cette montée, transportée dans des étangs ou dans des rivières favorables à l'anguille, se développe rapidement. A notre connaissance, un essai de ce genre, fait dans un étang de l'Orne, a eu plein succès. Cette pratique nouvelle commence à être appliquée aux cours d'eau : Quelles ressources n'est-elle pas susceptible d'ajouter à l'alimentation publique ! Des essais ont été faits récemment dans l'Aveyron par le corps des ponts et chaussées.

questions principales que nous avons énumérées. Nous résumerons certains passages et nous citerons textuellement d'autres parties du récit qui perdraient, par l'analyse, de leur précision et peut-être de leur clarté.

Les produits résultant des œufs de saumon mis en incubation à Stormontfield à la fin de l'année 1853, éclos dans les premiers mois de 1854, et nourris dans le réservoir dont nous avons parlé au moyen de foie bouilli, furent lâchés en grande partie dans le Tay, le 19 mai 1855, un an environ après la résorption de la vésicule ou quatorze mois après leur naissance. Le 2 mai, une première réunion s'était tenue à l'étang pour procéder à cette opération que l'on crut devoir remettre au 19, parce que les poissons n'étaient pas arrivés à l'état de *smolts*. A la dernière date, on constata « qu'une très-grande partie du fretin s'était revêtue « de sa toilette de voyage. » Ils atteignaient « la lon- « gueur moyenne de 3 à 4 pouces anglais [1]. »

On ouvrit l'écluse qui mettait le réservoir en communication avec le Tay. « Contrairement à ce qu'on atten- « dait, le fretin ne manifesta pas l'envie de quitter l'é- « tang avant le 24 mai. Alors les plus forts parmi les « smolts se tinrent séparés des autres pendant quelques « jours et s'esquivèrent en bandes. Une suite de sem- « blables émigrations eut lieu jusqu'à ce qu'une moitié « au moins du fretin eût quitté l'étang et eût descendu « l'écluse pour gagner les eaux du Tay [2]. »

---

[1] Le pouce anglais équivaut presque au pouce français : ces poissons avaient donc 0^m,08 ou 0^m,10 de longueur. Nous avons remarqué quelquefois des dimensions plus grandes chez les nôtres à cet âge, et il nous semble aussi que plus ils sont nombreux dans un même local moins ils sont grands.

[2] L'auteur dit avoir puisé ces détails dans un Mémoire de sir Wil-

Ainsi fut d'abord constatée la transition du *par* à l'état de *smolt;* quant à l'âge où il opère sa migration, on apprit en même temps qu'il variait, par des motifs qui ne sont pas encore connus.

La question encore plus intéressante du retour du saumon dans les eaux où il a commencé de croître fut résolue d'une façon non moins convaincante : parmi les poissons qu'on lâcha alors à Stormontfield, treize cents environ furent marqués en enlevant la nageoire morte ou adipeuse, qui est la seconde dorsale. Le 7 juillet après le départ, un premier smolt, arrivé à l'état de *grilse,* fut capturé dans un petit tributaire du Tay, un peu en aval de Perth. Il pesait 3 livres anglaises (la livre anglaise = 453^{gr},5); il ne pesait pas plus de 2 onces en quittant l'étang; ce n'était qu'à la mer qu'il avait pu acquérir un développement si rapide. « Quel- « ques-uns, portant la marque de Stormontfield, furent « pris pesant 5 livres, 5 livres 1/2, 7 et même 8 livres; « un entre autres, pris le 31 juillet, ne pesait pas moins « de 9 livres 1/2 [1]. Environ quarante grilses, avec la « marque de l'étang, ont été pris à leur retour de la « mer, dans le courant de cette même année... »

La seconde portion des alevins qui n'avaient pas quitté l'étang furent lâchés entre le 20 avril et le 24 mai 1856. « Parmi les *smolts* qui sont sortis des étangs, « 300 ont été marqués au moyen d'anneaux et 800 par « des incisions faites dans la queue.

« Un grand nombre de smolts avec la marque sur la

liam Jardine, lu dans une séance de l'Association britannique, en 1856.

[1] Ou 4^k,303.

« queue ont été repris, mais aucun de ceux marqués
« par l'anneau.

« Les smolts provenant de l'éclosion de 1856 sont
« sortis de l'étang en avril 1857. De ceux-ci, environ
« 270 ont été marqués au moyen d'anneaux d'ar-
« gent insérés dans la partie charnue de la queue;
« environ 1,700 au moyen d'un petit trou pratiqué
« dans la membrane qui recouvre les ouïes, et sur en-
« viron 600 on avait opéré la suppression de l'adipeuse,
« après avoir perforé la membrane recouvrant les
« ouïes. Plusieurs saumoneaux, avec la marque sur
« les ouïes et sur la queue, furent repris et leur capture
« a été annoncée, mais aucun poisson muni de l'an-
« neau n'a été revu...

« ... Des smolts qu'a produits l'incubation précé-
« dente (1857), et qui ont quitté l'étang en 1858, 25 ont
« été marqués au moyen d'un anneau d'argent inséré
« derrière la nageoire morte, et 50 au moyen de fil
« d'archal doré. On n'a constaté la capture que d'un
« très-petit nombre provenant de cette sortie.

« Les smolts provenant de l'incubation de 1858 sont
« sortis de l'étang en avril 1859, et 506 de ceux-ci
« avaient été marqués. Le cinquième frai, du 15 no-
« vembre au 13 décembre 1859, a produit 250,000 œufs,
« qui ont été incubés jusqu'en avril 1860.

« Sur le nombre de smolts qui sont sortis en 1860,
« 670 ont été marqués, et on a constaté la capture d'un
« grand nombre de ceux-ci à leur retour de la mer.

« Les smolts provenant de l'incubation de 1860 sont
« partis des étangs en mai 1861, mais on n'en a marqué
« aucun.

« Eu égard à leur étendue restreinte, ces étangs »

(ou réservoirs, dont un seul destiné à la réception de l'alevin) « ont eu un beau succès et ont pu sensible-
« ment augmenter l'empoissonnement du Tay; ils ont
« aussi grandement contribué à la solution des divers
« mystères dont est entourée la croissance du saumon.
« Ces pièces d'eau offrent d'excellentes facilités pour
« marquer. les jeunes poissons; la construction de la
« rigole de sortie du réservoir à la rivière a été établie
« de manière à former un réduit dans lequel les pois-
« sons peuvent être pris et examinés sans peine.

« Il est à remarquer que les poissons ne subissent
« aucune altération par suite de l'élevage dans les
« étangs. » — « En comparant les poissons des étangs
« avec ceux de la rivière, nous constatons une ressem-
« blance et une concordance fort remarquables entre
« les différentes transitions qu'ils subissent, autant que
« nous sommes' même de juger de l'âge atteint par
« ceux de la rivière. » — Telle est l'opinion de sir
William Jardine, connu, nous dit plus haut l'auteur
de l'article, *comme faisant autorité dans la question.*

Nous ne pouvons que confirmer le dernier point,
d'après notre expérience, au moins pour la truite,
ayant eu de nombreuses occasions de comparer attentivement nos produits artificiels, captifs, avec ceux des
cours d'eau. Pour les saumons, notre localité en étant
dépourvue, il nous a été impossible d'établir la même
comparaison entre les nôtres et ceux des rivières.

Les observations de M. Coumes sur sa visite à Stormontfield sont consignées d'une manière moins étendue,
mais non moins précise, dans son remarquable rapport
de 1863.

Nous en extrairons le passage suivant :

« Les marques faites aux jeunes saumons, à leur
« sortie de l'établissement, ont permis de constater à
« diverses reprises, d'une manière certaine, leur crois-
« sance pendant le premier séjour de quelques mois à
« la mer, où ils trouvent une nourriture abondante,
« sans s'éloigner, le long de la côte, de plus de 10 à
« 12 kilomètres. Les poissons revenant dans la rivière
« en juillet et en août, après leur première migration
« de mai et juin, sont déjà transformés en grilses. Ils
« acquièrent en huit à neuf semaines le poids de 1 1/2
« à 3 1/2 kilogrammes, c'est-à-dire qu'ils augmentent
« d'environ 60 fois leur poids dans ce court espace de
« temps [1]. »

Ce fait, constaté de la manière la plus sérieuse, ne
laisse donc plus douteux ce point intéressant sous le
rapport économique que, *quand même on pourrait faire
croître le saumon en captivité, il serait préférable de le
laisser aller s'engraisser au moyen des inépuisables ressources alimentaires que lui offre la mer,* au lieu de grever
par sa présence le fond de certains étangs, qui peuvent
avantageusement nourrir d'autres poissons.

Nous croyons devoir donner quelques développements
aux curieuses expériences que l'on a faites en Angleterre, pour arriver à déterminer le poids qu'atteint le
saumon à la mer dans un certain laps de temps.

Laissons parler l'auteur de la Revue trimestrielle, qui
semble avoir puisé à bonne source. Il rapporte d'abord
un récit de M. Young, d'Invershin, tiré d'un ouvrage
de celui-ci sur le saumon [2].

---

[1] *Rapport sur la Pisciculture, etc.*, p. 30.
[2] *Histoire naturelle et mœurs du saumon, et les causes auxquelles*

« Je voulus ensuite tenter de m'assurer de la pro-
« portion de la croissance du saumon pendant son
« court séjour dans les eaux salées, et, dans ce but,
« nous marquâmes des grilses chargés de frai et qui
« avaient atteint, autant que possible, le poids de
« 4 livres; nous n'eûmes pas de difficulté à nous en
« emparer, au moyen d'un filet tendu en aval des
« frayères naturelles, où il s'en était rassemblé un
« nombre assez considérable, pour se reposer à la suite
« des fatigues occasionnées par l'opération de la fraye.
« Tous les poissons qui n'atteignaient pas le poids de
« 4 livres ou qui le dépassaient furent rendus par nous
« à leur élément, sans avoir été marqués, tandis que
« les autres furent marqués au moyen d'anneaux de
« cuivre insérés dans certaines parties de leurs na-
« geoires : cette opération fut pratiquée de façon à ne
« pas gêner leurs mouvements de natation et à ne les
« incommoder d'aucune manière. A la suite de leur
« voyage à la mer, aller et retour, nous pûmes con-
« stater que les grilses qui pesaient 4 livres étaient de-
« venus de magnifiques saumons, pesant de 9 à 14 livres.
« J'ai renouvelé cette expérience pendant plusieurs
« années consécutives, et j'ai toujours obtenu chaque
« fois les mêmes résultats; j'ai toujours observé que la
« plus grande partie des émigrants rentraient au bout
« de huit semaines environ, et jamais nous n'avons
« trouvé, parmi les sujets que nous avions marqués,
« un grilse marqué qui se fût rendu à la mer et en fût
« revenu grilse, car ils sont tous revenus saumons, sans
« aucune exception.

il faut attribuer la décadence de la pêche, etc., par Andrew Young.
Londres, 1834.

« Le duc d'Athol s'est beaucoup intéressé à la ques-
« tion du grilse et a tenu une note exacte de tous les
« poissons qu'il a fait marquer, et, dans le journal de
« ses expériences, il se trouve un exemple frappant de
« la rapidité de croissance. Un poisson, marqué par Sa
« Grâce, a été pris dans une localité située à 40 milles
« de la mer. Ce poisson s'est rendu à la mer, a pris sa
« pâture, puis est revenu, dans le court espace de
« trente-sept jours. Voici la mention qui concerne ce
« poisson en particulier : — « En me reportant à mon
« journal, je vois que j'ai pris ce poisson à l'état de
« kelt, le 31 mars de cette année, en pêchant à la ligne,
« à environ deux milles en amont du pont Dunkeld ;
« dans ce moment-là il pesait juste 10 livres, de sorte
« que, dans le court espace de cinq semaines et deux
« jours, son poids avait augmenté de 11 livres 1/4 ; en
« effet, quand on l'a pesé ici, dès son arrivée, il por-
« tait 21 livres 1/4. »—« On ne saurait douter de l'exac-
« titude de cette constatation, pense M. Young, car Sa
« Grâce apportait la plus scrupuleuse exactitude dans
« ses observations, et s'était fait confectionner des éti-
« quettes à cet effet, numérotées à partir du n° 1 en
« remontant, et, de plus, il avait soin de faire une
« entrée dans son registre portant le numéro et la date[1]. »
« La croissance si rapide des poissons, pendant leur
« séjour à la mer, éveilla l'attention au sujet de la
« nourriture qu'ils y trouvent, et l'on se demandait où
« ils pouvaient aller. On se posa cette hypothèse : peut-
« être allaient-ils dans les mers du Nord, jusqu'au pôle

---

[1] Le même fait a été cité par bon nombre d'auteurs ; M. Blanchard
le rapporte dans son ouvrage : *Les Poissons des eaux douces, etc.*,
p. 458.

« septentrional ; mais il était hors de doute, en raison
« de leur absence peu prolongée, qu'ils ne pouvaient
« s'écarter beaucoup de l'embouchure du fleuve qui
« leur offrait l'entrée de la mer. Des centaines de l'espèce
« furent disséqués, pour qu'on pût s'assurer de ce dont
« ils pouvaient faire leur pâture ; mais on ne put, qu'en
« de très-rares occasions, retrouver des traces de quoi
« que ce fût dans l'intérieur de leur estomac. De quoi vi-
« vent les saumons se demandait-on ? Il est très-clair
« que le saumon trouve dans les eaux de la mer une
« substance quelconque, dont il est très friand et qui
« l'engraisse promptement, et l'on sait très-bien aussi
« qu'aussitôt le retour de leur migration ils se répan-
« dent dans l'eau douce, et commencent aussitôt à
« dépérir. Sa croissance rapide semblerait impliquer
« que chez lui la digestion doit se faire très-vite[1],
« et c'est pour cela, peut-être, que l'on ne trouve
« presque jamais d'aliments dans son estomac. Il est
« vrai, et nous devons le proclamer, qu'une personne
« qui traite le sujet se rend compte de l'absence d'ali-
« ments dans l'estomac, en déclarant que le saumon
« vomit au moment où il se sent prendre. » Cette hypothèse paraît la moins admissible.

Ajoutons que la disproportion marquée de convenance entre les eaux salées et les eaux douces que l'on
a reconnue pour le saumon, au point de vue de la
nourriture qu'il trouve abondante dans les unes et rela-

---

[1] Tandis que chez la morue, dit plus bas l'auteur, on trouve souvent l'estomac surchargé d'aliments de toute sorte, et sa croissance
est lente. — Je puis en dire autant de la truite, dont la croissance
est loin d'être prompte, et qui renferme presque toujours dans son
estomac des objets encore parfaitement distincts.

tivement rare dans les autres, a donné lieu à la supposition d'un double voyage de ce poisson à la mer, dans la même année. On prétend en effet s'être assuré que le saumon passe dans l'eau douce des mois consécutifs sans perdre beaucoup de son poids, mais sans jamais croître. Or son premier voyage n'étant que de 6 à 8 semaines, il aurait plus de 40 semaines à passer dans les eaux qui lui sont le moins favorables, ce qui paraît en effet bien long. M. Blanchard dit que le saumon fait « *plusieurs séjours à la mer.* » Ce qui confirmerait qu'il en fait au moins deux annuellement, c'est que, d'après des renseignements qui méritent toute notre confiance, le saumon remonte chaque année la Moselle par troupes nombreuses, en *avril* et en *septembre*. Il est étonnant qu'on ne soit pas arrivé à savoir et à constater si les poissons qui remontent à ces deux époques différentes sont du même âge ou plutôt de la même année. Ainsi les poissons prêts à frayer pourraient remonter en septembre, en vue de cette opération qui s'accomplit vers la fin de l'automne ou le commencement de l'hiver ; les autres pourraient être des poissons plus jeunes, poussés par un autre motif.

On dit, en outre, d'après le *Quarterly-Review*. « que « le mobile de cet instinct d'émigration chez le saumon « est le fait que ce poisson devient la proie, dans les « eaux de la mer, d'une espèce d'insecte crustacé, qui « le force à gagner les eaux douces de son fleuve natal; « puis on prétend encore que, pendant que l'eau douce « détruit ces poux de mer, une nouvelle espèce de pa- « rasite s'empare du malheureux saumon dans le fleuve « et le force à regagner l'eau salée. »

Il serait possible d'observer plus attentivement ce fait

sur les sujets de 1 à 3 ans tenus en captivité dans des bassins ou étang fermés, comme nous n'avons cessé d'en avoir depuis plusieurs années et comme pourraient en avoir à leur disposition les hommes versés dans ce genre d'études. Telle pourrait être, en effet, la cause de la disparition inexpliquée[1] de ces produits, arrivés à un certain âge, du lieu de leur captivité. Ne pouvant se débarrasser, par leur émigration vers les eaux salées, des parasites animaux ou végétaux qui les auraient envahis à cet âge, ils périraient sous leur étreinte.

La question du saumon offre donc encore plus d'un mystère. L'explication de ceux que nous avons cherché à éclaircir touche en beaucoup de points, notamment en ce qui concerne sa croissance, au merveilleux ; mais nous avons, d'une part, une autorité irrécusable dans le témoignage rendu par notre ingénieur en chef, et, de l'autre, des documents provenant du théâtre même de ces curieuses épreuves, et auxquels nous ajoutons complétement foi, quelque étonnement qu'ils nous causent. Nous aimerions mieux, pour notre part, être trompé cent fois, que de croire, *inconsidérément*, à la mauvaise foi d'autrui.

§ 2. — Pêcherie de Galway (Irlande).

Un autre exemple de repeuplement au moyen de la Pisciculture artificielle et des travaux d'art appelés échelles, destinées à faciliter la multiplication naturelle, a été donné par MM. Ashworth, acquéreurs en 1851 de

---

[1] Dont nous avons parlé au chapitre v : ce que nous rapportons à la fin de ce même chapitre peut infirmer cette assertion ; nous livrons aux appréciations *le pour* et *le contre*.

la pêcherie de Galway (Irlande), pour une somme de
125,000 francs de capital.

Nous empruntons à M. Coumes l'exposé de ces opérations.

« Les fécondations artificielles ont marché de front,
« avec les travaux des échelles, entre les deux lacs
« Corib et Mask. Déjà, dans l'hiver de 1861 à 1862, dans
« le but d'avoir une jeune génération prête à émigrer
« au printemps de 1863, MM. Ashworth ont déposé, dans
« divers affluents du lac Mask, 650,000 œufs fécondés
« artificiellement et lorsque j'ai visité la pêcherie, ils
« se proposaient d'en placer environ 800,000 pendant
« l'hiver de 1862 à 1863. En outre, ils avaient l'intention
« de transporter, à l'époque du frai, dans quelques-uns
« de ces cours d'eau, des saumons vivants provenant
« d'autres rivières.

« Toutes les opérations d'introduction du saumon,
« par les moyens artificiels, dans les affluents des deux
« lacs mentionnés, ont eu lieu comme il suit : les œufs
« fécondés ont été déposés sur des lits de gravier, con-
« venablement préparés, bien purgés d'insectes ; on y
« a ménagé le mouvement des eaux, de manière à ne
« pas laisser entraîner les œufs ni les alevins à leur
« naissance, et l'on a disposé des cavités pour y con-
« server les poissons pendant leur premier âge. Ces
« emplacements ont été choisis dans les régions supé-
« rieures des rivières, à proximité des sources. Dès
« que les jeunes saumons ont été en état de se dé-
« fendre contre leurs ennemis, on les a successivement
« mis en liberté. »

« Un résultat remarquable a confirmé ce que l'on
« n'ignorait pas dans ce pays : c'est que le saumon re-

« tourne après ses migrations dans les lieux où il est né.
« En effet, certains affluents du lac Corrib, dans lesquels
« cette espèce n'avait jamais frayé, se sont trouvés
« remplis de saumons, venant y déposer leurs œufs,
« deux ans après les incubations faites dans leurs
« eaux[1]. »

On peut être curieux de savoir le produit net d'une semblable pêcherie, acheté 125.000 fr. en 1851. M. Coumes a appris qu'à cette époque elle donnait 6.500 fr. de fermage annuel. Le produit net est monté, en 1862, au chiffre énorme de 47.000 fr.

« L'accroissement continu du produit de la pêche,
« depuis 1854, ne provient pas uniquement de ces ha-
« biles manipulations, dit l'auteur du Rapport, ainsi
« que de la construction de l'échelle de Galway. Il est
« dû aussi, en grande partie, à une surveillance plus
« étendue et plus active pendant la saison du frai, car
« alors le saumon remonte jusque dans les plus petites
« ramifications des affluents, dans des ruisseaux si étroits
« qu'on les enjambe, si peu profonds qu'on voit le dos
« des poissons presque hors de l'eau et qu'il est aisé de
« les saisir avec la main[2]. »

Outre le mode ordinaire de location ou d'exploitation personnelle, destinées à retirer le fruit des pêcheries qui sont arrivées à un tel état de prospérité, il nous semble bon d'indiquer un autre procédé qui facilite encore l'exploitation des produits, tout en laissant profiter

---

[1] *Rapport sur la Pisciculture et la Pêche fluviale, etc.*, p. 39.

[2] La garde de ces pêcheries est organisée sur une vaste échelle : elle embrasse toute l'étendue des divers bassins fluviaux compris dans le périmètre de la pêcherie. Les frais ressortent à un prix de 5 fr. par kilomètre carré. (Extrait du *Rapport* précité.)

le public de la faculté de pêcher moyennant rétribution :

A Galway, « pour se livrer au plaisir de la pêche, les
« amateurs ont d'abord à payer le prix annuel de li-
« cence montant à 12 fr. 50, qui est versé dans la caisse
« commune du district territorial de pêche, pour être
« affecté, avec les autres ressources, à la surveillance.
« Ils payent, en outre, 12 fr. 50 c. par jour au repré-
« sentant de MM. Ashworth, qui leur délivre la permis-
« sion et ne laisse pas pêcher ainsi plus de 12 personnes
« à la fois; enfin ils partagent par moitié avec ce repré-
« sentant les poissons qu'il parviennent à prendre[1]. »

La pêche, dans ces conditions, paraît être le plus souvent très-productive pour le pêcheur comme pour le
propriétaire.

« Le nombre total des saumons pris à la ligne à Gal-
« way, dans la saison de 1862, est de 3,085[2]. »

§ 3. — Pêcherie de Ballysadare (Irlande).

Les résultats obtenus dans la pêcherie de Ballysadare
ne sont pas moins instructifs, ni moins encourageants.

Nous n'hésitons donc pas à donner l'analyse des notions que nous avons puisées à la même source que les
précédentes.

M. Cooper, ancien membre du Parlement, propriétaire de cette pêcherie, résolut d'en obtenir un rendement plus considérable par la construction d'échelles
à saumons, sur trois points où les cours d'eau formaient
des chutes de 5 m. 50, de 4 m. et de 9 m., qui empê-

[1] *Rapport sur la Pisciculture, etc.*
[2] *Ibid.*

chaient les truites et saumons de remonter dans les affluents où ils pouvaient accomplir leur reproduction.

« Mais avant et pendant l'exécution des échelles, des « essais d'introduction du saumon avaient été faits, « tout à la fois par le transport de poissons vivants « mâles et femelles, et par la fécondation et l'incuba- « tion artificielles des œufs, à l'amont des cascades. »

De 1837 à 1851, le repeuplement ne se fit qu'au moyen de poissons adultes pris ailleurs et placés en amont des chutes de Ballysadare.

A la fin de l'année 1851, furent encore placées ainsi trois paires de saumons prêts à frayer, et l'on y mit également des œufs fécondés. Dans ces premières années, les prises de poissons de ce genre furent presque insignifiantes.

Au commencement de 1853, on vit une grande quantité de jeunes saumons revêtus des écailles du smolt, et l'on en prit beaucoup à la ligne dans les eaux supérieures aux cascades. Ils provenaient évidemment des saumons et des œufs introduits en 1851.

« En 1853, des saumons qui avaient remonté l'échelle « inférieure de Ballysadare furent pris au pied de la « chute intermédiaire, car ils ne pouvaient passer par « l'échelle supérieure de Ballysadare mal établie ainsi « qu'il a été déjà dit. —(Nous avons omis certains déve- « loppements).—On les remit vivants dans la rivière « en amont. » ·

« En 1854, les choses se passèrent de même, et l'on « pêcha en tout 179 saumons plus 77 truites, qui furent « replacés vivants à l'amont de la chute intermédiaire.

----

[1] *Rapport sur la Pêche, etc.*, par M. Coumes, p. 44.

« Les trois passages par les échelles étant devenus
« libres en 1855, avant la saison du frai, l'on y vit monter
« des saumons, qui frayèrent dans les parties élevées des
« cours d'eau.

« Au mois d'avril 1856, les rivières étaient remplies
« de jeunes saumons de deux âges différents, etc... »

Dans l'été de la même année, on prit beaucoup de
grilses dont deux « portant la marque des smolts de
« 1856, mais très-peu de *saumons* proprement dits ayant
« un an de plus que les grilses, et cela s'explique, puis-
« que les rivières n'avaient été librement accessibles
« pour les poissons venant y frayer qu'en hiver 1855-
« 1856.

« En 1857, on ne fit pas de pêche, pour laisser tous
« les poissons coopérer au peuplement, en remontant
« dans les divers affluents. »

Pendant l'année 1858, la descente des smolts commença en avril et fut considérable en mai ; la remonte
du premier grilse eût lieu le 9 juin et pendant ce mois,
on captura des saumons de 5 à 6 livres, marqués en
1857. Une fréquentation plus grande des échelles fut
constatée en automne : « On a compté l'un des jours de
« novembre, en une heure, 267 poissons ayant remonté
« l'échelle de Collooney. Du 3 au 6 octobre, les rivières
« étaient en crue et le mouvement ascensionnel était si
« grand, que le garde a noté au registre que l'échelle
« de Collooney fourmillait de poissons et ressemblait à
« un *steeple-chase.* »

Ce qui démontre clairement que les efforts du repeuplement artificiel combiné avec la construction des
échelles ont réussi, non moins que la surveillance, à
rendre ces eaux plus poissonneuses, c'est que, comme

on a pu le remarquer, dans les premières années après ces travaux, on ne prend guère que des smolts, puis des grilses, et enfin des saumons.

Il avait fallu du temps pour que les frayères, devenues accessibles aux reproducteurs depuis la construction des échelles, pussent produire ce qu'on en espérait. Si ces pontes et les œufs fécondés artificiellement qu'on leur avait ajoutés, n'avaient eu aucun effet, on aurait continué à ne prendre que des sujets adultes, fréquentant comme autrefois les parages inférieurs mais ne s'y reproduisant pas. Le contraire a eu lieu.

Les chiffres, recueillis par M. Coumes, parlent du reste comme les faits observés, en les résumant.

Avant 1855, le poids moyen de saumons pris annuellement s'élevait à 1,500 livres anglaises, et le produit en argent à raison de 0 fr. 70 c. la livre, était de 1,050 fr. — En 1858, le poids des prises faites s'élève à 5,828 livres, le produit en argent à 4,080 fr. — En 1862, le poids s'éleva à 26,891 livres, et le produit en argent à 18,824 fr.

Dans un pareil résultat, dûment constaté, on ne sait trop qu'admirer le plus, de l'intelligence qui a présidé à de pareils travaux, ou de l'esprit de persévérante patience et de sage économie qui a non moins contribué à en assurer le succès.

Il ne faut cependant pas négliger d'envisager que les conditions locales où l'on a opéré, tant en Irlande qu'en Écosse[1], étaient excellentes, et qu'elles ne trouveraient

---

[1] L'auteur anglais cité plus haut appelle le Tay le roi des fleuves d'Écosse; son cours est de 200 milles (321 kilomètres ou 80 lieues). Il reçoit de « magnifiques affluents. » La pêcherie de Galway offre non-seulement des cours d'eau extrêmement ramifiés, les plus beaux

leurs analogues, chez nous, que dans des situations bien
rares, si toutefois elles existent; qu'en outre, le saumon
fréquentant déjà ces parages, le repeuplement au moyen
du transport de poissons vivants dans les eaux supérieures à celles où ils se trouvaient naturellement, et qui
sont propices aux frayères, pût venir en aide au repeuplement artificiel, et, par la même raison, la remonte de
ces poissons au moyen des échelles pût contribuer puissamment à hâter les bons résultats que l'on attendait
des soins pris.

Mais aussi pourrait-on se contenter, dans des situations relativement moins favorables, d'un succès moins
colossal et cependant appréciable.

Un des moyens les plus sûrs d'épreuve et de constatation de la présence des produits artificiels dans les
eaux où on les a mis en liberté, et de leur croissance
normale, est cette ingénieuse habitude de marquer un
certain nombre de ces produits.

Nous regrettons de n'avoir pas connu plutôt ce procédé infaillible pour constater l'effet de nos premiers
essais de repeuplement. Cependant, le saumon n'existant
plus, depuis nombre d'années, dans les cours d'eau où
nous en avons répandu, ceux qu'on y prendrait dans un
avenir prochain, pourraient, avec assez de probabilité,
être attribués à ces essais.

On peut observer, au sujet de cette pratique, qu'il
semble résulter de la plupart des expériences faites que
les anneaux employés comme marque ont moins bien
réussi que la suppression de la nageoire adipeuse : celle-

que l'on puisse trouver pour la reproduction du saumon, mais plusieurs lacs qu'ils alimentent et d'où ils se rendent à l'Océan, qui en
est très-rapproché.

ci semble en effet d'une faible utilité comme moyen de natation pour le poisson ; la nature de ce tissu graisseux permet de le retrancher sans qu'il en résulte une plaie, tandis que les anneaux insérés dans une partie quelconque des autres nageoires paraissent offrir deux dangers : le premier, serait d'occasionner peut-être quelque lésion dans ces membranes utiles ; le second, de faire mieux distinguer de leurs ennemis les poissons ainsi marqués, à cause de la couleur plus ou moins brillante du métal.

Ne quittons pas ce sujet sans faire part d'autres observations faites par M. Young, pour se convaincre de la constante habitude qu'ont les saumons de remonter dans les cours d'eau où ils ont commencé à vivre. Nous les trouvons encore dans l'article précité du *Quarterly-Review*.

Des saumons marqués par M. Young, pendant plusieurs années consécutives, sont revenus invariablement dans les eaux où ils avaient été marqués, et, « bien que « cinq fleuves munis de saumons se jettent dans le « même bras de mer, les poissons marqués ont toujours « été trouvés dans le même fleuve où ils avaient reçu « leur marque, quoique tous les poissons de ces diffé- « rents fleuves remontent le bras de mer, pendant vingt « milles, ensemble et pêle-mêle. »

Nous n'avons cru pouvoir trop appuyer sur la constatation d'un fait si important. En effet, bien que la question d'intérêt public se trouve résolue favorablement par la seule existence, dans les eaux fluviales, des produits artificiels propagés, un grand encouragement résulte, au point de vue particulier, du retour périodique et constant de ces espèces voyageuses vers les eaux où elles ont reçu la vie ou la liberté.

Soit pour développer le goût de la Pisciculture chez les particuliers, isolés ou associés, riverains des cours d'eau, soit pour faire bien comprendre que l'on pourra, dans un court délai, s'assurer que les opérations entreprises dans ce sens par les fonctionnaires de l'État ou par d'autres personnes n'auront pas été sans résultat, il nous semble désirable que la connaissance des faits qui précèdent soit aussi répandue que possible.

— « Vous lâchez des poissons pour les autres, mais vous n'en reverrez guère, » ai-je entendu dire.

Pour les autres, peut-être! mais pour nous aussi, certainement, si rien ne doit plus tard faire obstacle à la remonte naturelle des poissons élevés par nos soins, peuvent répondre, avec un espoir fondé sur l'expérience, les intéressés dans la question, qui travaillent à l'amélioration de l'état piscicole des eaux courantes. Et si, un jour, les *autres* prennent assez de poisson pour être convaincus du progrès accompli, eux-mêmes se mettront à l'œuvre pour y contribuer, on n'en saurait douter.

Quelque nombreuse que soit la phalange d'élite des hommes qui se consacrent au bien public, par amour platonique de la science, du progrès et du bien, sans vues personnelles d'intérêt matériel, le vieux proverbe, qui dit : « Charité bien entendue commence par soi-même, » trouve de l'écho dans une classe encore bien plus nombreuse. On conçoit, en effet, que l'immense majorité de ceux qu'il est désirable de voir concourir à cette œuvre n'ont ni le temps, ni les moyens de s'y consacrer uniquement dans un but d'intérêt général.

§ 4. — Les échelles à poissons.

Le rôle des échelles à poissons, comme moyen de faciliter la reproduction du saumon, nous paraissant suffisamment établi sous le rapport de l'efficacité, par les faits relatés ci-dessus, il nous reste à donner une idée sommaire, mais exacte, s'il est possible, de ce genre de constructions.

Signalons d'ailleurs, auparavant, que leur utilité pratique n'a pas trait au saumon seulement, mais qu'elle s'étend aussi bien à la truite, à la truite saumonée, à l'ombre commune, et peut-être à d'autres espèces auxquelles on offrirait ce moyen de remonter au-dessus d'obstacles infranchissables, naturels ou faits de main d'homme, qui empêchent celles-ci, de même que le saumon, de choisir, parmi un plus grand nombre de sites, celui qui convient le mieux à l'opération de la fraye.

De plus nombreux cours d'eau recevront du frai de ces poissons et verront croître de jeunes générations, si l'on peut, dans une infinité de cas, et particulièrement dans les pays de montagnes, faciliter aux reproducteurs l'accès des parties supérieures des cours d'eau.

Les premières constructions de ce genre, que nous trouvons mentionnées, auraient été imaginées et faites, suivant M. Coumes, en 1834, dans le comté de Perth, à Donne, sur le Theith, par M. Smith de Deanston, propriétaire d'usines, dans le but de s'affranchir de la manœuvre des vannes, qui causait une grande déperdition d'eau.

Voici comment nous croyons pouvoir définir ces travaux d'art :

Ce sont des plans inclinés qui servent à racheter des chutes d'eau trop élevées, que les poissons ne peuvent surmonter.

Quoique les salmonides soient, comme on le sait, doués de la faculté de s'élancer du pied de certaines chutes de 2 mètres d'élévation et même au delà, dit-on, on en voit beaucoup de plus hautes, notamment dans les pays de montagnes, où le fait devient complétement impossible. On pourrait, dans quelques cas, remplacer les travaux d'art par l'agglomération de matériaux quelconques, disposés de façon à diviser la chute naturelle ou artificielle trop élevée en une succession de chutes moins fortes.

Ainsi, dans les ruisseaux où la pente de certaines chutes est assez atténuée par des blocs de rochers qui la divisent, en formant une suite de petites cascades, nous avons vu souvent des truites s'élever avec facilité de l'une à l'autre, s'aider de leurs nageoires et de leur queue pour se glisser à travers les passages moins abruptes, en franchir d'autres d'un bond rapide et atteindre le sommet de l'obstacle.

Telle est l'observation faite, sans aucun doute, à toutes les époques, et qui a donné l'idée, il y a peu d'années seulement, de contourner les élévations trop perpendiculaires que présente le cours de certaines eaux.

Une dérivation du cours d'eau est faite au point où l'on veut établir l'échelle, à une distance suffisante, en amont de la chute, pour qu'une pente de 1/8 environ puisse être établie dans le courant que suivra l'eau dirigée sur le plan incliné de l'échelle. La base de celle-ci devra être aussi rapprochée que possible du pied de la chute[1], pour offrir, à ce point même, un accès plus facile aux poissons qui s'y portent naturellement, avec l'espoir de remonter plus haut. Découragés dans leurs efforts pour surmonter l'obstacle infranchissable, ils se portent vers l'eau plus hospitalière que leur offre l'échelle située à proximité de la grande chute.

Les deux parois latérales qui bordent le plan incliné sont de dimensions arbitraires, en hauteur et en épaisseur.

Des seuils, plus ou moins espacés, suivant le volume d'eau dont on dispose, sont établis transversalement de distance en distance, faisant saillie plus ou moins forte sur le plan incliné, de manière à former, par leur agencement parallèle, une suite de rigoles d'une profondeur variable. Un passage, égal à l'entrée ou orifice de la prise d'eau, est ménagé à l'une des extrémités de chacun des seuils[2]. Ceux-ci seront alternés, dans la juxtaposition de leur autre extrémité, contre l'une ou l'autre paroi de l'échelle, de manière à contrarier le courant de l'eau à son passage dans l'espace vide dont nous venons de parler[3]. Un vannage ou porte mobile peut régler le volume d'eau qui alimente l'échelle, ou arrêter à volonté son écoulement, si l'on ne veut pas s'en servir constamment pour cet usage.

L'échelle peut être droite ou brisée suivant les circonstances.

---

[1] Cette indication est donnée par **M. Coumes**. *Rapport sur la pêche fluviale, etc.*, p. 25.

[2] Voy. plus bas : Dispositif d'une échelle à poissons. Plan.

[3] Il nous semblerait bon de revêtir ces seuils de rocailles, qui se garniraient promptement de mousse et effrayeraient peut-être moins les poissons que des ouvrages d'art rectilignes.

Une des échelles droites décrites par M. Coumes[1], dressée sur un plan, à 1/200 de la grandeur réelle, doit avoir, sur place, environ 1 m. 60 de largeur, d'une cloison latérale à l'autre, sur 17 m. 60 de longueur.

Cet ingénieur en chef donne en outre les plans d'une échelle droite ayant une pente de 1/24 ; de trois autres brisées, destinées à racheter des chutes de 5 m. 50 de 4 m. 20, de 9 mètres, avec une pente moyenne de 1/8.

En faisant à M. Coumes de si nombreux emprunts, nous avons la conviction de ne rien enlever au mérite de son beau travail ; nous espérons même qu'il verra avec plaisir que l'on a cherché à vulgariser les méthodes usuelles sur lesquelles il a donné, dans un but d'utilité publique, des développements techniques, auxquels seront toujours obligés de s'en rapporter les hommes spéciaux qui se trouveront en présence de semblables travaux à exécuter.

Mais, comme nous croyons que souvent des particuliers pourraient contribuer par eux-mêmes à rendre libre le cours de certaines eaux de petite ou de moyenne importance, il nous a paru très-opportun de les initier aux notions générales qui président à ce genre de constructions.

Il est bon d'ajouter que, pour de simples barrages d'irrigation et pour ceux d'un certain nombre d'usines, on peut assurer la circulation du poisson par des moyens plus simples. Un ou plusieurs conduits couverts, d'une dimension plus ou moins restreinte, 0 m. 30 à 0 m. 40 par exemple en carré, établis en pente douce de part en

---

[1] *Rapport* précité, p. 17.

part desdits obstacles, suffiraient pour atteindre le but qu'on se propose.

En Angleterre, cette mesure est obligatoire dans certaines contrées, et nous trouvons, dans le rapport précité, qu'elle est appliquée sur beaucoup de barrages.

Comme nous l'exposerons plus bas, il serait désirable que ces passages restassent *constamment* ouverts, mais cela devrait être de rigueur, *au temps de la fraye* des salmonides, et l'on pourrait, au pis-aller, les fermer le reste de l'année, si les besoins de l'industrie ou des irrigations rendaient cette restriction trop indispensable.

§ 3. — **Plan d'une des échelles à poissons construites en France.**

L'échelle à poissons dont nous donnons le plan ci-contre a été construite en 1863, dans le département de l'Aveyron, sur le barrage du moulin de Lacoste, appartenant au sieur André (Jean), et établie sur le ruisseau de la Diége, affluent du Lot, commune de Sonnac.

Voici dans quelles circonstances : un meunier ayant fait exhausser le barrage de son usine d'une manière perpendiculaire, il en résulta que l'obstacle devint infranchissable pour les poissons, notamment pour la truite.

Les propriétaires riverains, en amont de l'usine, se plaignirent de l'absence inaccoutumée de ce genre de poisson dans leurs eaux; le propriétaire du moulin fut contraint, d'office, à faire construire une échelle sur le dit ruisseau, suivant le modèle qui lui fut communiqué par l'administration compétente.

Les intéressés ayant élevé des doutes sur l'efficacité

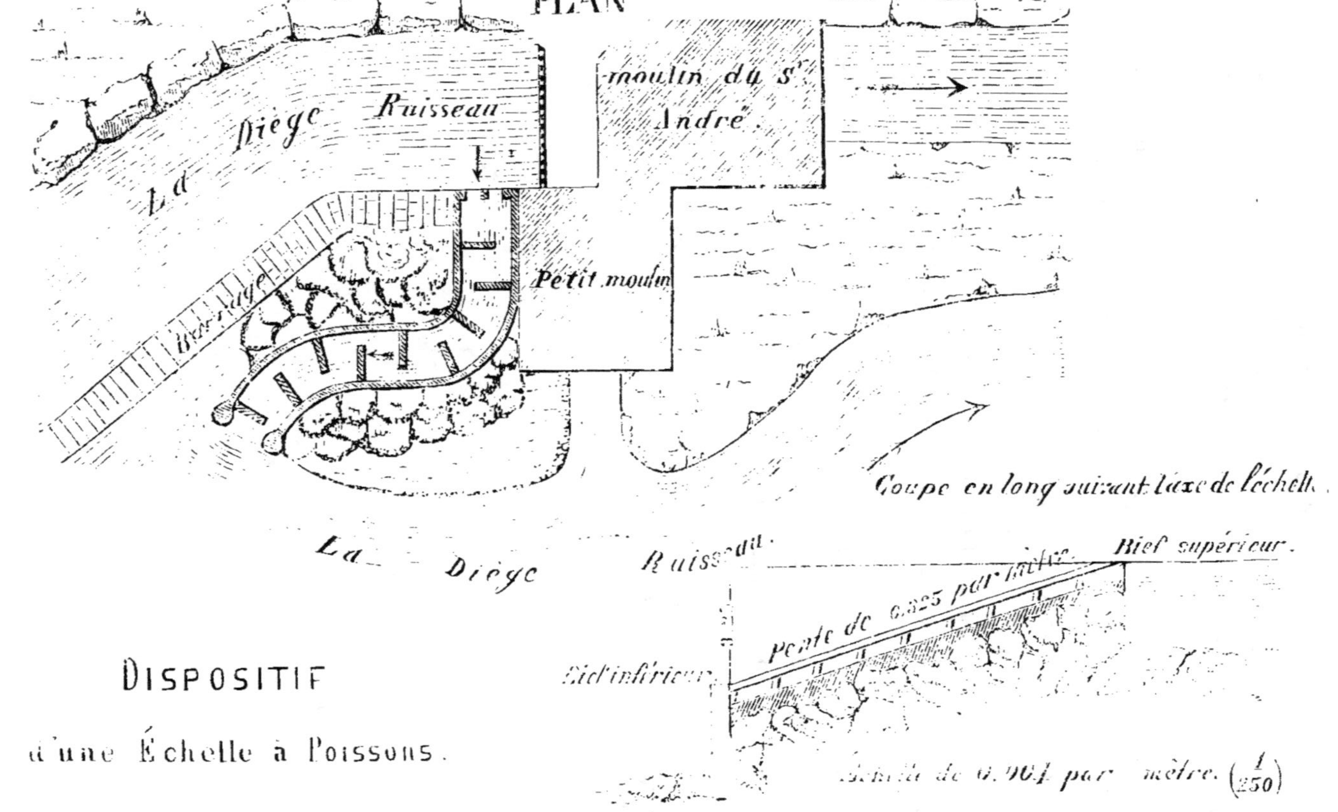
PLAN
La Diège Ruisseau
moulin du S.t André.
Petit moulin
Barrage
La Diège
DISPOSITIF
d'une Échelle à Poissons.
Coupe en long suivant l'axe de l'échelle.
Bief supérieur.
Ruisseau.
pente de 0.325 par mètre.
Lit inférieur.
Débit de 0.904 par mètre. (1/250)
Plan de l'Échelle à poisson.

de cette construction, un colloque eut lieu entre ceux-ci et les entrepreneurs, en présence de l'ingénieur des ponts et chaussées, sur les lieux mêmes, et l'utilité de l'échelle put être constatée séance tenante.

Les frais occasionnés par cette construction nous ont été évalués à la somme modique de 300 francs environ ; c'est ce qui nous a engagé à en fournir le plan.

Des échelles à poissons ont été construites en plusieurs endroits, notamment sur la Moselle, la Vienne, le Blavet, la Dordogne. M. Ferrand, ingénieur en chef des ponts et chaussées a exposé, à Arcachon, le modèle en relief de l'échelle construite sur la Vienne navigable, au barrage de la manufacture d'armes de Châtellerault, avec un mémoire sur cette construction [1].

[1] *Liste des exposants à Arcachon.* Imp. P. Dupont, Paris, 1866. rue de Grenelle-Saint-Honoré, 45.

CHAPITRE VIII

CAUSES PRÉSUMÉES DU DÉPEUPLEMENT DES EAUX FLU-
VIALES DE LA FRANCE. — CONSIDÉRATIONS SUR LA
LÉGISLATION DE LA PÊCHE. — DÉCRET DU 25 JAN-
VIER 1868 CONCERNANT LA PÊCHE.

Après avoir essayé de donner une idée des moyens de
repeuplement dont on dispose aujourd'hui, nous avons
cru devoir laisser place ici à des considérations assez
étendues sur les causes présumées du dépeuplement des
cours d'eau de la France, et mettre ensuite en lumière
les sages mesures déjà prises dans notre législation, pour
arriver à un état meilleur que les besoins du pays rendent désirable à plus d'un titre.

Nous émettrons enfin notre opinion, quant aux
moyens qu'il y aurait de hâter ce résultat en combinant
l'application des mesures légales, protectrices du poisson, avec des opérations de repeuplement pratiquées,
d'une part, par le corps des ponts et chaussées, qui
représente actuellement l'État dans cet ordre de choses,
d'autre part et conjointement, s'il était possible, par les
particuliers, qui pourraient retirer un bénéfice direct des
améliorations qu'ils apporteraient dans le peuplement
et le régime des eaux courantes qui leur appartiennent.

Voici les principales causes auxquelles nous attribuons la décroissance numérique du poisson, surtout en ce qui concerne les espèces précieuses, dont quelques-unes, celle du saumon surtout, deviennent de jour en jour plus rares :

1° Les déprédations de toute sorte, commises principalement dans les cours d'eau non navigables où se fait la multiplication, et où a lieu la première croissance des salmonides;

2° Le développement des industries manufacturières (auxquelles l'eau sert de moteur), sans doute heureux à une foule de points de vue, mais qui est devenu nuisible à l'économie animale des cours d'eau, par l'emploi de matières délétères que nécessitent certaines de ces industries;

3° Les travaux d'irrigation, chaque jour plus développés, mieux dirigés et par conséquent plus profitables à l'agriculture, mais nuisibles dans beaucoup de cas aux poissons, principalement aux époques de la fraye;

4° L'ignorance encore presque générale des circonstances qui favorisent ou entravent la propagation des divers genres de poissons;

5° L'insuffisance de la législation à toutes les époques, et peut-être encore à la nôtre, pour protéger cette branche délicate des richesses du pays.

§ Ier. — **Les déprédations de toutes sortes, etc.**

Qui devrait bénéficier du produit des eaux courantes non navigables ni flottables ? — Les propriétaires riverains [1]. Or, il arrive, en fait, que la plupart d'entre eux

[1] Loi du 15 avril 1829, Titre Ier, art. 2.

retirent de ce droit foncier un bénéfice presque nul. Les pêcheurs de profession sont trop souvent des individus ayant peu ou point de propriétés riveraines, qui exercent à cet égard (sauf des exceptions nombreuses, sans doute) non un métier honnête, mais un vrai braconnage, et qui mêlent souvent d'autres méfaits à ce délit que l'indifférence des propriétaires riverains tolère à regret, ou ne poursuit que d'une manière molle et craintive.

Les usiniers sont presque les seuls, parmi les riverains, qui retirent un bénéfice légitime et appréciable du droit de pêche. Là aussi, cependant, l'abus devient trop souvent la règle, et la prohibition de la vente du poisson, au moment du frai, est impuissante à empêcher les prises qui se font alors aux abords des usines, au grand détriment de tous les cours d'eau. Le biez ou fausse rivière conduit bien du poisson, en tout temps, à l'intérieur même de l'usine, surtout au temps du frai, où la truite recherche les bas-fonds et les rapides pour y déposer ses œufs [1].

---

[1] Sur certaines rivières où l'eau est abondante, comme le Lot, l'Aveyron, le Viaur, etc., le biez a généralement peu de profondeur : ce n'est à proprement parler qu'un canal de dérivation. La retenue d'eau se fait sur la rivière elle-même, au moyen d'un barrage plus ou moins élevé. L'eau afflue en quantité suffisante en été et surabondante en hiver pour alimenter l'usine, sans une grande profondeur du biez où l'eau s'écoule avec rapidité. C'est de ce genre de biez que nous parlons.

Dans d'autres usines établies sur de moindres cours d'eau et où il y a retenue au moyen d'un biez large et profond, un autre danger se présente pour le poisson. Quand on barre le ruisseau pour remplir le réservoir ou biez, le ruisseau reste à sec dans la partie de son lit comprise entre le barrage et la région en aval de l'usine, de manière que le poisson qui s'y trouvait engagé est dans l'impossibilité de s'échapper, pour peu qu'il plaise de s'en emparer.

En outre, dans l'un et l'autre des cas signalés, le poisson court

Une fois entré au domicile de celui qui lui tend des embûches, que peut-on faire pour empêcher qu'il ne soit, je ne dirai pas seulement consommé sur place, ce que le respect dû au domicile ne permet pas de rechercher, mais transporté clandestinement dans les maisons des villes, comme cela se voit continuellement.

Ainsi se passeront les choses et sur une grande échelle[1], jusqu'au temps, plus ou moins éloigné, où le respect scrupuleux des moindres ordonnances sera entré dans nos mœurs, quand on aura compris que ce qui a été décrété pour le bien de tous n'est pas moins profitable à chacun, et qu'on ne peut longtemps nuire aux autres sans arriver à se nuire à soi-même.

N'y aurait-il pas là, toutefois, matière à mesures coërcitives. Quelle justice y a-t-il que le propriétaire d'usine, qui souvent ne possède d'autre propriété riveraine que sa maison et un ou deux prés plus ou moins exigus, prélève la majeure partie des poissons qui circulent en amont et en aval de sa propriété, tandis que celles infiniment plus nombreuses et plus étendues qui avoisinent les siennes se trouvent entre les mains de tenanciers qui n'ont ni les mêmes moyens, ni le même désir d'un lucre immodéré ou illicite. Nous exposerons, au sujet de la législation de la pêche, quelles mesures équitables on pourrait prendre pour arrêter ce désordre.

encore un danger dans la partie du biez située en aval de la roue de l'usine ; car l'eau qui a servi de moteur arrive presque toujours à ce point avec un volume insuffisant pour rendre difficile la capture du poisson qui cherche à y remonter, au temps du frai surtout.

[1] Certains petits usiniers passent pour retirer annuellement jusqu'à 400 fr. de la vente des truites prises, légalement ou non, dans des cours d'eau de moyenne importance.

Hâtons-nous de dire qu'il est à espérer que sa répression opérée dans un but de repeuplement et de protection, de concert avec d'autres moyens non moins efficaces tendant au même but, ne priverait pas l'usinier de l'abondance en ce genre à laquelle il est habitué, mais que celle-ci s'étendrait aux autres riverains. Ce que l'on doit souhaiter, c'est que les uns ne soient plus dans une situation d'infériorité aussi marquée vis-à-vis des autres, dans la rétribution du produit des eaux qui appartient à tous les riverains au même titre [1].

Si l'abus que nous venons de signaler est regrettable, puisque le nombre des poissons pris aux abords des usines est beaucoup trop considérable. et que très-souvent ils sont pris au moment du frai ou qu'ils n'atteignent pas toujours la taille réglementaire. au moins ces produits sont-ils employés comme nourriture. Mais un abus plus déplorable encore et classé au nombre des délits les plus sévèrement punis par la loi, et cependant très-commun dans notre région, est celui de s'emparer du poisson au moyen de matières délétères qui l'enivrent ou le tuent. telles que la chaux, la coque du levant, une plante dite *bouillon blanc* (de la famille des solanées, etc.). Ces moyens détruisent en effet jusqu'aux plus petits poissons. Pour avoir une truite comestible, les pêcheurs clandestins font périr en même temps la

---

[1] Une espérance que nous empruntons à l'un de nos rares écrivains pisciculteurs, M. E. Noel, et que nous partageons, c'est qu'un jour nos rivières seront « peu à peu délaissées comme force motrice, » grâce à l'emploi de la vapeur. Elles retourneront alors, exemptes de bon nombre de barrages, à leurs fins naturelles. Leur cours sera libre pour la circulation du poisson, si nécessaire à sa propagation, de même qu'il n'est plus que rarement agité par le passage des bateaux à vapeur, qui, dans beaucoup d'endroits, étaient pour le frai déposé sur les sables et sur les herbes une cause de destruction.

plus grande partie de la génération nouvelle et l'espoir des pêches futures. La chaux, par exemple, une fois répandue dans un gouffre ou dans un remous de ruisseau, petits et gros poissons ainsi empoisonnés viennent expirer à la surface; les petits périssent plus facilement que les autres.

Il y a environ vingt-cinq ans que le chaulage des terres fut introduit dans une partie du département de l'Aveyron par M. de Monseignat, lauréat de la prime d'honneur en 1861, et qu'il fut appliqué par lui sur sa propriété du Cluzel[1], située dans une zone de terrains primitifs appelée *Ségala*, qui s'étend sur un tiers environ de ce vaste département[2].

Cet amendement, dont l'heureux effet a été de doubler au moins la valeur des terres, tend aujourd'hui à se généraliser. Depuis son introduction, vous entendez dire de tous côtés que la chaux, étant à la portée de tout le monde, se trouve beaucoup plus employée pour prendre le poisson, et que la destruction de la truite s'est accrue d'une manière très-regrettable.

Une autre cause qui favorise les abus concernant la pêche est l'abaissement des eaux fluviales, par suite de chaleurs anormales, comme celles qui ont régné dans le midi de la France pendant les trois étés qui ont précédé celui de 1866.

Des cours d'eau d'une largeur moyenne, tels que l'Aveyron et le Viaur, se trouvaient réduits à des pro-

---

[1] Cette pratique était tellement inusitée, que les paysans voisins du Cluzel s'emparaient ouvertement de la chaux déposée en tas dans les champs, pour en crépir leurs maisons, supposant que son enfouissement dans la terre touchait à l'absurde.

[2] Le département de l'Aveyron a 8,821 kilom. carrés. (Bouillet, *Dict. géogr.*)

portions minimes sous le rapport du volume de l'eau courante. Pendant un de ces étés secs, il m'est arrivé en suivant les bords de l'Aveyron, dans des sites écartés des routes, de trouver un espace de 2 kilomètres de son cours où de nombreux barrages en forme de vaste entonnoir, établis d'un bord à l'autre de la rivière, avaient été pratiqués au moyen de cailloux et de graviers agglomérés. Le courant d'eau se trouvait de la sorte tellement rétréci qu'il n'occupait plus, sur ces bas-fonds, qu'un mètre de largeur. Dans l'intervalle ménagé dans chaque barrage pour le passage de l'eau, on avait placé autant de filets dits *verveux* destinés à retenir tout le poisson, qui ne manquait pas de remonter, le jour ou la nuit, pour chercher des situations plus fraîches que celles où la décroissance de l'eau l'avait confiné. Que l'on se demande s'il pouvait en échapper un seul [1].

En citant les faits qui nous sont connus, parce qu'ils se sont passés pour la plupart dans notre voisinage, nous croyons pouvoir affirmer qu'ils trouvent leurs analogues sur un grand nombre de points de la France. Leur cause, comme nous le disions plus haut, doit être principalement recherchée dans le peu de respect qui entoure les lois rurales. Ce respect n'entrera, croyons-nous, dans l'esprit des populations qu'au fur et à mesure de l'importance que prendra l'idée du repeuplement. En attendant, le poisson est complétement assi-

---

[1] Nous apprenons que, dans le département de la Vendée, les cours d'eau qui contiennent des écrevisses sont impitoyablement dévastés chaque année par les maraudeurs, qui enlèvent l'eau des petits fossés et détruisent tous les produits, petits et gros. Ce mode de pêcher, en mettant à sec le lit des ruisseaux au moyen de barrages successifs, était pratiqué également dans l'Orne, sur des affluents de l'Huisne, il y a peu d'années, et causait de grands dommages.

milé au gibier, et appartient comme lui, de fait, dans une foule de localités, au premier occupant[1]. A l'exception de quelques propriétés gardées, les autres sont plus ou moins livrées, quant à ces deux objets, à un pillage toléré, avec une indifférence ou un déplaisir plus ou moins grands, par ceux chez qui il s'exerce. Il faut s'attendre à devoir lutter contre la routine, par une raison fort simple : c'est que ceux qui se permettent des abus préfèrent les *quelques* poissons qu'ils prennent à ceux plus nombreux qu'on leur promet ; ils peuvent entrevoir que, les lois étant mieux appliquées, ils ne pourront plus exercer sur ceux-ci les droits qu'ils s'arrogent aujourd'hui, injustement et presque impunément, sur ceux-là.

Mais, dès que de grands efforts auront été tentés et que de nombreux exemples de Pisciculture méthodique auront été donnés, le bon sens et la probité naturels à notre nation rangeront sous la loi les plus indifférents et les moins scrupuleux, sans qu'il soit besoin de fréquents actes de rigueur de la part des gardes-pêche qui auront à prévenir ou à réprimer les abus.

Ce qui inspire notre confiance à cet égard, c'est que, même dans nos contrées si pittoresques, mais tellement abruptes que les délits de pêche sont le plus souvent assurés d'impunité, à cause de la difficulté de poursuivre les délinquants, dans ces cantons où la mâle

---

[1] Comme nous le faisait remarquer judicieusement M. Poulon, sous-ingénieur des ponts et chaussées, le poisson réclamerait une protection d'autant plus motivée, qu'à la différence du gibier il se nourrit de matières *complétement inutilisées*, tandis que, dans certains cas, l'abondance excessive de gibier peut causer aux récoltes des dommages qui nécessitent de mettre des bornes à sa trop grande multiplication.

énergie des habitants est en harmonie avec la rudesse du sol, et où souvent le désir du gain est aiguillonné par l'exiguité des ressources, le braconnage excessif des ruisseaux et des rivières non-seulement est rarement pratiqué par les habitants eux-mêmes, mais leur blâme s'exprime hautement à ce sujet, surtout quand ce braconnage est exercé par des personnes inconnues et étrangères à la localité.

D'après les récits que j'ai maintes fois recueillis, ce sont presque toujours des gens des villes, n'ayant que des professions précaires, qui viennent exploiter les parages les plus abondants en truites par les procédés les plus destructeurs. On peut donc en induire que la répression de ces abus, commis par des étrangers ou même par quelques habitants du canton, ainsi que les procédés et mesures propres à assurer le repeuplement, seraient accueillis avec une faveur que l'on serait peut-être étonné de trouver dans des localités qui ne sont pas les plus rapprochées des centres de civilisation et de lumière.

La tâche ne sera-t-elle pas encore plus facile dans les pays où les rivières suivent un cours moins accidenté, dans de fertiles plaines, aussi cultivées que certains bords escarpés le sont peu, et où le respect traditionnel des propriétés du sol s'étendra sans peine au produit des eaux qui les baignent?

§ 2. — Le développement des industries manufacturières qui nécessitent l'emploi de matières pouvant vicier les eaux, etc.

Le développement des industries manufacturières, sans doute heureux à une foule de points de vue, puisqu'il assure, à la fois, du travail à l'ouvrier, un débouché aux matières premières et des produits à meilleur marché aux consommateurs, devient cependant chaque jour plus nuisible au poisson par l'emploi de matières qui sont de nature à vicier les eaux, comme le constatent beaucoup d'hommes compétents [1], et d'après les renseignements particuliers qui nous sont parvenus de plusieurs points du pays.

Les barrages usiniers trop élevés, ou construits de façon à empêcher la remonte des salmonides au moment du frai, sont une autre cause de dépeuplement bien reconnue. notamment dans nos contrées où le saumon et la truite saumonée ont cessé de se montrer depuis la construction de certains barrages de ce genre. On a trouvé des procédés que nous avons indiqués pour rendre libre en tout temps le cours des eaux fluviales : ce sont des passages pratiqués dans les barrages ou bien des travaux d'art dits *échelles*, propres à contourner les chutes les plus élevées et à assurer la remonte et la circulation du poisson. Nous en avons donné la description au chapitre précédent.

Les résidus des matières employées dans l'industrie, telles que couleurs, soude, chaux, etc., peuvent se déverser dans des réservoirs où ils se condensent, et les eaux qui en ont été imprégnées peuvent être filtrées, avant d'être rendues à leur cours naturel.

Les fondateurs d'usines que ce surcroît de dépenses concernerait à l'avenir, si on le leur imposait comme condition réglementaire dans la concession qui leur serait faite du droit d'élever un barrage usinier sur un

1 *Les Poissons des eaux douces.* E. Blanchard, p. 618.

cours d'eau, le trouveraient peut-être de trop, mais il reste à savoir si leur plainte serait fondée. Pour nous, nous ne voyons aucune justice qu'un particulier, qui a en vue un bénéfice, puisse exiger de la société qu'elle consente au dommage qui doit résulter du fait de son établissement pour une foule d'autres particuliers, quand même l'industrie à établir serait d'une grande utilité publique.

S'il est indispensable d'avoir du sucre, des étoffes ou du cuir préparé, etc., est-ce une raison pour n'avoir plus de poisson dans de magnifique cours d'eau, quand, avec quelques soins et quelques frais de plus, on pourrait arriver à concilier les besoins de l'industrie avec les exigences de la nature[1]?

Il est permis d'espérer que les mesures tendant à ce but, imposées à l'avenir aux fondateurs de nouvelles usines, n'en éloigneront qu'un petit nombre de leurs utiles entreprises.

S'il est, d'ailleurs, généralement admis, comme nous le croyons, que la *demande* amène toujours l'*offre* en matière d'industrie, on aurait peut-être tort de trop s'occuper de ce qu'un riche capitaliste hésiterait à engager ses capitaux dans une entreprise dont les proportions exigeraient une mise de fonds considérable. Nous pen-

---

[1] Bien des documents anciens témoignent de la prodigieuse richesse primordiale de nos cours d'eau. « Au moyen âge, dit M. Blanchard, les poissons avaient pour l'alimentation publique une importance que l'on ne soupçonne plus de nos jours. » Le savant historien Monteil rapporte, dans son *Histoire des Français des divers États*, qu'au XVIe siècle encore on mangeait des truites salées et séchées, ce qui indique toujours une surabondance de produits. (A.-Alexis Monteil, *XVe siècle*, p. 75, t. V.) — Amans-Alexis Monteil était né à Rhodez 1769.

sons, en effet, que pour certaines industries, où la division du travail ne nuit pas à leur fonctionnement, si un établissement de l'espèce qui nous occupe ne parvient à s'élever sur telle échelle, deux, trois ou quatre autres établissements de moindre importance, encouragés par la *demande* des produits spéciaux qui les concernent, ne tarderont pas à s'élever au lieu et place de celui qui se serait abstenu pour le motif indiqué ci-dessus.

Nous oserons même émettre une opinion, qui nous a été suggérée par la connaissance de la division du travail qui se pratique dans l'industrie des soieries [1] : si la multiplicité du travail est un avantage pour l'ouvrier, l'agglomération nécessitée par les vastes établissements n'est avantageuse qu'à l'industriel et aux consommateurs. Elle entraîne pour l'ouvrier des inconvénients complexes, dont le principal est de tendre, dans beaucoup de cas, à désunir un des liens fondamentaux de l'ordre social, la famille [2].

Admettons même qu'un résultat d'une mesure quelque peu onéreuse pour l'industriel le forçât à vendre proportionnellement plus cher, ou que plusieurs petits industriels ne pussent opérer ni vendre à aussi bas prix que de forts capitalistes, isolés ou associés, l'équilibre général n'en serait pas moins rétabli plutôt que com-

---

[1] A Lyon et dans les environs. beaucoup de familles ont leurs métiers à domicile. Le produit de leur travail est centralisé par les grandes maisons.

[2] Nous n'avons pas besoin de faire remarquer que nous parlons au point de vue le plus général, et que ces appréciations n'excluent en rien notre respect pour les généreux industriels qui font de si nobles efforts pour atténuer, autant que possible, les inconvénients dont nous parlons.

promis, si, d'un autre côté, le poisson se vendait à un prix modéré.

On nous objectera, peut-être, que le poisson n'occupe, dans l'ordre économique actuel, qu'un rang trop secondaire pour qu'on ait envers lui de tels égards[1]. C'est comme si l'on disait que, plus les denrées en général sont rares ou chères, moins il devient utile de chercher à raviver les sources de production, ou que, le poisson étant peu nombreux, ce n'est pas la peine de s'occuper d'en avoir d'avantage.

Pour ce qui concerne les établissements industriels, déjà créés, la moindre atteinte à leurs droits, *acquis* ou *concédés*, nous paraît, sans doute, de la plus haute gravité. Le filtrage des eaux, viciées par certaines préparations, exigerait des frais qu'on ne peut avoir la pensée de laisser supporter par ceux auxquels on l'imposerait. Les connaissances pratiques nous manquent pour apprécier le montant de ces frais. Ce que nous pouvons dire, c'est que l'Angleterre, où l'industrie est certes très-développée, nous a devancés dans l'application de ce moyen de rendre aux cours d'eau leur pureté primitive. Nous émettons le vœu que ce système soit étudié et qu'il puisse être adopté chez nous et mis en vigueur d'une manière équitable, c'est-à-dire en accordant aux intéressés *les indemnités les plus larges*.

Les mêmes indemnités devront également, et avant

---

[1] Il est bien évident qu'il n'y a pas de produit secondaire parmi ceux entrant dans l'alimentation : s'ils peuvent être classés dans un ordre relatif, cela ne peut être qu'en raison du bon marché auquel on les obtient. A ce titre, le poisson pourrait bien, un jour ou l'autre, réclamer le premier rang et le garder. En tout cas, en matière économique, les produits alimentaires priment incontestablement tous les autres.

toute entreprise de ce genre, compenser le préjudice incontestable qui pourrait résulter pour certaines usines
de la création d'*échelles à poissons* près de leurs barrages
ou de l'ouverture de *passages* dans ces mêmes barrages,
ces établissements devant éprouver une diminution de
force motrice ou un retard dans leur fonctionnement
par le libre écoulement d'une fraction de leur retenue.

Telle est, en effet, la marche adoptée. Une circulaire
ministérielle du 30 mars 1866, adressée à MM. les ingénieurs des ponts et chaussées, a pour but de poser,
entre autres questions concernant la construction des
échelles à effectuer, celle de savoir : « 4° Le montant de
« l'indemnité qu'il pourrait y avoir lieu d'accorder
« à ceux des permissionnaires de ces barrages (où des
« échelles devront être pratiquées) justifiant d'une
« autorisation régulière, en raison du préjudice qui sé-
« résulterait pour eux de l'établissement desdites
« échelles[1]. »

§ 3. — Les travaux d'irrigation, etc.

Les travaux d'irrigation, chaque jour plus développés,
mieux dirigés et par conséquent plus profitables à l'agriculture, sont cependant une des causes du dépeuplement
des eaux fluviales, principalement aux époques de la
fraye des poissons. Les moyens de remédier aux désor-
dres de cette nature semblent ne pas présenter de
sérieux obstacles.

Sans doute, dans quelques départements où les avantages qu'on aurait à attendre du régime piscicole, même

---

[1] Circulaire du 30 mars 1866.

le meilleur, seraient en disproportion frappante avec ceux beaucoup supérieurs que procurent les irrigations, nous ne disons pas que l'on aurait tort de diriger tous les efforts de ce dernier côté. Là encore, cependant, si un peu d'eau, inutilisée pour l'agriculture, peut rester aux rivières, quelquefois *laissées presque à sec* par l'emploi merveilleux qu'on fait de leurs eaux, et si l'on peut y conserver quelques races de poissons aborigènes, on devra leur accorder protection [1]. C'est dans certaines plaines fertiles de la Provence, de Vaucluse, etc., que l'eau atteint une énorme valeur agricole, parce que ces contrées non-seulement sont faciles à irriguer, mais que les effets combinés du soleil et de l'humidité y donnent d'incomparables résultats dans l'ordre végétal.

Mais, dans une foule d'autres contrées, par exemple dans le groupe des montagnes du Centre, au pied des chaînes des Pyrénées et des Alpes, les vallées sont généralement si rétrécies, que leurs surfaces peuvent s'irriguer sans priver les cours d'eau d'une portion notable de leur contingent. De même, dans d'autres vallées bien que fort étendues, comme en Normandie, des emprunts moins fréquents sont faits aux cours d'eau qui les traversent, ces fonds étant suffisamment rafraîchis par la nature du sol et par l'état habituel de l'atmosphère. Dans beaucoup de contrées de ce genre, on n'irrigue les prés que momentanément et par submersion, quand les

---

[1] Ainsi, nous apprenons que, dans le département du Var, l'emploi de l'eau pour l'industrie et les irrigations laisse à sec, au moment de l'étiage, un grand nombre de cours d'eau dans la plus grande partie de leur parcours, entre autres le Gapeau, le Caramy, l'Issole, la Braque, et certains autres petits ruisseaux dont les sources ne tarissent jamais.

eaux troublées par les pluies peuvent y amener des principes substantiels fertilisants.

Dans ces dernières situations, qui sont de beaucoup les plus nombreuses, il suffit au bien-être du poisson, que l'on veille au mode de construction et aux fonctionnement des barrages qui servent à élever les eaux, pour faire des prises d'irrigation.

Réglementer à l'avenir le mode et l'emploi de ces barrages à créer sur tous les cours d'eau navigables et non navigables, où les ouvrages de ce genre se trouvent aujourd'hui soumis à l'approbation de l'administration des ponts et chaussées, n'offre plus en principe aucune difficulté. Il était déjà de droit public que ces constructions fussent réglées de manière à ne pas nuire aux intérêts généraux ou privés ; la loi du 15 mai 1865 a étendu cette réglementation, en décidant que des passages appelés échelles pourraient être établis, d'après *avis des conseils généraux des départements* et après enquête, sur les fleuves, rivières, canaux et *cours d'eau* qui offriraient des barrages nécessitant ces constructions, et l'on ne peut que s'en féliciter.

Le volume d'eau nécessaire à la circulation du poisson, soit à travers les *passages* pratiqués dans les barrages, soit au moyen des *échelles*, pourrait être réservé pour cet usage, en tout temps, là où l'abondance d'eau serait plus que suffisante pour les besoins des usines, de l'irrigation et de la navigation. Là où elle serait insuffisante, on pourrait se borner à faire ouvrir ces passages à l'époque de la fraye des salmonides, qui a lieu invariablement dans les mois de l'année où les eaux sont le plus abondantes, en novembre, décembre et janvier, de manière que, dans une foule de cas, le préjudice serait nul. Ce n'est pas, généralement, quand les eaux sont grandes, qu'une ou deux prises d'eau de quelques décimètres carrés, faites au travers ou à côté de ces barrages, peuvent occasionner un retard appréciable dans le fonctionnement des usines ou des écluses.

Tout préjudice sera moins à redouter encore pour les irrigations, à cette époque de l'année. Les cas doivent sans doute varier à l'infini; mais est-ce bien dans les trois mois susdits que les irrigations sont très-profitables ? Nous voyons tous les jours que l'eau, cet agent si puissant de fécondité et de végétation, devient trop souvent, par l'abus qu'on en fait, la ruine des meilleurs fonds de prés. S'il est reconnu, parmi les hommes compétents, que l'usage de l'eau dans les irrigations doit être modéré, intermittent, les trois mois désignés ne conviendraient-ils pas encore mieux que les autres pour user de cette modération et de cette intermittence, ou même d'une suppression à peu près complète, puisque très-souvent les eaux amenées dans les prés, à cette époque de l'année, se congèlent et font plus de mal que de bien. Donc, en définitive, quand une certaine quantité d'eau serait laissée libre dans chaque barrage d'irrigation, pendant ces mois de l'année, y aurait-il toujours matière à réclamer des indemnités ? Celles-ci devront-être, le cas échéant, évaluées de la manière la plus équitable.

Ajoutons encore que, bien que le plus urgent soit de protéger la propagation des salmonides, il serait désirable que l'on pût arriver aussi à assurer la libre circulation *de tous les poissons*, d'une manière permanente, ou du moins aux époques de la fraye d'été et d'hiver. Nous citerons un fait récent à l'appui de cette thèse : un orage ayant emporté, il y a trois ans, un barrage usinier très-élevé, construit sur un affluent du Lot et qui empêchait complètement la remonte du poisson, les parties supérieures de ce ruisseau, où l'on ne voyait jamais de barbeaux et presque aucun autre poisson, en furent immédiatement pourvues après la destruction accidentelle de l'obstacle [1].

Ce que nous pouvons encore rapporter de certain, c'est que nous voyons sans cesse des barrages perpendiculaires trop hauts pour être franchis par aucune espèce de poisson et construits, à demeure, sur de petits ruisseaux dont les parties inférieures possèdent des salmonides et qui seraient très-propices à leur reproduction. Ces ouvrages sont souvent faits dans le but d'irriguer des surfaces en pente de peu d'étendue, avec un abus de l'eau, dont on n'a pas d'idée.

§ 4. — L'ignorance encore presque générale des circonstances qui favorisent ou entravent la propagation des divers genres de poissons.

C'est le cas de dire que l'ignorance des conditions les plus élémentaires de la bonne agriculture se combine avec celle de toute chose piscicole, pour causer deux mauvais résultats, le jonc dans les prés, l'absence de poisson dans les cours d'eau.

Quand on possède un pré au bord des eaux, on ne serait pas fâché de voir quelquefois dans celles-ci une

---

[1] Déjà, en 1833, Monteil citait, dans son *Histoire des Français*, le fait qu'un barrage destiné à arrêter les saumons et les truites saumonées sur le cours de l'Allier, ayant été détruit, les gros poissons remontèrent jusqu'aux sources de cette rivière, jusqu'au Gévaudan. Cette vérité est aujourd'hui reconnue de tous ceux qui s'occupent de la question, mais les faits à l'appui sont loin d'être assez divulgués.

belle truite; mais on ne songe même pas que le barrage, qui sert à arroser ce fond avec fruit, pendant les mois propices pour les irrigations, empêche les poissons de remonter vers les endroits qui conviennent à leur multiplication, à une autre époque de l'année où les prés n'ont pas besoin d'eau. Si l'on prenait seulement la peine de ménager le plus léger passage, en pente douce, dans ce barrage qui forme une chute perpendiculaire insurmontable pour la truite, celle-ci irait indubitablement où son instinct l'appelle et le pré ne souffrirait en rien. Non-seulement le propriétaire riverain verrait ses eaux peuplées, mais l'intérêt général, si gravement lésé aujourd'hui par ces entraves mises au peuplement naturel, recevrait satisfaction.

Le meilleur moyen, selon nous, de répondre aux aspirations de publicistes aventureux qui trouvent que les conditions actuelles de la propriété du sol sont incompatibles avec le progrès idéal, est de conduire chacun, par l'intelligence de ses propres intérêts[1], à accomplir soi-même ce que d'autres ne croient possible que dans des conditions impraticables ou ennemies des droits les plus sacrés. Pour cela, il faut enseigner en cherchant à vulgariser les connaissances utiles. Or, si le meilleur des enseignements et des conseils repose, en toute chose, dans l'exemple, ces considérations peuvent stimuler les hommes éclairés qui sont en mesure de le donner. C'est ce que nous souhaitons.

Au reste, que les petits propriétaires ignorent presque

---

[1] Les syndicats formés déjà dans certaines régions, pour les irrigations, témoignent de la facilité avec laquelle on embrasse l'idée de l'association quand elle est bien définie, et quand son utilité est démontrée aux intéressés.

tout au sujet des poissons, cela n'est pas étonnant, puisqu'on n'a encore rien fait pour les initier à ces connaissances ; ce qui peut surprendre d'avantage et ce qu'on peut appeler regrettable, c'est que ceux qui pourraient et qui devraient même être plus instruits, à ce sujet, le soient quelquefois si peu. Il est sûr que de nouvelles pratiques réclament de nouvelles études ; celles-ci étaient restées jusqu'ici étrangères aux programmes scolaires. Espérons que l'ichthyologie et ce qui s'y rapporte pourra prendre le rang que son utilité lui assigne dans l'enseignement de tous les degrés.

§ 5. — L'insuffisance de la législation à toutes les époques, et peut-être encore à la nôtre, pour protéger cette branche délicate des richesses du pays.

Au sujet de la législation concernant la pêche et la police des cours d'eau, le bel ouvrage de M. E. Blanchard, que nous avons fréquemment cité à cause de la confiance qu'il inspire à divers titres, nous a évité de nombreuses recherches, car il contient des documents plus que suffisants pour apprécier ce qui a été fait dans cette matière, au point de vue presque uniquement pratique où nous nous plaçons.

Disons, cependant, que nous ne pouvons tirer des progrès incontestables de notre législation actuelle concernant la pêche aucun dédain pour cette législation à d'autres époques.

Pour bien rendre notre pensée en ce qui concerne les choses du temps passé comparées avec celles du présent, nous devons avouer qu'un sentiment de répugnance nous empêche de louer trop celles-ci *au détri-*

ment des faits et des hommes de l'âge qui nous a précédés. Si le jour actuel dénigre celui qui l'a engendré, à bon droit le jour de demain dépréciera son auteur, et cependant nous nous serons couchés, chacun à notre heure, croyant avoir fait pour le mieux pendant notre jour plus ou moins bien rempli.

Réjouissons-nous du progrès, s'il nous est donné d'y contribuer; mais, loin de blâmer ceux qui ne l'ont pas réalisé avant nous, ayons plutôt un sentiment de gratitude pour les travaux qu'ils nous ont légués et qui, le plus souvent, ont servi de base à nos propres édifices. Soyons persuadés que les gloires de notre pays sont solidaires dans tous les siècles, et que nous donnons un spectacle triste et unique dans l'histoire des nations, quand, par un motif quelconque, nous cherchons à ternir l'éclat des actes de nos prédécesseurs que personne, hors de chez nous, ne songe à méconnaître.

Ce n'est, du reste, qu'en inspirant ce sentiment à la jeune génération que nous pourrons éviter qu'un jour elle nous traite comme nous aurions traité nos devanciers. Ceux-ci nous donnaient cependant des exemples de modestie. Nos yeux ne lisent pas avec indifférence, en tête d'un grand ouvrage scientifique [1] du dix-huitième siècle, déjà cité, cette épigraphe tirée du vieux Sénèque : « *Nous avons découvert beaucoup de choses* « *dans ce siècle, mais la génération à venir en saura beau-* « *coup d'autres que nous ignorons.* »

La disposition contraire envahit à notre époque, et par des raisons qu'il est hors de propos de chercher à établir, ceux même que les bienfaits dont ils sont rede-

---

[1] *Tableau encyclopédique et méthodique des trois règnes de la Nature,* par l'abbé Bonnaterre. 1788. Ichthyologie.

vables au passé devraient rendre moins sévères dans leurs jugements. Quelle que soit la tendance actuelle, nous louerons ce qui était bon autrefois, sans blâmer *tout* ce qui était défectueux, quand nous nous serons rendu compte que cela ne pouvait être beaucoup mieux alors.

D'après l'honorable M. Blanchard, ce n'est qu'une époque néfaste de bouleversement général que l'on peut faire responsable de la dévastation presque complète de nos cours d'eau, la pêche ayant alors été permise à tout le monde dans les rivières navigables et flottables (1792 à 1798) [1], et les eaux privées n'ayant pas échappé au pillage devenu général.

Quant aux ordonnances antérieures rendues en faveur de la protection des fleuves et rivières navigables, nous voyons dans le même auteur que les premières, à dater de celle de Louis IX, en 1258, jusqu'à celle de 1669, seule plus étendue, s'appliquent à la dimension des mailles des filets pour préserver le fretin, aux fraudes des pêcheurs et aux engins prohibés, à la vente du poisson et aux statuts des maîtres pêcheurs et marchands de poisson. Une, seulement, se rapporte à la prohibition de la pêche à l'époque de la fraye, celle de Philippe VI, en 1328. Dans celle-ci, la pêche du brochet était défendue jusqu'à la fête de Saint-Laurent, c'est-à-dire jusqu'au 10 août. On se trompait d'un mois; d'après M. Coste, le brochet fraye en mai et juin [2].

Dans l'ordonnance de 1669, qui a régi cette matière jusqu'à la loi de 1829 (encore actuellement en vigueur

---

[1] *Les Poissons des eaux douces de la France*, p. 638.

[2] *Instructions pratiques : époques des pontes des principales espèces de poissons, etc.*, p. 138.

malgré d'importantes modifications), nous remarquons que la pêche des eaux fluviales navigables n'était accessible qu'aux maîtres pêcheurs formant corporation, qui élisaient eux-mêmes leur maître de communauté.

Ils ne pouvaient se servir d'aucun engin de pêche qui n'eût été estampillé au siége de la maîtrise [1].

La pêche leur était interdite le dimanche. Ce jour-là, les poissons pouvaient se reposer et les hommes le devaient. Malgré le peu de cas que M. Blanchard semble faire de cette prescription, l'avantage qu'on pourrait y reconnaître, au point de vue protecteur, c'est que, pendant ce jour, qui est le plus à la convenance des maraudeurs, les cours d'eau devenaient d'autant plus faciles à garder, que nul homme du métier ne pouvant pêcher sous des peines très-sévères était par cela même intéressé à faire lui-même bonne garde, et que, la pêche étant interdite, tout pêcheur, vu de près ou de loin, était maraudeur. Telles ont été probablement les considérations qui ont dû faire introduire la même restriction dans la loi anglaise. « Indépendamment de la « clôture annuelle, dit M. Coumes, il y a, dans les trois « parties du Royaume-Uni, une clôture *hebdomadaire* « de la pêche, savoir : en Angleterre, du samedi à « midi au lundi à six heures du matin ; en Écosse, du « samedi à six heures du soir au lundi à six heures du « matin ; en Irlande, de même qu'en Écosse [2]. »

Comme aujourd'hui, le fretin pris devait être rejeté à

---

[1] La même obligation a été imposée aux fermiers de la pêche par la loi de 1829. Titre IV, art. 32.

[2] *Rapport sur la Pêche fluviale, etc.* M. Coumes, p. 80.

l'eau, et la pêche au moyen de matières délétères était défendue sous peine de punition corporelle [1].

Quant à la prohibition de la pêche de la truite au moment du frai, on commit une erreur préjudiciable dans l'ordonnance de 1669, puisqu'on appliquait cette restriction à partir du 1er février jusqu'au 15 mars, tandis que nous savons qu'il est opportun de l'exercer plus tôt. Se serait-on basé sur les données fournies par des pays où la fraye est retardée [2] ? celle-ci aurait-elle subi des variations, comme on dit que nous en éprouvons dans la maturité des raisins et pour d'autres faits provenant de circonstances climatériques ? On serait tenté de le croire, tant il paraît étonnant que les pêcheurs d'alors n'aient pas su la vérité sur ce point, ou qu'on ait adopté à la légère une partie si importante de cette loi, qui dénote une grande attention de la part du législateur. Ce qui nous paraît le plus probable, c'est que les pêcheurs, voyant de tous jeunes fretins de salmonides en février et mars, en concluaient que c'était l'époque de la fraye : ils ignoraient ce que Rémy et M. Coste nous ont appris à nouveau, que les œufs de salmonides mettaient deux ou trois mois à éclore.

Il paraîtrait que l'on commença de corriger cette erreur dès que la science en eut fourni le moyen : une déclaration du roi, en date du 14 août 1773, « prohibe la « pêche dans certaines rivières qui se rendent à la Manche « et où la truite abonde, depuis le 15 décembre jusqu'au

---

[1] La loi de 1829 punit ce délit d'une amende de 30 à 300 francs et d'un emprisonnement d'un à trois mois (art. 25, titre IV).

[2] La fraye de la truite dure très-longtemps ; nous avons trouvé des truites d'étangs qui portaient encore leurs œufs, que nous avons fait féconder dans le courant de février. (Voy. Note X, ch. x.)

« 1er février, et interdit sur ces rivières les barrages de
« toute nature pouvant empêcher la truite de remonter
« librement dans l'étendue desdites rivières et d'y
« frayer [1]. » — Si ces deux sages mesures eussent été étendues à tous les cours d'eau, on se serait beaucoup rap-
proché du progrès que nous sommes sur le point de voir
réaliser.

Comme nous l'avons mentionné, les travaux de Jacobi ne purent être connus que de 1764 à 1773, date de
leur publication par Duhamel du Monceau. Dès lors,
seulement, pouvait-on être fixé scientifiquement sur l'é-
poque de la fraye et sur la durée de l'incubation.

Quant à l'article de l'ordonnance de 1669 qui excep-
tait de la prohibition, au temps du frai, les saumons,
aloses et lamproies, et à un arrêt du Conseil des eaux-
et forêts du 25 mars 1777, « qui maintient les habitants
« de Monthermé dans le droit de pêcher le saumon et
« l'alose dans les rivières de Meuse et de Semoy, *en tout*
« *temps, tant de jour que de nuit et avec toute espèce d'en-*
« *gins et de filets* [2], » ils peuvent sans doute paraître
étranges, et l'on aurait de la peine à se les expliquer si
l'on ne reconnaissait encore l'ignorance où l'on était des
mœurs du saumon. On le traitait comme on traite encore les oiseaux de passage, ou les poissons de mer qui
fréquentent nos côtes, et que l'on n'espère plus revoir. Les
observations qui nous ont fait juger différemment le
saumon, en nous donnant la certitude de son retour
périodique vers les mêmes eaux douces, après qu'il a été
à la mer, sont encore trop récentes pour que nous nous

---

[1] E. Blanchard. *Les Poissons des eaux douces*, p. 638.
[2] *Ibid.*

étonnions beaucoup qu'on n'ait pas su, il y a un ou deux siècles, ce que nous ignorions hier.

En fait, à quelque cause qu'on veuille l'attribuer, l'état de choses ancien laissait beaucoup à désirer ; mais, n'hésitons pas à le répéter, nous faisons aujourd'hui des choses que nous croyons très-sages, et qui seront presque certainement remplacées par d'autres plus sages encore.

Après notre appréciation sur le passé, pour lequel nous ne craignons pas de paraître partial, parce que nous avons la conviction d'avoir cherché simplement à être juste, empressons nous de constater qu'à aucune époque de notre histoire on ne s'occupa autant qu'aujourd'hui de l'état ichthyologique du pays. Nous allons exposer ce que nous croyons de nature à améliorer encore notre législation actuelle en cette matière ; nous chercherons aussi à démontrer, par des preuves tirées de l'expérience, l'utilité des mesures déjà prises à bon droit, et qu'il est désirable de voir appliquer énergiquement.

La rareté du poisson est un fait manifeste, dont les causes nous paraissent telles que nous les avons énumérées. Comment espère-t-on revenir à un état meilleur, à un repeuplement nouveau et à un équilibre sagement conservé entre l'exploitation des eaux et leur repeuplement naturel et annuel ?

L'acte le plus important qui ait modifié la loi de 1829[1] est incontestablement le décret du 30 avril 1862, qui confie « la surveillance, la police et l'exploitation de la

---

[1] Nous nous abstenons de donner le contenu de cette loi, qui est à la portée de tout le monde ; nous ne ferons qu'indiquer les principales modifications qui y ont été apportées. (Voy. note Y, ch. x, Tableau des délits prévus et des peines édictées par la loi de 1829.)

« pêche dans les fleuves, rivières et canaux navigables
« et flottables, » ainsi que « la surveillance et la police
« dans les canaux, rivières, ruisseaux et cours d'eau
« quelconques non navigables ni flottables[1], » à l'administration des ponts et chaussées, qui ne possédait auparavant d'attributions que sur les canaux et rivières
canalisées, l'administration des eaux et forêts possédant
le reste, mais n'ayant de pouvoirs à exercer que sur les
eaux du domaine public.

Le rapport du ministre d'État M. Walewski, sur
lequel fut rendu ce décret, montre qu'on a réellement
distingué le point essentiel pour arriver au repeuplement des eaux fluviales.

En effet, la surveillance *des rivières et ruisseaux non
navigables*, voilà, comme nous l'avons déjà dit, *le nœud
de la question*, et nous ne mettons pas en doute que le
jour où cette surveillance sera effective, nos richesses
ichthyologiques n'auront rien à envier aux temps passés
ni aux autres peuples, quelque prospères qu'on les dé-
peigne à cet égard. Nous dirons même que, plus le ruisseau est petit, plus il doit être pris en considération au
point de vue de la protection du frai, si ses eaux sont
favorables à la reproduction des salmonides comme on
a fréquemment lieu de le constater. C'est ce point que
nous recommandons le plus à l'attention des conseils
généraux (appelés aujourd'hui, comme nous l'exposé-
rons plus bas, à désigner les cours d'eau où l'interdiction de la pêche peut-être prononcée d'après la loi du
15 mai 1865), et à la vigilance du corps des ponts et

----

[1] *Moniteur* du 30 avril 1862.

chaussées, chargé d'assurer l'exécution de toutes les mesures sanctionnées.

La question de l'immixtion de l'autorité dans ce qu'on peut appeler les détails de la propriété foncière ne saurait, si elle est bien comprise, effrayer que les maraudeurs. Les ruisseaux qui conviennent le plus à la fraye des salmonides sont ceux à eaux vives et très-courantes, par conséquent celles qui coulent le plus souvent dans des sites escarpés, dans des montagnes à peine cultivées où la surveillance n'apportera aucune gêne dans la plupart de ces propriétés peu enviées, et sera, par le fait, à tous égards, un bienfait sans mélange.

Ce qui, du reste, motive complétement l'extension donnée, dans cette circonstance, aux attributions des fonctionnaires de l'État, c'est précisément qu'en dehors de l'avantage que chaque riverain d'un cours d'eau non navigable pourra retirer des améliorations du régime piscicole, l'intérêt de l'État l'oblige à cette mesure, puisqu'on n'a pas d'autre moyen de voir repeupler les eaux du domaine public.

Il semble aussi que non-seulement le surcroît de frais qui résultent de cette extension du service des ponts et chaussées, mais ceux qui seront occasionnés par la création des échelles à poissons si indispensables dans une foule de cas, devront incomber à l'État, au moins en partie, en raison de la plus value que ces constructions devront procurer dans la location de la pêche des cours d'eau navigables et flotables. Telle a été déjà, croyons-nous, la marche suivie dans différentes occasions.

Que l'on préserve d'un pillage continuel nos frais et limpides ruisseaux, qu'on parvienne à y laisser remonter les salmonides à l'époque de la fraye et à empêcher la destruction des reproducteurs pendant cette même période, et l'on peut entrevoir le temps plus ou moins proche où non-seulement nos races de poissons encore existantes reprendront d'elles-mêmes une réelle importance parmi les produits du pays, mais où les particuliers pourront hâter ce résultat par le concours si puissant et si désirable de leurs efforts individuels. A l'abri d'une sage et efficace protection, ils se mettront à l'œuvre pour l'ensemencement artificiel des eaux et pour l'acclimatation d'espèces précieuses qu'il est possible d'introduire dans les pays qui en sont dépourvus.

Outre le décret précité, la loi votée au Corps législatif, le 15 mai 1865, tend à nous procurer une grande partie des avantages que nous réclamons, c'est-à-dire qu'elle a pour but de protéger le repeuplement des cours d'eau en les laissant se repeupler d'eux-mêmes.

M. Blanchard s'exprime ainsi à ce sujet [1].

« On s'est aperçu que les truites et saumons ne de-
« venaient pas très-communs malgré les fécondations
« artificielles, et le gouvernement a songé à un autre
« moyen. Le moyen est simple ; il consiste à laisser ces
« espèces se propager toutes seules, et à empêcher
« simplement qu'on ne les inquiète pendant un temps
« assez long.

« Une loi a été présentée au Corps législatif : cette loi
« a été voté le 15 mai 1865. Elle a été promulguée le
« 31 du même mois.

« En voici les principales dispositions :

[1] *Les Poissons des eaux douces*, etc., p. 648.

« 1° Des décrets rendus en conseil d'État, après avis
« des conseils généraux, détermineront :

« Les parties des fleuves, rivières, canaux *réservés*
« pour la reproduction, et dans lesquels la pêche des
« diverses espèces de poissons sera absolument in-
« terdite pendant l'année entière ;

« Les parties des fleuves, rivières, canaux et cours
« d'eau dans les barrages desquels il pourra être établi,
« après enquête, un passage appelé échelle, destiné à
« assurer la libre circulation du poisson.

« 2° L'interdiction de la pêche pendant l'année en-
« tière ne pourra être prononcée pour une période de
« plus de cinq ans. Cette interdiction pourra être renou-
« velée.

« L'article 3 a pour objet les indemnités aux proprié-
« taires riverains ; l'article 4, les décrets à intervenir
« pour les époques d'interdiction de la pêche.

« 5° Dans chaque département, il est interdit de met-
« tre en vente, de vendre, d'acheter, de transporter, de
« colporter, d'exporter et d'importer les diverses es-
« pèces de poissons pendant le temps où la pêche en
« est interdite. »

« L'article 6 fait une exception pour le poisson des-
« tiné à la reproduction. »

La création de *réserves* pour la reproduction des espèces, et l'interdiction complète de la pêche pendant
de longues périodes, d'une part ;

Les indemnités à payer aux propriétaires riverains,
de l'autre ;

La possibilité enfin de créer des passages dans les
barrages là où cela sera jugé nécessaire : ce sont là sans
doute des mesures énergiques et qui procureront, au

bout d'un certain temps, une abondance relative, pourvu qu'elles soient bien exercées, et que les maraudeurs soient empêchés de profiter du bénéfice illicite de la pêche interdite aux ayants droit.

Nous nous permettrons seulement de faire observer que, si l'on peut être assuré de raviver ainsi les sources de la production, cette marche pourrait encore devenir plus rapide en ne laissant pas de côté l'emploi des moyens artificiels qui peuvent être d'un si grand secours, si l'on en juge par ce qui a été fait en d'autres pays.

Nous avons la conviction que, chez nous, si les premiers essais n'ont pas été suivis d'effets plus marquants, c'est qu'ils n'ont été ni accompagnés d'études suffisantes sur la matière, ni entrepris en vue d'un but assez déterminé; en un mot, c'est qu'ils ont été faits le plus souvent dans de mauvaises conditions.

Disons, en outre, que plus certaines des mesures dont nous venons de parler sont énergiques, moins on peut vouloir réitérer fréquemment leur application [1].

Comment croyons-nous donc que les moyens artificiels puissent le mieux concourir au but qu'on se propose, c'est-à-dire à un prompt repeuplement et à la conservation du poisson?

C'est *par l'intervention directe des particuliers intéressés dans les opérations propres à assurer le succès.*

Ce que nous avons rapporté de l'association formée par quelques particuliers à Stormontfield est, selon

---

[1] Dans notre département, on a eu la sage modération de ne prononcer à la fois l'interdiction que sur un certain nombre des cours d'eau où elle était jugée utile, afin de ne pas priver en même temps tout un pays d'une de ses ressources habituelles.

nous, l'enseignement pratique le plus concluant en faveur de cette opinion.

Nous envions, en effet, à nos voisins d'outre-Manche, cette facilité avec laquelle se produit chez eux l'activité, sous forme d'association ou sous celle, non moins louable sinon aussi fructueuse, de grands exemples donnés par les notabilités territoriales ou intellectuelles du pays, dès qu'il s'agit d'un fait nouveau, industriel ou agricole à mettre en pratique ou à éprouver.

Il semble que l'on préfère trop, chez nous, voir l'État faire non-seulement les frais d'un grand nombre d'expériences, mais continuer seul des pratiques qui produiraient un résultat bien plus considérable et plus immédiat, si l'impulsion donnée se propageait sur beaucoup de points à la fois, parmi des individus soit isolés, soit librement associés.

M. Coumes dit très-judicieusement, au sujet des questions soulevées en Angleterre par la pisciculture artificielle, que, « l'agitation entretenue par les efforts « individuels des particuliers venant en aide au gou- « vernement, les moyens propres à obtenir les effets « les plus salutaires sont sortis victorieux de nom- « breuses enquêtes. »

De ces enquêtes sont sortis des faits de protection, de législation et d'action, qui ont déjà amélioré très-sensiblement l'état de certaines pêcheries privées, importantes, de la Grande-Bretagne.

Les exemples que nous avons cités à ce sujet suffisent à prouver qu'en Angleterre les particuliers ont, dans cet ordre de choses, plutôt donné le mouvement qu'ils ne l'ont suivi.

« L'Anglais, dit encore M. Coumes, veut récolter dans

« ses eaux ce que la nature peut y produire, être pro-
« tégé par la loi qu'il respecte. »

Chez nous, c'est le gouvernement qui a pris la première initiative dans cette question ; c'est lui qui continue à faire durer l'impulsion bien lente à se communiquer, et qu'il cherche à étendre par des efforts aussi
habilement combinés que louables dans leur but. Un
esprit de dénigrement que rien ne justifie accueille malheureusement quelquefois les mesures les plus sages, et
l'on dirait, dans bien des cas, que ceux qu'elles inté-
ressent ne s'en doutent même pas.

Espérons que, dans la marche qui sera suivie, on
saura disposer les particuliers à entrer en communauté
de vues avec l'administration, et que la lumière se faisant
autour de cette question, elle sera envisagée, notamment
par nos conseils généraux, avec la faveur qu'elle mérite
et qu'on a déjà commencé à lui accorder.

Tout ce qui touche au régime des eaux, tant pour la
navigation que pour l'industrie ou la pêche, est sans
doute une des matières économiques les plus délicates,
un des sujets les plus litigieux ; mais au moyen d'indemnités convenables accordées, le cas échéant, par les
départements d'une part, par l'État de l'autre, on ne
manquera pas d'assurer le progrès piscicole le plus
complet par une action commune des particuliers et
de l'État.

§ 6. — Moyens de réprimer certains abus et délits de pêche.

Parmi les abus et fraudes, concernant la pêche, qui
semblent difficiles à réprimer, nous signalerons ceux-ci :

Les pêcheurs sont tenus de rejeter à l'eau tout poisson pris au filet, qui n'atteint pas la taille réglementaire ; mais il est permis de prendre *à la ligne* le poisson *de toute taille*, excepté en temps prohibé, de le colporter et de le vendre. Or le pêcheur, qui veut frauder, peut impunément imprimer à des poissons pris au filet et n'ayant pas la taille réglementaire la marque de l'hameçon, et les mettre en vente ou les colporter. Il n'y aurait d'autre moyen préventif, pour empêcher ce délit, que de défendre la vente et le colportage de tout poisson de petite dimension, *même de celui pris à la ligne*. Ce serait d'autant moins regrettable que les poissons ainsi livrés à la consommation sont pour la plupart sans saveur, comme les fruits non arrivés à maturité, et, de plus, remplis de petites arêtes qui les rendent difficiles, sinon dangereux, à manger. Celui qui en prendrait à la ligne les consommerait chez lui, ou les rejetterait à l'eau s'ils n'étaient pas trop blessés, comme cela arrive souvent. En voyant qu'on ne peut tirer bon parti de ce genre de prises, les pêcheurs s'abstiendraient de faire la guerre au petit poisson ; ils en viendraient peut-être à comprendre que cette mesure n'a d'autre but que de leur ménager des pêches plus fructueuses dans l'avenir.

Une seule objection paraît offrir un intérêt économique à l'encontre de cette nouvelle prohibition : c'est qu'au marché le *petit* poisson est le seul à la portée des petites bourses. Il faut considérer, à ce sujet, que bon nombre de poissons, de petites espèces, dont la vente est et serait toujours permise, tels que goujons, loches, vérons, poissons d'étangs de toute sorte et de toute dimension, qui font le principal objet de la consommation à bas prix dont nous parlons, se trouveraient encore offerts à la catégorie d'acheteurs qui nous occupe. Il faut se représenter aussi que le minimum de la taille réglementaire désigne des produits d'un poids encore bien faible, et que la chevaine, le barbeau, la truite même, qui n'atteignent que cette taille et qui continueraient d'être offerts aux acheteurs, sont de bien petits poissons, et qu'on les vend par conséquent à un prix assez modéré.

On nous exprimait aussi le désir (et nous le partageons) que la pêche de nuit, autorisée pour l'écrevisse et l'anguille, fût interdite après le coucher du soleil. Cette autorisation laisse en effet la porte ouverte à tous les abus. Comme il est reconnu que la pêche de l'estimable crustacé et de l'anguille est plus fructueuse après le coucher du soleil ou la nuit que le jour, les engins fixes, tels que le buisson garni à son centre d'un appât et déposé au fond du ruisseau pour l'écrevisse, les nasses longues (dites bosselles dans la Sarthe) pour l'anguille, etc., ne suffiraient-ils pas pour assurer l'exploitation nocturne de ces deux genres de produits?

Un autre point, beaucoup plus important et plus difficile à atteindre, serait de réduire l'étendue des abus de pêche, commis si souvent par les meuniers et autres possesseurs ou locataires d'usines. En principe, le droit des usiniers est de se servir des eaux, en se conformant aux prescriptions qui règlent cet usage, de manière qu'ils ne puissent empiéter sur le droit des voisins; celui de ces derniers, en ce qui concerne la pêche et la distribution équitable de ses produits, ne se trouve pas jusqu'à ce jour protégé d'une manière suffisante; l'usage abusif de la pêche aux abords des usines échappe généralement à la surveillance : les usiniers prélèvent ordinairement la majeure partie des produits des eaux, sur lesquels ils n'ont cependant que des droits limités en principe, illimités en fait. Il semble qu'il y aurait lieu d'interdire l'emploi de tout engin fixe aux abords des usines, c'est-à-dire depuis le point où l'eau afflue dans le biez ou fausse rivière jusqu'à celui où cette eau est rendue à son cours naturel[1].

Il serait également nécessaire, dans certains cas, d'astreindre les mêmes personnes, moyennant indemnité, s'il y a lieu, à ne pas laisser complétement à sec la partie de ruisseau comprise entre l'origine de leur prise d'eau et la réunion des eaux de leur canal usinier avec le cours naturel du ruisseau, comme cela a lieu fréquemment sur les cours d'eau de petite dimension, favorables à la truite. On conçoit qu'il est trop facile de prendre chaque jour le poisson qui se trouve engagé dans cet espace du lit qui est subitement laissé à sec, quand on ouvre les vannes destinées à détourner le courant pour alimenter le biez. Le poisson de toute dimension qui s'y trouve peut être pris ou peut mourir faute d'eau. Quel dommage ne doit-il pas en résulter quand deux, trois, quatre usines successives, situées sur un ou deux kilomètres de rives, sont pour les poissons une cause sans cesse renouvelée de destruction?

Un moyen nous a du reste été suggéré pour obvier à cet inconvénient sans porter préjudice aux usines que ce fait concerne. Il suffirait d'établir sur la rivière soumise à l'*assec* ou *rivière morte* un ou plusieurs barrages d'une faible élévation, pour offrir une retraite assurée

---

[1] Voy. Décret du 25 janvier, art. 13, répondant à ce besoin, p. 245.

aux poissons, au moyen de ces retenues successives, présentant une profondeur suffisante pour leur conservation.

Ces travaux seraient exécutés de façon à ne pas entraver la remonte et la circulation du poisson, et des clauses sévères pourraient être introduites dans la loi pour empêcher que le poisson ne fût inquiété dans ces retraites. Il devrait en être de même pour les échelles à saumons, qui deviendraient de véritables piéges à poisson si l'on voulait abuser de la facilité qu'il y a de l'y saisir au passage.

Nous ne prétendons certes pas, par ces quelques indications, amener une réforme radicale dans notre système de protection à l'égard des poissons. Être utile est notre désir. De plus amples lumières sortiront, nous l'espérons, des études qui se font en ce moment officiellement ou officieusement. Les abus que nous venons d'exposer ont maintes fois frappé nos yeux; nous indiquons, pour y remédier, des moyens que nous croyons équitables, en laissant à d'autres observateurs le soin de compléter un ensemble de remarques du même genre, propres à éclairer l'opinion sur des exigences générales ou locales.

Sans parler ici de tous les moyens organiques de répression des délits, du personnel qui pourra être affecté définitivement à la garde de tous les cours d'eau, etc., choses qui sont du ressort de l'autorité, nous chercherons à établir, dans le chapitre suivant, comment les particuliers pourraient intervenir directement et spontanément dans la question, non-seulement pour en parler, mais pour agir.

§ 7. — **Décret du 25 janvier 1868 concernant la pêche**.

Depuis que nous avons écrit les dernières lignes qui précèdent, un pas nouveau a été fait dans la législation de la pêche. Un décret, remplaçant les règlements locaux successivement introduits dans chaque département et établissant le plus d'unité possible dans cet ordre de choses, a été rendu le 25 janvier 1868, sur le rapport adressé à l'Empereur par M. de Forcade, ministre de l'agriculture, du commerce et des travaux publics, après avis des préfets, des conseils généraux, des ingénieurs des ponts et chaussées, du conseil d'État et de la commission de la pêche près de ce ministère.

En voici la teneur :

NAPOLÉON, par la grâce de Dieu et la volonté nationale, Empereur des Français,

A tous présents et à venir, salut.

Sur le rapport de notre ministre de l'agriculture, du commerce et des travaux publics ;

Vu la loi du 15 avril 1829 ;

Vu la loi du 31 mai 1865 ;

La section de l'agriculture, du commerce, des travaux publics et des beaux-arts de notre conseil d'État entendue,

Avons décrété et décrétons ce qui suit :

ARTICLE PREMIER.

Les époques pendant lesquelles la pêche est interdite, en vue de protéger la réproduction du poisson, sont fixées comme il suit :

1º Du 20 octobre au 31 janvier, est interdite la pêche du saumon, de la truite et de l'ombre-chevalier ;

2° Du 15 avril au 15 juin, est interdite la pêche de tous les autres poissons et de l'écrevisse.

Est comprise dans cette interdiction la pêche de l'ombre commun, de l'anguille et de la lamproie, mais non celle des autres poissons qui vivent alternativement dans les eaux douces et les eaux salées.

Les interdictions prononcées dans les paragraphes précédents s'appliquent à tous les procédés de pêche, même à la ligne flottante tenue à la main.

Art. 2.

Les préfets pourront, chaque année, par des arrêtés spéciaux, après avoir pris l'avis des conseils généraux, interdire exceptionnellement la pêche de toutes les espèces de poissons pendant l'une ou l'autre desdites périodes, lorsque cette interdiction sera nécessaire pour protéger l'espèce dominante.

Ces arrêtés seront soumis à l'approbation de notre ministre de l'agriculture, du commerce et des travaux publics.

Art. 3.

Dans la semaine précédant chaque période d'interdiction de la pêche, des publications seront faites dans les communes pour rappeler les dates du commencement et de la fin de ces périodes.

Art. 4.

Quiconque, pendant la période de l'interdiction de la pêche, transportera ou débitera des poissons provenant des étangs et réservoirs, sera tenu de justifier de l'origine de ces poissons.

Art. 5.

Les poissons saisis et vendus aux enchères, conformément à l'article 42 de la loi du 15 avril 1829, ne pourront pas être exposés de nouveau en vente.

Art. 6.

La pêche n'est permise que depuis le lever jusqu'au coucher du soleil.

Toutefois, la pêche de l'écrevisse et de l'anguille pourra être autorisée après le coucher et avant le lever du soleil, aux heures fixées par un arrêté préfectoral. Cet arrêté déterminera, pour l'écrevisse, la nature et les dimensions des engins dont l'emploi sera permis.

Art. 7.

Le séjour dans l'eau des filets et engins ayant les dimensions réglementaires est permis à toute heure, sous la condition qu'ils ne pourront être placés et relevés que depuis le lever jusqu'au coucher du soleil.

Art. 8.

Les dimensions au-dessous desquelles les poissons et écrevisses ne pourront être pêchés et devront être immédiatement rejetés à l'eau sont déterminées comme il suit pour les diverses espèces :

1° Les saumons et anguilles, vingt-cinq centimètres de longueur ;

2° Les truites, ombres-chevaliers, ombres communs, carpes, brochets, barbeaux, brèmes, meuniers, muges, aloses, perches, gardons, tanches, lottes et lamproies, quatorze centimètres de longueur ;

3° Les soles, plies et flets, dix centimètres de longueur ;

4° Les écrevisses, huit centimètres de longueur.

La longueur des poissons ci-dessus mentionnés sera mesurée de l'œil à la naissance de la queue ; celle de l'écrevisse, de l'œil à l'extrémité de la queue déployée.

Les prescriptions qui précèdent ne sont pas applicables aux poissons pris à la ligne flottante.

Art. 9.

Les mailles des filets, mesurées de chaque côté après leur séjour dans l'eau, et l'espacement des verges des bires, nasses et autres engins employés à la pêche des poissons, auront les dimensions suivantes :

1° Pour les saumons, quarante millimètres au moins ;

2° Pour les grandes espèces autres que le saumon et pour l'écrevisse, vingt-sept millimètres au moins ;

3° Pour les petites espèces, telles que goujons, loches, vérons, ablettes et autres, dix millimètres.

La mesure des mailles sera prise avec une tolérance d'un dixième.

Art. 10.

Les filets fixes ou flottants ne pourront excéder en longueur les deux tiers de la largeur mouillée des cours d'eau où on les manœuvrera. Plusieurs filets ne pourront être employés simultanément sur la même rive ou sur deux rives opposées qu'à une distance au moins triple de leur développement.

Art. 11.

Les filets fixes employés à la pêche seront soulevés par le milieu pendant trente-six heures de chaque semaine, du samedi, à six heures du soir, au lundi, à six heures du matin, sur une longueur équivalente au dixième de leur développement, et de manière à laisser entre le fond et la ralingue inférieure un espace libre de cinquante centimètres au moins de hauteur.

Art. 12.

Sont prohibés tous les filets traînants, à l'exception du petit épervier jeté à la main et manœuvré par un seul homme.

Est pareillement prohibé l'emploi des lacets ou collets.

Art. 13.

Il est interdit :

1° D'établir dans les cours d'eau des appareils ayant pour objet de rassembler le poisson dans des noues, boires, fossés ou mares dont il ne pourrait plus sortir, ou de le contraindre à passer par une issue garnie de piéges ;

2° D'accoler aux écluses, barrages, chutes naturelles, pertuis, vannages, coursiers d'usines et échelles à poissons des nasses, paniers et filets à demeure ;

3° De pêcher, avec tout autre engin que la ligne flottante tenue à la main, dans l'intérieur des écluses, barrages, perluis, vannages, coursiers d'usines et passages ou échelles à poissons, ainsi qu'à une distance moindre de trente mètres en amont et en aval de ces ouvrages;

4° De pêcher dans les parties des rivières, canaux ou cours d'eau dont le niveau serait accidentellement abaissé, soit pour y opérer des curages ou travaux quelconques, soit par suite du chômage des usines ou de la navigation.

Art. 14.

Sur la demande des adjudicataires de la pêche des cours d'eau et canaux navigables et flottables, et sur la demande des propriétaires de la pêche des autres cours d'eau et canaux, les préfets pourront autoriser, dans des emplacements et à des époques déterminés, des manœuvres d'eau et des pêches extraordinaires pour détruire certaines espèces, dans le but d'en propager d'autres plus précieuses.

Art. 15.

Des arrêtés préfectoraux rendus sur les avis des ingénieurs et des conseils de salubrité détermineront :

1° La durée du rouissage du lin et du chanvre dans les cours d'eau, et les emplacements où cette opération pourra être pratiquée avec le moins d'inconvénient pour le poisson;

2° Les mesures à observer pour l'évacuation dans les cours d'eau des matières et résidus susceptibles de nuire au poisson, et provenant des fabriques et établissements industriels quelconques.

Art. 16.

Sont abrogés les ordonnances des 15 novembre 1830 et 28 février 1842, les décrets des 19 octobre 1863 et 7 février 1866, ainsi que tous règlements locaux sur la pêche et les ordonnances ou décrets qui les approuvent.

Toutefois, les dispositions du présent décret ne sont pas applicables au Rhin et à la Bidassoa, lesquels restent soumis aux lois et règlements qui les régissent spécialement.

Art. 17.

Notre ministre de l'agriculture, du commerce et des travaux publics est chargé de l'exécution du présent décret.

Fait au palais des Tuileries, le 25 janvier 1868.

NAPOLÉON.

Par l'Empereur :

Le ministre de l'agriculture, du commerce
et des travaux publics,

DE FORCADE.

Faisons remarquer d'abord que le présent décret, en abrogeant les ordonnances et décrets mentionnés à l'article 16, rendus pour satisfaire à l'article 26 de la loi du 15 avril 1829, ne fait que remplir d'une manière plus complète les prescriptions désignées dans cet article 26[1].

L'article 1er du décret du 25 janvier introduit l'ombre-chevalier au nombre des poissons protégés pendant la première période de l'interdiction de la pêche.

L'article 2, qui permet d'interdire la pêche de *tout poisson* pendant chacune des deux périodes d'interdiction en temps de frai, est d'une grande importance, comme nous aurons occasion de le faire remarquer plus bas.

L'article 11 sanctionne une des mesures que nous signalions comme utiles dans la loi de 1669 : les filets fixes laisseront aux poissons la faculté de s'échapper,

---

[1] Art. 26 de la loi de 1829 : « Des ordonnances royales déterminent : 1° les temps, saisons et heures pendant lesquels la pêche sera interdite dans les rivières et cours d'eau quelconques, etc. » (Désignation des principales dispositions qui font l'objet du décret ci-dessus.)

du samedi soir au lundi matin ; nous regrettons qu'elle n'ait pas été étendue à tous les genres d'engins, notamment aux engins fixes dits verveux, aux nasses, etc., que l'on aurait pu empêcher de laisser tendus pendant cette trêve. La ligne flottante, l'épervier et le carrelet nous paraîtraient pouvoir être seuls permis le dimanche, par les raisons que nous indiquions plus haut.

L'article 13 peut restreindre l'étendue des abus que nous signalions comme possibles, en interdisant d'accoter des engins fixes aux vannages des usines et aux échelles à poissons.

L'article 14 contient une innovation des plus heureuses ; nous pensons que l'on aurait bien raison de *diminuer* par des efforts bien dirigés le nombre des brochets et des perches qui sont répandus dans presque tous les cours d'eau de l'ouest de la France [1], où ils doivent faire un tort considérable aux saumons et aux truites, en dévorant leurs œufs ou leurs jeunes produits [2].

L'article 15, qui se rapporte au rouissage du lin et du chanvre et à l'*évacuation des matières susceptibles de nuire au poisson*, consacre une des améliorations dont le besoin se faisait le plus sentir et dont nous croyons avoir indiqué toute l'importance. Elle tend à rétablir l'ordre naturel des choses, si troublé par l'incurie générale de tout ce qui concernait le paisible développe-

---

[1] Ceux de ces cours d'eau qui nous ont été désignés comme possédant le saumon sont : la Loire, le Loir, le Cher, la Cysse, la Vienne, la Vilaine, l'Oust, l'Evel, le Tarun, la Sarre et les principales rivières du Finistère qui se jettent à la mer. Presque tous possèdent aussi en plus ou moins grande abondance la perche et le brochet.

[2] Voy. Note Z, ch. x.

ment des poissons. Il nous paraît même désirable qu'on en vienne à un mode de procéder uniforme dans l'application de cette prescription, au lieu de laisser aux préfets l'embarras des moyens à employer. Ce point étant cependant un des plus délicats, des études et des essais sont peut-être jugés encore nécessaires avant de prendre des mesures générales.

Ne reste-il pas aussi quelques difficultés non vaincues, dans les dispositions que voici :

L'art. 6 qui défend la pêche de nuit, en donnant aux préfets la faculté de permettre, dans certains cas, la pêche nocturne de l'écrevisse et de l'anguille, peut laisser une porte ouverte aux abus des maraudeurs. (V. plus haut, § 6.) A moins d'un garde pour chaque pêcheur d'écrevisse et d'anguille, celui-ci pourra très-aisément prendre d'autres poissons, et nous connaissons trop le pêcheur pour douter qu'il n'en use ainsi fréquemment. Si, dans une des tournées de nuit, que l'on cherche à rendre plus nombreuses, le garde interpelle un pêcheur de nuit, celui-ci sera toujours *pêcheur d'écrevisse ou d'anguille.* C'est par le même motif de prudence que, dans la plupart des départements, on ne veut pas autoriser la chasse de la bécasse après la clôture, dans la conviction où l'on est que peu de chasseurs de bécasses ménageraient un lièvre s'il se présentait[1].

L'art. 8, qui fait une exception pour la taille réglementaire où les poissons devront être rejetés à l'eau, à l'égard de ceux pris à la ligne flottante, laisse possible la fraude que peut commettre le pêcheur, en imprimant

---

[1] Cependant, si l'on se bornait à permettre cette pêche pendant une heure seulement, après le coucher ou avant le lever du soleil, notre objection serait sans portée.

la marque de l'hameçon au poisson d'une taille insuffisante, avant de le débiter.

L'art. 9, qui fixe la largeur des mailles des filets pour la pêche des diverses espèces, et qui autorise des filets à mailles étroites pour les petites espèces, telles que goujons, vérons, etc., offre une lacune regrettable dans les moyens de surveillance. En effet, quel pêcheur de profession relâchera le poisson d'une autre espèce que ces derniers, s'il le trouve dans ses filets à mailles étroites. Le carrelet à mailles étroites, avec lequel ces poissons peuvent être pris, et que les *bons* poissons évitent généralement, ne suffirait-il pas pour la pêche de ces *pisciculi*, même pour celle de l'ablette qui se recommande par son utilité dans la fabrication des fausses perles [1].

L'art. 12 prohibe tous les filets trainants, à l'exception du petit épervier jeté à la main, et manœuvré par un seul homme.

Le décret n'aurait-il pas pu spécifier les dimensions et le poids de ce petit épervier? En effet, des hommes vigoureux manœuvrent des éperviers de dimensions très-diverses. C'est le cas d'exprimer l'opinion qu'il serait désirable qu'un *étalon* de chaque genre de filet ou d'engin autorisé, parmi ceux en usage dans chaque localité, fût déposé à la mairie de chaque arrondissement. La désignation et la forme de chaque engin se trouveraient ainsi spécifiées d'une manière complète. Le plombage estampillé des filets et engins conformes à l'étalon ne pourrait-il aussi être exigé? Un seul danger

---

[1] On nous objectera peut-être qu'un gros poisson peut se prendre au carrelet : cela est vrai; mais cependant, plus le poisson est gros, plus il a de chances pour échapper à cet engin, qui passe pour peu destructeur. Si ce filet était très-tendu, il serait presque inoffensif.

subsisterait, ce serait qu'on pût substituer les plombs à des filets non réglementaires. La pénalité pourrait être très sévère à cet égard. Un avantage, pour le pêcheur, serait qu'en achetant des engins estampillés il serait sûr d'être dans les règles voulues.

Quant aux dimensions des mailles des filets, spécifiées à l'art. 9, on ne voit pas bien la cause qui a pu les faire restreindre légèrement, au moment où l'on s'occupe du repeuplement et de l'organisation d'un service sérieux pour en assurer le succès. Nous savons, par le rapport qui a motivé cette loi, que le projet en a été fait dans l'intention de se montrer libéral; cependant l'actualité des travaux qui vont concourir à ramener une moins grande pénurie de poisson aurait peut-être pu motiver à ce sujet une disposition contraire à celle adoptée. En Angleterre, on émet des vœux analogues aux nôtres. Dans l'article précité de la *Revue trimestrielle* de Londres [1], nous trouvons ceci : « On a « vu prendre jusqu'à 100,000 grilses dans le même « fleuve, dans une même année. Cela ne rappelle-t-il « pas d'une manière bien applicable l'apologue de la « poule aux œufs d'or? Si nous avions un acte du par-« lement qui prévînt la capture du *grilse*, jamais nous « ne viendrions à manquer de saumons. On protége bien « le par et le smolt. Pourquoi? Parce que ce sont les pe-« tits du saumon. Eh bien, le grilse est tout comme « eux le petit du saumon et il a un bien triste besoin « de protection. »

Ce que l'on pourrait faire valoir en faveur de cette opinion, c'est que ces produits non arrivés à maturité,

---

sont, à l'état de grilse, sur le point non-seulement de se reproduire pour la première fois, comme l'indique le même auteur, mais d'acquérir le prompt développement qui décuple leur poids. Le *tacon* fait, en France, l'objet de prises que nous avons lieu de supposer importantes : que ce soient des *smolts* au des *grilses*, leur destruction nous paraît également regrettable.

A propos de l'art. 13, qui interdit de pêcher dans les parties de rivières, canaux, etc., dont le niveau serait accidentellement abaissé, pour y opérer des travaux quelconques ou par suite du chômage des usines et de la navigation, nous regrettons qu'on n'ait pas admis la même restriction pour le cas d'abaissement *naturel* des eaux par suite de chaleurs anormales qui permettent la destruction du poisson, comme nous en avons cité un exemple au commencement de ce chapitre.

L'art. 2, qui autorise les préfets à interdire exceptionnellement la pêche de *toutes les espèces de poissons* pendant l'une ou l'autre des deux périodes de prohibition, a trouvé une première et heureuse application dans le département de l'Aveyron.

Sur le rapport de MM. les ingénieurs des ponts et chaussées du département et sur l'avis émis par le conseil général, M. le baron de saint Priest, préfet de l'Aveyron, a pris un arrêté dont voici les dispositions :

Nous, Préfet de l'Aveyron,
Chevalier de la Légion d'honneur, etc.,

Vu la loi du 15 avril 1829 ;
Vu la loi du 31 mai 1865 ;
Vu l'article 2 du décret du 25 janvier 1868 ;
Vu les circulaires des 1er février et 14 juillet 1868 ;

Vu l'avis émis par le conseil général dans sa séance du 28 août 1868 ;

Vu les propositions des ingénieurs,

Arrêtons :

ARTICLE PREMIER.

La pêche de toute espèce de poisson est, comme celle de la truite, du saumon et de l'ombre-chevalier, interdite dans tous les cours d'eau du département du 20 octobre au 31 janvier.

ART. 2.

La pêche de la truite, du saumon et de l'ombre-chevalier est, comme celle des autres diverses espèces de poissons, interdite dans tous les cours d'eau du département, du 15 avril au 15 juin.

ART. 3.

Pendant lesdites périodes d'interdiction, il est interdit de mettre en vente, de vendre, d'acheter, de transporter, de colporter et d'importer aucune espèce de poisson.

ART. 4.

Etc.

Il nous paraît superflu de faire ressortir l'importance et l'utilité d'une telle mesure.

Autrefois, on interdisait seulement la pêche des poissons frayant pendant l'une ou l'autre des deux périodes d'hiver et d'été : mais, si un pêcheur prenait d'un même coup de filet, truite, chevaine, barbeau, etc., était-on bien sûr qu'il remit consciencieusement à l'eau la part de sa capture à laquelle s'appliquait l'interdiction, qu'il ne prélevât pas pour son dîner tout ou partie du poisson que la loi ne lui permettait pas d'aller vendre ? Nous laisserons, sur la méditation de ces quelques points, le lecteur, de quelque pays qu'il puisse être.

CHAPITRE IX

Les exemples donnés dans quelques départements,
tels que ceux de Vaucluse, des Bouches-du-Rhône, etc.,
par les syndicats formés pour l'irrigation de certains
territoires, ne pourraient-ils servir de guide dans des
essais d'application du même système, pour arriver au
but qu'on doit chercher à atteindre dans l'état et le régime piscicole de nos cours d'eau non navigables ni
flottables [1], à savoir :

1° Un meilleur peuplement de ces eaux ;

2° Une organisation nouvelle des moyens de répression des abus et délits concernant la pêche ;

3° Une répartition plus équitable du produit des eaux,
entre les ayants droit ?

Disons-le tout d'abord, si l'idée féconde de l'association peut trouver une utile application dans une foule
de choses, on peut assurer qu'en ce qui concerne les

---

[1] Nous ne nous occuperons pas des eaux du Domaine public, qui
se trouvent en bonnes mains sous la direction entière et immédiate
du corps des ponts et chaussées.

cours d'eau et leur régime, cette idée devient presque nécessaire au double point de vue économique et pratique [1].

L'eau, cette possession si fugitive, qu'on a l'habitude de dire qu'elle appartient à tout le monde, parce qu'elle passe rapidement du domaine de l'un à celui de l'autre pour tomber dans les grands cours d'eau où elle devient du domaine public, l'eau comporte presque nécessairement avec elle l'idée de solidarité, soit qu'on l'envisage comme un fonds commun, ou agent de fécondité par le moyen des irrigations, ou comme un champ liquide et mobile destiné à produire des poissons.

A cette différence des autres produits du sol, le poisson ne peut être exploité, pris, vendu, sans mesure ni ménagement. Chacun garde sa semence de blé, chacun ne peut garder sa semence de poisson, et quand il le pourrait (ce qui devient aujourd'hui admissible), nul n'en serait tenté, le poisson semé chez l'un n'étant susceptible d'être récolté ni la même année, ni sur le même fonds : il ira grandir et se fera capturer chez un autre, qui n'aura pris aucun soin de sa reproduction. En fait, personne n'en sème et ne s'en soucie par cette simple raison. Au contraire, on consentirait aisément à des frais de cette nature, si les mêmes frais étaient sup-

---

[1] L'association est une force aussi incontestable en économie politique qu'en dynamique. Qu'est-ce qui peut donc en ralentir l'emploi, quand tout le monde la prône, quand nos lois la protégent et l'encouragent ? — Rien, si ce n'est la défiance que chacun a de son voisin et la crainte que chacun a de tous.

Cette idée, qui pourrait devenir le grand levier propre à soulever le monde, n'acquerra, selon nous, le développement progressif dont elle est susceptible, qu'en proportion du degré d'élévation morale et évangélique de notre civilisation.

portés par les autres coparticipants au produit de la pêche.

Le régime piscicole offre plus d'un point d'analogie avec celui des irrigations. Dans celles-ci, le propriétaire du fondsinférieur est intéressé à s'entendre avec celui du fonds supérieur, de manière que les frais de distribution des eaux pour cet usage, au moyen de travaux plus ou moins dispendieux, étant reconnus profitables à l'un et à l'autre dans une égale mesure, ils trouvent leur avantage à y participer en commun. — Aussi, que fait-on dans la pratique ? — Tel propriétaire n'aurait pas les moyens d'entreprendre les travaux d'un barrage nécessaire pour élever une eau courante au niveau de son fonds ; les propriétaires ou tenanciers des fonds inférieurs offrent au premier leur concours pour la construction du barrage en question, ou creusement d'un canal de dérivation assez large pour donner accès au volume d'eau jugé nécessaire pour arroser les surfaces accessibles à l'irrigation. Un règlement d'eau est fait par des hommes de l'art, et détermine la quantité d'eau dont chacun peut disposer, suivant l'étendue relative des surfaces irrigables ; chacun paye sa quote-part proportionnelle dans les frais et dans l'entretien des travaux.

Ne pourrait-on être frappé, comme nous le sommes nous-même, des avantages et de la nécessité plus grande encore qu'il y aurait à une entente commune entre les propriétaires riverains d'aval et ceux d'amont pour le peuplement des cours d'eau[1].

---

[1] Un article récent du *Journal d'Agriculture pratique* nous apprend qu'en Norwége « vingt-cinq lacs ont été réempoissonnés,... et tous

L'Etat, le plus intéressé des propriétaires en aval (puisque non-seulement il possède les eaux où se prennent les plus gros poissons, mais que nous croyons avoir démontré que ces eaux ne peuvent être abondamment peuplées qu'en raison de la prospérité piscicole des petits cours d'eau), ne devra-t-il pas apporter tous ses soins à favoriser ce système ?

Nous croyons donc que la création de syndicats, pour le peuplement, la garde et l'exploitation de la pêche dans les cours d'eau non navigables ni flottables, serait le plus sûr et le meilleur moyen de faire de cette exploitation une industrie dont nous n'avons aujourd'hui que l'ombre [1].

§ 2. — Bases de l'organisation des syndicats de pêche.

Dans une commune, traversée par un ou plusieurs cours d'eau de la nature de ceux qui, par la loi de 1829, sont des propriétés privées, les riverains qui désire-

« les ans, depuis 1862, 200,000 saumons ou truites... sont versés « dans la plupart des fleuves, *grâce à une entente entre tous les pro-* « *priétaires riverains.* »
(*La Pisciculture à l'Exposition universelle*, par J. Pelletan. 19 mars 1868, p. 366).

[1] Nos conclusions à ce sujet ne sont pas tirées seulement des convictions qui se sont formées chez nous par les études spéculatives de la matière qu'elles ont pour objet. La question est envisagée de la même manière en Angleterre, d'après l'organe qu'on nous a signalé comme pouvant le mieux nous instruire de la marche de la Pisciculture dans ce pays. L'auteur de l'article *The Salmon Question* (*Quarterly-Review*, april 1863), dont nous regrettons d'ignorer le nom, émet l'opinion très-plausible que les riverains se feront une concurrence à outrance dans l'exploitation de la pêche, tant qu'un système nouveau n'aura pas été inauguré, tel, par exemple, que l'établissement dans chaque fleuve d'un réservoir établi à frais communs, de manière à intéresser les riverains de l'amont et de l'aval à une sage exploitation.

raient entrer dans les vues d'association dont nous avons énoncé l'objet, se réuniraient en syndicats, présidés par le maire, et y feraient leurs propositions sur les deux points qui sont la base de tout le système, c'est-à-dire sur les moyens de rendre le poisson plus abondant, peuplement artificiel, introduction d'espèces nouvelles, communes ou recherchées, et sur les mesures concernant la garde et l'exploitation du produit de ces eaux.

La formation d'un fond commun serait la première résolution à adopter.

On aura aussi à envisager si, pour hâter la mise en valeur, il n'y aurait pas lieu à exécuter, dans le périmètre du syndicat, des travaux d'art tels qu'échelles à poissons, passages au travers des barrages usiniers ou d'irrigation, constructions de barrages destinés à préserver de l'*assec* les portions susceptibles de devenir *rivière morte* par le fonctionnement des usines, si l'importance des cours d'eau et les ressources du fonds commun motivent et permettent la fondation d'une piscifacture dans le genre de celle décrite au chapitre IV, ou s'il y a moyen d'acheter des alevins à une de ces piscifactures qui ne tarderaient peut-être pas à s'élever par l'initiative privée, si des demandes régulières et avantageuses pouvaient assurer un débouché à cette nouvelle industrie. Quant aux frais de garde, ne pourrait-on, dans beaucoup de cas, réunir les fonctions de garde-pêche à celles exercées par nos gardes-champêtres. Dans certaines communes, on se plaint de l'insuffisance des ressources, pour les gages d'un homme intelligent, probe et valide, dont on puisse exiger un service efficace. Le syndicat de pêche parferait la somme nécessaire pour que ce double emploi pût être rempli dignement à l'avantage des divers intéressés.

Une mesure importante pourrait aussi être prise dans ces réunions, à savoir : la proposition de location par le syndicat du droit de pêche aux petits propriétaires riverains, très-nombreux partout, qui ne retirent rien ou presque rien de ce droit que la loi leur attribue.

Dans le cas du double refus d'un propriétaire riverain de louer son droit de pêche et de faire partie du syndicat, il ne peut entrer dans nos idées en cette matière, de violenter son libre sentiment sur ce point, en proposant de rendre exigible ou son entrée dans le syndicat, ou la location forcée de son droit de pêche. Nous croyons seulement que, comme corollaire des frais d'entretien du garde-champêtre auxquels il peut être astreint à contribuer par l'organisation de la commune, il pourrait être tenu de participer également aux frais d'entretien du garde-pêche. Exprimons du reste, à cet égard, une espérance, qui est presque une conviction, c'est que ce cas de double abstention ne se présenterait qu'exceptionnellement, et que peu d'hommes se montreraient désireux d'afficher, en s'y renfermant, leur peu d'intelligence de leurs propres intérêts, et leur dédain pour l'intérêt général. On n'aurait peut-être pas grand honneur à pêcher chez soi un poisson devenu plus abondant par l'industrie et les sacrifices d'autrui, aussi croyons-nous qu'on s'en abstiendrait généralement. En tout cas, ceux-là même qu'on pourrait appeler stationnaires participeraient, quant aux frais de garde, à l'une des conditions les plus importantes de la prospérité piscicole, à la surveillance des cours d'eau.

Dans le syndicat, la quote-part des frais, afférente à

chaque membre, serait proportionnelle à la longueur métrique des rives de cours d'eau qui lui appartiennent, ou à la valeur locative des mêmes rives, établie par une enquête contradictoire. Par une déduction toute naturelle, le produit de la pêche devrait être réparti proportionnellement à la mise de fonds de chacun.

On pourrait aussi admettre dans le syndicat tout habitant de la commune, non riverain, qui désirerait prendre part aux opérations du syndicat, et sa part dans les revenus serait proportionnée à sa mise de fonds.

Quant au mode d'exploitation, les jours de pêche pourraient être fixés par le syndicat, les engins achetés sur le fonds commun, et les pêcheurs choisis par le syndicat dans son sein, s'il était possible, ou au dehors. Le poisson serait alors vendu soit au marché le plus proche, soit sur place, aux enchères ou de toute autre manière, aux sociétaires eux-mêmes s'ils le désirent, au prix courant, et l'argent déposé entre les mains du maire ou distribué immédiatement.

La pêche à la ligne pourrait aussi être exercée par toute personne munie d'une licence, comme nous avons dit que cela se faisait en Angleterre, ou par les membres seuls de l'association, moyennant une taxe qui reviendrait au fonds commun. Il pourrait en être de même du produit des amendes et des confiscations qui, en Angleterre, est versé dans les caisses des districts de conservation pour les besoins de la surveillance.

Il y aurait encore un moyen plus large d'user de la pêche : ce serait que chaque personne pût l'exercer à son gré, chez soi, aux époques déterminées par la loi et avec les engins approuvés et munis de plombs, indi-

quant la marque du contrôle de l'administration compétente. Chaque membre de l'association pêcherait non-
seulement chez lui, mais aussi dans les eaux dont le
syndicat aurait obtenu la location. Dans ce cas, la mise
de fonds afférente à cette location serait égale pour
chaque sociétaire ; ils auraient donc des droits égaux,
pour la pêche, sur les propriétés louées. Les membres
non riverains, admis dans le syndicat, ne pourraient
pêcher que dans ces dernières.

Ce moyen d'exploiter le produit des eaux serait aussi
équitable que le précédent, puisque celui qui aurait
participé plus largement dans le fonds commun, en
raison de la longueur plus étendue de ses rives, aurait
aussi plus d'espace pour exercer la pêche, et plus de
chance de retirer un profit de ses avances. On verrait
de plus, dans ce procédé, l'avantage de ne pas enlever
à l'exercice de la pêche ce qu'elle a de plus attrayant,
c'est-à-dire le côté éminemment libre et d'*aventure* qui
en fait le principal charme. Elle serait plus lucrative,
sans cesser d'être un amusement qu'on pourrait prendre
à son heure et sans contrôle obligé de la part de son
voisin.

Si ce système amenait un appauvrissement desdits
cours d'eau, il serait loisible au syndicat, réuni en
assemblée, de défendre la pêche pendant une période
déterminée. C'est le cas de dire qu'un représentant du
corps des ponts et chaussées pourrait et devrait avoir
voix délibérative dans chacune de ces assemblées, et
qu'il lui appartiendrait, en cas d'abus de pêche (usage
excessif), de provoquer d'office sa suspension pendant
un temps déterminé par lui, et dont la durée devrait, en
outre, être sanctionnée par l'administration supérieure.

15.

Les ponts et chaussées étant aujourd'hui fondés, d'après la loi de 1862, à intervenir dans *la surveillance, la police, dans les canaux, rivières, ruisseaux et cours d'eau quelconques, non navigables ni flottables*, les opérations des syndicats de cette nature ne sauraient être indifférentes à cette administration. Elle pourrait, dans bien des cas. en faciliter la marche; et les exemples déjà donnés dans la formation des syndicats de l'irrigation prouvent qu'il lui serait possible de prêter son concours à ces associations nouvelles, soit pour la direction des travaux d'art qui seraient jugés nécessaires, soit pour la confection des rôles, la répartition de la quote-part dans le fonds commun, etc.

Un moyen de faire naître le mouvement serait que la même administration pût donner des exemples de Pisciculture méthodique en créant elle-même, dans les centres les plus propices, des bassins d'éclosion et d'élevage ou Piscifactures, auxquelles les syndicats seraient à même d'acheter de jeunes poissons, ou bien qu'elle disséminât ces produits dans des cours d'eau bien choisis, en vue du repeuplement des eaux fluviales dont elle régit la pêche.

Toutefois, il serait à souhaiter, pour le budget et à d'autres points de vue, que ces exemples ne fussent que *temporaires*. La principale force de l'agriculture, dans toutes ses branches, repose dans le sentiment d'intérêt personnel qui anime celui qui lui voue sa peine, avec la certitude que le sol lui rendra au *prorata* de ses efforts. Laisser faire le gouvernement, dire même qu'il devrait tout faire, dans le cas qui nous occupe, serait, selon nous, une tendance déplorable, principalement parce que ce système ne peut mener qu'à des résultats

partiels, relativement presque insignifiants. En dehors
du devoir, la base et le mobile du travail, c'est l'intérêt
personnel. L'humanité ne peut sortir de là qu'exceptionnellement. On doit donc envisager, comme premier
but à atteindre en Pisciculture, que chacun arrive à
connaître qu'il peut tirer un parti avantageux de *son
eau* comme de *son champ;* de là l'utilité d'exemples
temporaires. Il est admissible que l'on puisse repeupler
les cours d'eau, d'office, sans le concours des populations, mais, à coup sûr, on ne pourrait, sans leur bonne
volonté, les maintenir peuplés.

Indiquons encore un des besoins qui se feraient sentir
pour faciliter la surveillance et l'exploitation de la pêche.
La confection de petites routes, le long des cours d'eau,
serait un grand bienfait, dans les situations où la con-
figuration du sol rend les abords de certaines rives presque inaccessibles. Des coteaux abrutes, des bois en pente
quelquefois impénétrables s'étendent jusque sur la berge
des eaux, et la circulation devient très-pénible et quelquefois impossible dans ces parages. Comment garder
de semblables endroits, qui ne sont guère fréquentés
que par les maraudeurs de poisson les plus déterminés ?

Si l'on considère que c'est précisément dans de telles
conditions, c'est-à-dire dans les grands centres montagneux, que sont les meilleurs ruisseaux à truites et les
véritables *gîtes* de leur jeune lignée, on sentira l'importance que prendraient ces routes pour la protection des
espèces précieuses de poissons. Ce que nous pouvons
déclarer, c'est que sur les rivières du Viaur, de l'Aveyron, de la Truyère et sur leurs affluents, les circonstances dont nous venons de parler sont extrêmement nom-

breuses. Nul doute qu'il n'en soit de même dans une foule de contrées analogues.

Les syndicats de pêche pourraient d'autant mieux tenter d'entreprendre ces voies de circulation, que, dans les coteaux, les chemins sont peu couteux à pratiquer; que, pour l'usage qu'on se propose, un simple sentier suffirait; et qu'enfin, dans une foule de cas, les propriétaires du fonds n'exigeraient aucune indemnité pour les routes de ce genre et aideraient peut-être à leur confection, puisqu'ils s'en serviraient avec avantage pour l'exploitation de leurs bois ou des prés situés dans le voisinage.

Là où, le long des cours d'eau, ne se trouveraient que des propriétés de nature autre que les bois, le droit de passage nous semble déjà établi implicitement par les pouvoirs remis entre les mains du corps des ponts et chausssées. Il s'agirait seulement de rendre partout la circulation possible pour la surveillance. On excepte toutefois les terrains enclos, tels que : cours, jardins, parcs, attenant à des habitations, qui sont et doivent être considérés comme des annexes de domicile.

Donc, pour résumer notre pensée au sujet des syndicats de pêche : d'une part, initiative et action libre des particuliers intéressés; de l'autre, protection de leurs efforts, aide et soutien en cas de besoin, par l'État; enfin, communauté d'action entre eux pour la prospérité piscicole du pays[1].

---

[1] L'époque où nous sommes semble d'autant plus propice au développement de cette action, que les associations syndicales ont été favorisées d'une manière très-étendue et très-particulière par la loi du 21 juin 1865. Cette loi s'applique à une foule d'objets ayant un caractère d'*intérêt collectif*; sous ce rapport, la pêche et ce qui s'y rattache réclamera aussi l'attention qui ne tardera sans doute pas à lui être accordée.

Déjà, à la date du 22 août 1866, nous avons signalé à la Société scientifique d'Arcachon, lors de sa grande exposition de pêche et d'aquiculture, *la surveillance des petits cours d'eau* et *l'association libre* des propriétaires riverains, comme étant, selon nous, les meilleurs moyens de favoriser la reproduction du poisson [1].

Nous avons appris depuis avec satisfaction que ce système était en voie d'être adopté par le gouvernement.

MM. les ingénieurs des ponts et chaussées du département du Tarn ont été invités, par une lettre ministérielle en date du 23 avril 1867, et sur l'avis de la commsssion de pêche, instituée près du ministère de l'agriculture, du commerce et des travaux publics :

1° A dresser les projets définitifs des échelles à poissons de l'Aveyron et du Viaur, dans la traversée de ce département, dont la dépense avait été évaluée dans un avant-projet à la somme de 11,600 fr.

2° A joindre aux projets des échelles un projet de règlement, limitant leur fonctionnement aux périodes pendant lesquelles les eaux sont surabondantes.

3° A remettre une estimation des indemnités qu'il pourrait être nécessaire d'allouer aux usiniers.

4° *A provoquer la formation de syndicats auxquels l'État pourra ultérieurement accorder des subventions, s'il y a lieu.*

---

[1] Dans un travail manuscrit, en réponse à cette question de son formulaire : « *Economie aquicole et sociale*. Eaux douces. Question 70. « — Quels seraient les meilleurs moyens à employer pour favoriser « la reproduction du poisson ? »

CHAPITRE X

NOTES ET PIÈCES JUSTIFICATIVES

Note A relative au chapitre premier.

Analyse des eaux de Vors, employées pour les incubations des œufs de salmonides faites à Rodez.

Une certaine partie de ces eaux (qui arrivent à Rodez au moyen d'un travail d'art remarquable renouvelé des Romains en 1857, et qui ne comporte pas moins de six siphons, avec un aqueduc d'un développement de 11,400 mètres) proviennent des terres du Cluzel. Celles qui alimentent les étangs où se sont faites nos expériences ont beaucoup d'analogie, sinon une parfaite similitude, avec celles dont nous reproduisons l'analyse.

Avant leur arrivée à Rodez (moyenne de 12 sources). Densité, 1,000.

Acide carbonique	0,018
Oxygène.	0,107
Azote	0,325
	0,450
Chlorure de sodium 0,009	
Silicate de potasse 0,004	
Matières organiques 0,000	

Quelques traces de silicate de soude sont indiquées seulement par la voie sèche (chalumeau).

Note B relative au chap. III.

Procès-verbal de mise en liberté de 500 truites ou saumons dans le ruisseau de Devez, affluent du Viaur, 1866.

L'an mil huit-cent soixante-six et le 24 mai, nous, soussigné, ingénieur en chef des ponts et chaussées, chargé du service ordinaire du département de l'Aveyron, sur l'invitation qui nous a été faite par M. le vicomte E. de Beaumont, nous sommes transporté au domaine du Clusel, pour assister aux opérations de mise en liberté, dans le ruisseau du Viaur, de cinq cents jeunes truites des lacs et saumons élevés dans ce domaine et provenant d'œufs reçus de l'établissement de pisciculture d'Huningue.

Lorsque nous sommes arrivés au Cluzel, l'alevin était encore dans le bassin maçonné et couvert où il a été nourri ; M. de Beaumont nous a dit que les truites et saumons s'y trouvaient à peu près en quantité égale, et qu'il y avait aussi quelques ombres-chevaliers. Nous avons constaté nous-même que cette dernière espèce y était très-peu nombreuse. Ils paraissaient tous très-actifs et très-vigoureux ; les truites étaient âgées de 4 mois et les saumons de 3 mois et demi seulement.

Cinq cents de ces poissons ont été pris avec un petit filet à main et mis dans une barrique, à moitié pleine, bien propre et qui ne sert qu'à cet usage. Ils ont été ainsi transportés à environ douze kilomètres et versés dans le ruisseau de *Devez*, au-dessous d'un mur de soutènement de la route départementale, numéro 14, de Rodez à Valence, en face de la borne 3 k. 200. Ce ruisseau, affluent du Viaur, a de l'eau très-vive, et, au point où le poisson a été mis en liberté, le courant formait de petites cascades de 0 m. 08 a 0 m. 10 de hauteur. Ce point, peu éloigné du confluent dans le Viaur, nous a paru parfaitement choisi.

Les poissons s'y sont promptement dispersés, et, au bout de quelques instants, à peine en apercevait-on quelques-uns qui circulaient avec une grande rapidité.

En foi de quoi, nous avons dressé le présent procès-verbal en trois expéditions dont une sera remise à M. de Beaumont et les deux autres seront déposées : la première dans les archives de l'ingénieur en chef du département, et la deuxième dans celles de l'ingénieur de l'arrondissement.

Rodez, le 29 mai 1866.

Signé : DELESTRAC.

Note C relative au chap. III.

Note pour le procès-verbal de la mise en liberté de divers poissons, dans certains cours d'eau du département de l'Aveyron, opérée par les soins de M. le vicomte de Beaumont, propriétaire à Rodez.

M. le vicomte E. H. de Beaumont, propriétaire à Rodez, en vue de s'acquitter de l'engagement qu'il a volontairement pris envers l'établissement impérial de Pisciculture de Huningue, dont-il reçoit, depuis plusieurs années, des œufs embryonnés de salmonides, non moins que dans le but scientifique d'expérimenter l'introduction de poissons étrangers dans les cours d'eau, a livré aux eaux courantes du département la quantité surabondante des jeunes produits qu'il a obtenus après avoir peuplé les eaux fermées dont il dispose, et qui appartiennent, d'une part, à M. de Monseignat, son beau-père, au domaine du Cluzel, et à lui même d'autre part.

Voici l'exposé des quantités de poissons mis en liberté dans les cours d'eau, telles que M. de Beaumont les a déclarées ou telles que M. Delestrac et M. Salles les ont constatées, sur son invitation.

En 1861, 2,000 saumons du Rhin, âgés de 2 à 3 semaines, ont été livrés à un petit affluent [1] du ruisseau de Calmont, tributaire du Viaur, près du village de Ceignac, en présence de M. Lefèvre, professeur d'agriculture à Rodez.

En 1862, le 3 mars, 400 truites des lacs, âgées d'un mois environ, ont été livrées au ruisseau de la Bryanne, près le Monastère-sous-Rodez.

En 1866, le 24 mai, 500 truites des lacs et saumons du Rhin (moitié environ de chaque espèce), et quelques ombres-chevaliers, ont été mis en liberté, en présence de M. Delestrac, ingénieur en chef des ponts et chaussées, dans le ruisseau de *Devez*, petit affluent du Viaur. Les truites étaient âgées de 4 mois et les saumons de 3 mois et demi (procès-verbal en triple expédition, dressé par M. Delestrac, en date du 29 mai 1866).

En 1867, le 26 avril, 1,000 saumons du Rhin, truites des lacs et truites saumonées (dans la proportion de 2/9 pour les truites et de 7/9 pour les saumons) ont été, en présence de M. Salles, ingénieur en chef du département, et de M. Poulon, conducteur faisant fonctions d'ingénieur ordinaire des ponts et chaussées, mis en liberté dans le ruisseau du Buguet ou Trégout, affluent de l'Aveyron. — Les truites étaient âgées d'environ 3 mois, et les saumons de 2 mois et demi. Ils atteignaient une longueur de 0 m. 020 à 0 m. 025, et M. de Beaumont nous a déclaré les avoir fait nourrir au moyen d'une larve de l'eau

---

[1] La Nose, ruisseau.

courante, qui se voit en grande abondance sur les herbes aquatiques du ruisseau du Buguet, comme il nous l'a fait remarquer.

Le temps ayant manqué pour achever l'opération que le comptage rend assez longue, M. de Beaumont fit porter le lendemain, 27 avril, 700 autres truites et saumons du même âge que les précédents, au ruisseau dit Maresque de Vors ou Enne, affluent de l'Aveyron à 500 mètres environ du moulin de Ladous, commune de Vors.

Le 9 mai suivant, 900 autres sujets semblables ont été lâchés par le sieur Coste, régisseur au Cluzel, dans le ruisseau du Buguet, dans la partie de ce ruisseau, longue de 6 à 700 mètres, comprise entre le 3e étang du Cluzel et le dernier dit de la Cascade ; celui-ci n'est alimenté que par une prise d'eau très-faible relativement au volume du ruisseau en cet endroit, de manière qu'il y a peu de chances que ce poisson descende dans ce dernier réservoir.

Le 22 mai suivant, 800 jeunes poissons des mêmes espèces ont été transportés par le régisseur du Cluzel et un domestique de M. de Beaumont, en l'absence de celui-ci, au ruisseau de la Maresque de Vors, et mis en liberté dans l'endroit où le ruisseau traverse le chemin de Vors à la route impériale de Rodez à Villefranche, en vue du château d'eau de l'acqueduc de Vors à Rodez.

M. de Beaumont a également fait don au ruisseau du Buguet, en notre présence, de 21 gardons (*Leuciscus rutilus*, Valenciennes), âgés de 2 à 3 ans. Il nous a dit avoir rapporté les premiers sujets reproducteurs de cette espèce du département de l'Orne en 1861. Le gardon, qui n'existait pas dans les eaux du département de l'Aveyron, a parfaitement réussi au Cluzel, à en juger par les nombreux sujets qu'on y voit et dont plusieurs ont atteint le poids de 1/2 kilogr. Ce poisson est herbivore et insectivore. Il multiplie beaucoup et habite aussi bien les rivières que les lacs ou étangs. Sa chair est de qualité moyenne.

Certifiant les faits ci-dessus énoncés.

Ed. SALLES,
Ingénieur en chef du département de l'Aveyron.

Le Conducteur principal faisant fonctions
    d'Ingénieur ordinaire,

    L. POULON.

Note D relative au chap. III.

Pisciculture. — *Procès-verbal de Pêche en vue du concours régional de Rodez de 1868.*

Le sieur Debals, conducteur des ponts et chaussées, à la résidence de Rodez, délégué par M. l'ingénieur de l'arrondissement du Nord, déclare s'être rendu le 6 mai courant, à 10 heures du matin, au domaine du Cluzel, appartenant à M. de Monseignat, pour assister à la pêche que devait faire dans les étangs de ce domaine M. de Beaumont, gendre du propriétaire, dans le but de recueillir les salmonides et gardons qu'il devait exposer au concours régional.

L'étang où se trouvaient les saumons, truites de 15 mois ainsi que les gardons de 2 à 3 ans environ, a été vidé, de manière à ne laisser qu'une hauteur d'eau de 0 m. 50 environ, et, dans ces conditions, il a été pris avec un filet à main, d'un mètre de diamètre environ, 75 poissons, tant truites que saumoneaux et gardons. Les saumons nous ont paru en nombre au moins égal sinon supérieur à celui des truites.

Ces poissons, nageant par masses à la surface, par suite du trouble porté dans les eaux de l'étang, étaient en nombre considérable mais difficile à préciser. — Nous avons assisté à leur immersion dans des tonneaux, que nous avons accompagnés jusqu'à Rodez, mais nous devons ajouter que l'état atmosphérique de la journée était peu propre à leur transport et que, probablement, très-peu pourront survivre aux fatigues de ce dernier.

En foi de quoi, nous avons dressé le procès-verbal pour servir et valoir ce que de droit.

Rodez, le 5 mai 1868.

Signé : DEBATS.

Vu et certifié par le Conducteur principal faisant fonctions
d'Ingénieur ordinaire.

Rodez, le 6 mai 1868.

Signé : POULON.

Note E relative au chap. IV.

Les bienfaits de la Pisciculture fluviale, notamment en ce qui concerne la propagation des salmonides, sont contestés en principe au moyen de raisonnements dont on appréciera la valeur.

Une petite société de pêche existe dans nos environs : elle se borne à pêcher, au moyen de la seine, deux ou trois fois par an, dans des portions de rivière dont elle a la jouissance. Un jour que je me trouvais, en qualité d'invité, à l'une de ces réunions, un des sociétaires, grand amateur de pêche et propriétaire riverain du cours d'eau, me

lit, au sujet de mes essais de repeuplement, cette ouverture inatten-
due : « Nos rivières sont trop pauvres pour nourrir les poissons car-
« nassiers que vous cherchez à y introduire. Ne vaudrait-il pas mieux
« y faire multiplier ceux qui y dominent aujourd'hui? Vos truites
« étrangères et vos saumons ne nous laisseront plus ni *cabots* (che-
« vaines), ni *sièges* (vandoises), et la rivière se trouvera dépeuplée. »

Je répondis à cet interlocuteur peu encourageant que, sans vouloir
déprécier ces dernières espèces, assez peu estimées, du reste, je croi-
rais cependant bien préférable de voir de si belles eaux peuplées de
meilleurs poissons. Une preuve que la rivière en question était assez
riche en poissons communs pour alimenter des salmonides, c'était la
pêche que nous venions de faire. En deux coups de filet, on avait
amené aux bords environ 3 quintaux ou 150 kilogrammes de poisson ;
nous pouvions donc comparer les proportions numériques de chaque
espèce : or, le barbeau était en nombre minime; le goujon et le
véron, ne se prenant pas dans les mailles, faisaient défaut dans le
butin, quoique leur grande abondance dans la rivière fût bien connue ; les deux espèces vandoise et chevaine formaient la presque
totalité du produit de la pêche, car la truite n'était représentée que
par cinq ou six sujets, dont le plus beau pouvait peser 5 à 600 grammes. On pouvait remarquer, en outre, que les vandoises étaient deux
ou trois fois plus nombreuses que les chevaines. Eh bien ! ces deux
espèces dominantes, la première surtout, sont, comme on le sait,
remplies d'arêtes, se conservent peu, et ne sont réputées agréables au
goût, même parmi nous (qui ne les dédaignons pas dans un banquet
champêtre assaisonné par un exercice des plus *apéritifs*), que si elles
sont mises à la poêle en sortant de l'eau. C'est dire assez leur peu de
valeur commerciale. Il me semblait que la moindre truite valait mieux
que plusieurs de ces poissons.

Cependant l'abondance positive de poissons de second ordre, que
nous venions de constater, *était loin d'être indifférente* au point de
vue de l'introduction possible et désirable des espèces de premier
ordre. Cette abondance est en effet la première condition de réussite.
Comme l'a si bien dit M. E. Blanchard, qui a résumé dans les com-
paraisons suivantes la pensée que nous exprimions alors à notre sociétaire de pêche : « Jeter de jeunes poissons dans une rivière déserte,
« autant vaudrait semer du froment dans de la craie ou dans du
« sable[1]. » Et ailleurs : « Que penserait-on d'une personne ayant
« l'idée de propager les lièvres sur un sol entièrement nu? — Les
« lièvres ne peuvent vivre dans un désert, remarquerait chacun, et
« généralement l'on ne remarque pas que l'on a fait le désert dans
« nos cours d'eau[2]. »

---

[1] *Les Poissons des eaux douces*, etc., p. 623.
[2] *Ibid.*, p. 61.

Il ne faut donc pas en venir à cet écueil [1] ; mais s'il est à redouter pour les rivières, qui font encore une heureuse exception à cet état de choses, nous croyons qu'on s'y heurtera plutôt en pêchant ou en laissant pêcher sans mesure le poisson commun existant, qu'en introduisant dans ces cours d'eau avec une sage modération (que l'on ne saurait craindre encore de voir de sitôt dépasser) des espèces précieuses, telles que la truite, qui tend à disparaître, et le saumon, qui y remontait jadis avant l'exhaussement ou la création de certains barrages, que l'on s'occupe aujourd'hui de munir d'échelles à saumons. Telle est en effet la cause à laquelle un digne vieillard octogénaire de ces contrées attribuait la disparition du saumon, qu'il m'a dit avoir vu prendre fréquemment dans sa jeunesse. Si la même rivière le nourrissait bien alors, pourquoi ne le nourrirait-elle pas encore aujourd'hui, dans l'état suffisamment prospère où se trouvent les espèces petites ou communes ?

La Pisciculture naissante rencontre donc dans sa marche des obstacles inattendus, opposés par ceux même qui seraient appelés le plus immédiatement à profiter de ses bienfaits.

Notre étonnement n'a pas été moins grand en lisant dernièrement dans un journal le récit de la capture faite dans un fleuve du Midi d'un saumon bécard de grande taille, annoncée comme un fait non moins heureux que la prise d'un animal nuisible : ce *grand destructeur* n'aurait probablement laissé dans le fleuve aucune de ces précieuses chevaines, de ces charmantes vandoises, aucun de ces barbeaux (assez rares du reste) qui font le bonheur des pêcheurs, et apparemment aussi les délices des gourmets.

Espérons que la valeur *sonnante* des produits que nous prônons, aussi bien que leur incontestable supériorité nutritive, auront facilement raison, avec le temps, de ces singulières opinions en cette matière.

Note EE relative au chap. IV.

La truite habite presque toutes les eaux de montagnes; mais ce qui prouve que l'altitude n'est pas la circonstance qui détermine son choix, c'est qu'on trouve également la truite dans des eaux d'une altitude relativement minime, quand celles-ci lui conviennent. — Si donc nous indiquons (ch. IV) les grands centres montagneux comme étant les plus propices pour la fondation de Piscifactures pouvant contribuer au repeuplement, ce n'est pas

------

[1] Comme nous l'avons recommandé au chap. IV.

qu'ils offrent les seuls *cours d'eau propices aux salmonides, mais c'est qu'ils présentent les plus nombreux et les plus ramifiés.*

Quelques personnes s'appuient de l'abondance générale de truites dans les cours d'eau de montagnes, pour avancer que la présence de ce poisson y est due à l'altitude topographique de ces cours d'eau. Nous ne le pensons pas.

On peut observer sans doute, d'une manière constante, que la truite recherche les petits et moyens affluents, quand ils sont à *fonds solides* ou graveleux, quand leurs eaux sont *limpides* et *très-courantes;* que tels sont en réalité les cours d'eau qui sillonnent le thalweg des montagnes, et que, plus les déclivités de celles-ci sont prononcées, plus rapides, plus claires sont les eaux. Précipitées sur de fortes pentes, elles ont enlevé, depuis leur distribution primitive, les terres qui recouvraient le lit qu'elles se sont creusé, en mettant à nu ces couches rocheuses, comparées au squelette de la terre, « *ossa matris,* » selon l'expression d'un poëte ancien : de là leur limpidité rarement altérée.

Une certaine altitude, condition nécessaire ou génératrice de toute déclivité, est donc, si l'on veut, une des circonstances indispensables qui rendent les cours d'eau propices à la truite. Mais ce qui prouve le mieux que d'autres causes principales influent sur la prédilection de ce genre de poisson pour certaines eaux, c'est qu'on le trouve répandu dans bon nombre de cours d'eau coulant à une altitude relativement minime, par exemple dans la Demée, affluent du Loir (Sarthe), qui nous rappelle nos premières et nos plus charmantes pêches. Son cours est d'une rapidité moyenne, qui varie d'un point à un autre, et d'une assez grande limpidité : les passages guéables y sont nombreux et de petits rapides, situés dans les parties plus resserrées de son cours, sont constamment fréquentés par des truites. C'était là que nous savions tendre les filets ou jeter la ligne avec succès. La déclivité des terrains sillonnés par les eaux, plutôt que leur degré d'altitude, semble donc produire les circonstances qui motivent la présence de la truite.

On pourrait voir aussi dans la température *basse* des eaux de montagnes une des causes de la prédilection de la truite pour celles-ci : nous ne le croyons pas non plus. — L'abondance de nourriture est ce que ses instincts carnassiers, son appétit glouton semblent devoir surtout lui faire rechercher. La preuve en est que la truite paraît se plaire aussi bien dans des cours d'eau d'une température moyenne que dans d'autres à température basse. Nous croyons que les larves de l'eau courante, qui lui conviennent le mieux par leur nature et leur abondance, ont besoin d'une eau limpide pour se propager avec le plus de densité possible ; mais, à limpidité égale, nous penserons, jusqu'à preuve contraire, que les eaux moins froides doivent plus favoriser le développement de ces larves, que les eaux plus froides.

Que les eaux les plus limpides se rencontrent le plus souvent aux altitudes supérieures, c'est ce qu'en effet nous venons de chercher à expliquer, et que les plus élevées soient en même temps les plus froides, c'est ce qu'on ne saurait nier; mais nous croyons que, si la truite recherche les eaux de montagnes, ce n'est ni parce qu'elles sont plus élevées, ni parce qu'elles sont plus froides que d'autres, mais parce qu'elles offrent une nourriture abondante, condition qu'elles partagent avec d'autres eaux moins élevées et moins froides.

En conséquence, si vous trouvez de belles eaux, à une altitude relativement faible, observez-les : si elles sont parsemées de végétaux et que ceux-ci soient fournis de larves aquatiques, vous devez, ou je me trompe fort, les trouver au moins aussi peuplées de truites que la plupart des cours d'eau de montagnes, à moins qu'elles ne soient livrées au pillage. Ainsi, pour choisir des exemples qui nous sont connus, le ruisseau de La Guiole (Aveyron) fournit plus de truites, croyons-nous, que le ruisseau de l'Arboust (qui découle du lac d'Oo et des lacs glacés situés plus haut), et certains affluents calcaires de la Dourbie, du Tarn, sont réputés en posséder presque autant que les ruisseaux de La Guiole et de Saint-Chély d'Aubrac. Cependant l'altitude de ces différents points géographiques est loin d'être la même.

* * *

Note F relative au chap. V.

Réflexions sur un des détails du plan de la Création.

Quelle surprise n'éprouve-t-on pas de voir si souvent la plus insondable des *nécessités*, la mort, intervenir sans cesse dans l'ordre physique, comme une des lois de la vie? Cependant, à quoi bon tant d'insectes qui peuplent l'air ou qui pullulent dans les eaux, à quoi bon ces reptiles, ces vers, pour la plupart d'un aspect repoussant? Quoi de plus inutile à nos yeux, si une observation attentive ne nous faisait aisément reconnaître l'enchaînement parfait qui, rattachant tous ces êtres au plan divin de la création, les rend indispensables pour son exécution. Ainsi, des espèces de poissons médiocres trouvent à leur portée une nourriture vivante appropriée aux besoins du genre entier; elles-mêmes sont soumises à la dent de leur congénères d'un ordre supérieur, et tout cela aboutit à fournir à nos tables les produits les plus délicats.

Sous une impulsion mystérieuse, dure en apparence et même en réalité[1], pour la matière organisée qui succombe et qu'on est tenté

***

[1] L'animal n'étant pas doué de la faculté d'abstraction, ne peut établir de

de plaindre, celle-ci se transforme, s'anéantit, revit perfectionnée, pour arriver jusqu'à l'homme, ce roi suprême de la nature, à la fois si choyé et pourtant si instable lui-même. S'il embrasse du regard les objets contenus dans le vaste amphithéâtre de la création, il n'en est pas un qu'il ne trouve dirigé vers lui, comme vers la fin unique et dernière de cet admirable ensemble : chaque jour amène une découverte qui lui démontre l'utilité des choses mêmes qu'il considérait comme superflues ou nuisibles.

Depuis le plus petit des moucherons qui voltigent sur les eaux, jusqu'aux voûtes tapissées d'innombrables étoiles, dont chacune est un monde, tout lui parle de sa royauté, non-seulement pour qu'il l'exerce souverainement et dignement sur tous les objets matériels qui lui sont soumis, et qu'il en use pour son bien-être, mais surtout en vue de lui indiquer sa grandeur métaphysique immense et la sublimité de ses destinées, qu'il semble souvent méconnaître, quand tout les proclame.

Si nous ne voyons pas bien, c'est que nous négligeons d'ouvrir les yeux, ou qu'un rayon obscur s'est fatalement mêlé à la pure et splendide lumière qui seule devait nous illuminer [1].

Note G additionnelle au chap. V.

Truite. — Étang peuplé naturellement de truites.

Dans le but de vérifier la justesse de nos observations au sujet du faible bénéfice que peut procurer la truite dans les eaux fermées, nous avons fait appel à l'obligeance d'un homme voué par goût aux sciences et aux arts, qui possède un étang [2] peuplé naturellement de truites. Il a eu la double gracieuseté de nous renseigner complétement sur l'objet de notre demande et de nous permettre d'insérer sa réponse dans cette publication.

point de comparaison entre *l'être* et le *non-être* ; sa mort n'est donc ce qu'elle nous semble que pour nous et non pour lui. La douleur physique qu'il éprouve est d'ailleurs d'autant moindre que son organisme est plus simple et son appréhension à peu près nulle.

[1] Sans rien préjuger contre l'opinion et les théories de ceux qui supposent d'autres fonctions aux mondes lumineux de la sphère céleste, que celle d'éclairer nos pas et de démontrer à nos intelligences et notre petitesse et notre grandeur, nous osons dire qu'il nous semble possible et même probable que l'homme est *la seule fin* de cet immense ensemble créé et visible ; — ce qui l'indique, c'est que de plus sublimes prodiges ont été faits pour lui dans l'ordre métaphysique.

[2] Situé dans la zone de terrains cristallisés (gneiss, schistes micacés) dite Ségala.

« Arvieu, le 12 mars 1868.

« Monsieur,

. . . . , ...

« L'étang d'Arvieu est formé par un barrage jeté en travers du ruisseau de Céor, à 6 kilomètres environ des sources de ce cours d'eau. Sa surface est de 2 hectares, sa profondeur varie de 0 à 4 mètres. Il communique, en amont, librement et d'une façon continue avec le courant ; il communique, en aval, avec le courant par un déversoir, mais seulement aux jours de grandes eaux. Le déversoir n'est pas muni d'échelle ; il offre une pente de 20 centimètres par mètre.

« Aucune grille, ni en amont ni en aval, ne s'oppose à la libre circulation des espèces voyageuses.

« Le débit moyen du cours d'eau, en hiver, est évalué à 30 ou 35 litres par seconde ; il peut descendre à 4 ou 5 litres par seconde au temps des plus basses eaux. Sa température varie de 0 à 12 degrés.

« Trois espèces principales de poisson se trouvent dans l'étang : la tanche, l'anguille et la truite. La tanche et l'anguille forment sa population normale et sédentaire. La tanche donne un produit annuel de 40 à 50 kilogr., l'anguille un produit de 10 à 15 kilogr.

« Au témoignage de tous les vieillards de la contrée, ce produit a baissé de plus de moitié depuis moins d'un siècle. Je crois à la vérité de ce fait, et je m'explique la faiblesse du rendement actuel par l'accumulation des détritus et des limons, qui ont acquis sur la plus grande partie de l'étang une épaisseur de plus de 2 mètres.

« La tanche se vend sur place ou sur le marché de Rodez de 2 fr. à 2 fr. 50 le kilogramme, et donne un produit annuel de 80 à 100 fr.

« Le produit de l'anguille a peu d'importance.

« Bien que la truite soit essentiellement voyageuse, on peut la trouver dans l'étang à toutes les saisons de l'année, mais surtout au printemps et en automne. On en pêche de deux variétés : la truite commune, à peau noire et à chair blanche, et la truite saumonée, à peau jaunâtre, à chair rose. L'une et l'autre sont très-estimées, la saumonée surtout ; elles rivalisent avec les truites du Viaur, et valent de 2 à 5 fr. le kilogramme.

« La truite commune atteint une longueur moyenne de $0^m,20$ à $0^m,25$; la saumonée, plus rare d'ailleurs, atteint de $0^m,25$ à $0^m,35$.

« Les truites ne multiplient pas dans l'étang, si ce n'est, très-exceptionnellement, à l'embouchure du ruisseau qui l'alimente. Quand arrive le moment de la ponte, en novembre, elles quittent l'étang en masse, à l'exception de quelques sujets stériles ; elles remontent le courant pour déposer leurs œufs sur le gravier qui en forme le lit.

« C'est le moment de saisir les fugitives : je m'en empare à leur sortie de l'étang. J'opère la fécondation artificielle et je confie leurs œufs aux sables du ruisseau. Quant aux truites, je les mets en chartre privée dans un bassin muni de grilles, en attendant leur emploi.

« Les grandes eaux du printemps ramènent toujours dans l'étang une certaine quantité de truites, que leur instinct pousse toujours à remonter le ruisseau. Celles-ci séjournent volontiers jusqu'au mois de juin, c'est-à-dire jusqu'aux grandes chaleurs. Je présume que leur séjour prolongé est motivé par l'abondance de la nourriture qu'elles trouvent, et notamment par les œufs de crapauds et les têtards qui s'y trouvent en abondance. Mais, soit que cette ressource vienne à leur manquer, soit que la température des eaux stagnantes vienne à s'élever, elles quittent alors l'étang pour les eaux plus fraîches et plus pures du ruisseau.

« Le produit annuel de la pêche des truites peut être évalué à 20 ou 30 kilogr.

« La voracité de la truite est très-connue; tous les jeunes poissons herbivores deviennent facilement sa proie. On s'est demandé si elle se nourrissait aussi de jeunes individus de son espèce. Le fait est certain. En la douant de ce féroce instinct, la Providence a voulu peut-être mettre des bornes à sa prodigieuse fécondité.

« Des observations qui précèdent, on peut, je pense, tirer quelques conclusions pratiques pour le peuplement des eaux stagnantes et des cours d'eau.

« Les étangs, fossés et viviers doivent être exclusivement consacrés aux espèces sédentaires et herbivores.

« Quand les étangs communiquent librement avec un cours d'eau, on doit, autant que possible, les préserver des incursions de la truite, qui ne s'y introduit que pour donner la chasse aux espèces désarmées et moins agiles, tanches, carpes, etc.

« Il faut livrer aux eaux courantes les alevins de truites, et les confier de préférence aux cours d'eau plus frais et plus limpides des terrains primitifs, qui semblent riches en substances alimentaires pour les espèces carnivores.

« Enfin, Monsieur, il serait très-désirable que des hommes dévoués aux progrès utiles pussent introduire dans nos eaux courantes des truites d'espèces plus grandes et plus précoces. Je ne doute pas qu'elles n'y doivent prospérer et qu'elles ne deviennent une précieuse source d'alimentation, surtout si la police de la pêche, faite avec plus de zèle, parvenait à réprimer les innombrables délits qui tarissent presque cette branche de revenu au profit de quelques maraudeurs.

. . . .

« L. BONNEFOUS. »

16

Note II relative au chap. V.

Corégone-féra.

Strasbourg, le 29 novembre 1865.

*L'ingénieur en chef des travaux du Rhin à M. le vicomte
de Beaumont, à Rodez.*

Monsieur,

J'ai l'honneur de vous informer que, d'après l'examen auquel a été
soumis le poisson que vous m'avez envoyé dans l'alcool, il appartient
positivement à l'espèce des féras. Il n'y a encore qu'un petit nombre
d'acclimatations en France, et je vous prie de vouloir bien faire
donner tous les soins nécessaires aux œufs qui vous sont encore expédiés cette année, puisque vos eaux paraissent favorables.

. . . .

L'ingénieur en chef,
COUMES.

Note I relative au chap. V.

Voracité du brochet.

Nous avons à citer un exemple de la voracité du brochet, qui confirme entièrement ce qu'en pense M. Blanchard.

« On peut croire, dit-il, qu'un brochet ayant plusieurs années
« d'existence, et parvenu au poids de 8 à 10 kilogrammes, n'est
« parvenu à ce développement qu'après avoir dépeuplé les eaux d'une
« quantité de poissons qui formerait une masse de plusieurs cen-
« taines de kilogrammes [1]. »

Le fait suivant confirme entièrement cette appréciation : — Un
étang très-productif du département de l'Orne n'avait pas été pêché
depuis plusieurs années : le propriétaire, pensant que le temps était
venu de procéder à la pêche, fit vider l'étang, où il croyait trouver,
comme de coutume, de nombreux gardons, carpes, perches et quelques brochets, destinés à décharger l'étang de la trop grande abon-

---

[1] *Les Poissons des eaux douces*, p. 489.

dance habituelle de fretin. Cependant l'étang se vidait toujours sans qu'il eût aperçu aucun poisson ; quand toute l'eau se fut écoulée, quel ne fut pas son étonnement de trouver un brochet *solitaire*, de grande taille, il est vrai, mais représentant une bien faible part du produit ordinaire.

Je me rappelle avoir vu ce grand destructeur et en avoir mangé, et si mes souvenirs ne se sont pas effacés, il devait avoir plus de 1 mètre de longueur et pesait 13 livres ou 6 kilogr. 1/2. Quant aux détails qui précèdent, nous nous les sommes fait confirmer récemment, dans la crainte d'une exagération quelconque.

Nous ajoutons donc volontiers, avec l'auteur cité plus haut : « Un « tel calcul conduit simplement à faire regarder la présence du bro-« chet dans les lacs et les rivières comme un véritable fléau. »

Dans les étangs, on ne doit l'introduire qu'à l'état de brocheton, au milieu de poissons deux fois plus âgés que lui au moins, et seulement comme agent de destruction, malgré la qualité de sa chair. Dans ces conditions, il favorise l'accroissement des gros poissons en dévorant le fretin, qui chargerait le fond de l'étang sans procurer un bénéfice appréciable.

Note 5 relative au chap. V.

Perche.

Rien n'est plus difficile à déterminer d'une manière précise que le degré relatif de la voracité des poissons à l'égard les uns des autres : il pourrait cependant être utile de le connaître dans certains cas, comme nous le dirons après avoir rapporté l'expérience faite au sujet de la perche par un observateur émérite, M. Ch. de Massas :

« J'ai constaté, dit-il, qu'il est faux que les piquants de la perche « arrêtent les poissons chasseurs, comme la truite par exemple. Dans « ma pièce d'eau, les perches s'étaient prodigieusement multipliées, « au point d'exterminer tout le fretin et de s'affamer mutuellement. « J'y ai jeté quelques truites de 200 à 500 grammes la pièce. Elles « ont prospéré et exterminé les perches, au point qu'il est difficile « d'en trouver une aujourd'hui [1]. »

« La perche aime les eaux froides, » dit encore le même auteur.

Parmi les eaux qui ne la possèdent pas, celles du Ségala aveyronnais sont assez froides habituellement pour que, selon nous, le frai de la carpe n'y éclose que difficilement. Des essais d'introduction de

---

[1] *Le Pêcheur à la mouche artificielle et le Pêcheur à toutes lignes.* Ch. de Massas, p. 208, 3ᵉ édit.

la perche, le plus estimé peut-être d'entre les poissons de second ordre, pourraient être tentés avec précaution et comme objet d'études dans quelques eaux fermées, et même dans certains cours d'eau.

Nous craindrions un peu moins la présence de la perche, si les salmonides lui étaient en effet supérieurs en force et en moyens de défense ; nous croyons cependant que dans les cours d'eau qui conviennent à ceux-ci, les jeunes et le frai auront toujours beaucoup à souffrir de sa gloutonnerie. Ce serait donc seulement dans quelques cours d'eau à fond vaseux, peuplés d'espèces insignifiantes, que ces essais pourraient être pratiqués sans inconvénient probable.

Note K relative au chap. V.

La grenouille verte. — La moule d'eau douce.

La grenouille verte n'existe pas dans le département de l'Aveyron, du moins dans les eaux qui nous sont connues ; ce batracien est répandu dans presque toute la France, et estimé de beaucoup de gens comme un excellent manger. C'est la seule espèce considérée comme comestible. Là où on ne la possède pas, on en mange d'autres moins appétissantes pour ceux qui les ont vues en vie, mais d'un goût passable. Nous leur préférons cependant de beaucoup la belle grenouille verte, soit que son goût soit réellement supérieur (comparaison que n'a probablement pas établie Brillat-Savarin), soit que ses riches couleurs, ses yeux environnés d'or, constituent plus de différence sensible entre elle et tous les animaux de cette race, qui ont une trop grande analogie de formes avec le hideux crapaud. Y aurait-il lieu d'introduire cette grenouille dans les eaux qui ne la possèdent pas ? Nous n'avons pas osé tenter cette importation sans que la question ait pu être débattue. La lettre d'un ami qui savait l'objet de nos études nous a donné à réfléchir :

« J'ai pris, m'écrivait-il, en flagrant délit deux grenouilles vertes « mangeant de petits gardons de un à deux ans. Elles les avalent en « commençant par la tête, et elles restent fort longtemps avec le petit « gardon se débattant de la queue dans leur bouche, comme cela a « lieu pour les brochets lorsqu'ils avalent une forte proie. J'ai été « témoin deux fois de ce fait dans l'espace de huit jours. »

Le petit poisson qu'elles mangent vaut-il mieux que les grenouilles elles-mêmes, qui, d'après la cour impériale de Montpellier, sont aussi des poissons (n'en déplaise aux ichthyologistes), ou du moins sont considérées comme telles au point de vue du délit qu'il y a de les prendre en temps prohibé ou sans en avoir le droit [1]?. — La question étant encore douteuse, nous nous abstiendrons de nous prononcer, et nous croyons qu'on fera bien d'attendre, avant de chercher à propager cet animal, que son innocuité ait été proclamée. Des études faites avec suite sur cet objet, qui a son côté utile pour l'alimentation publique, pourraient seules démontrer si les avantages surpassent les inconvénients dans la possession de cet amphibie [2].

D'après M. Milne Edwards [3], le frai et les têtards des grenouilles sont un aliment recherché avidement des jeunes truites.

Le coquillage bivalve appelé communément *moule d'eau douce* devrait aussi attirer l'attention, sa propagation pouvant ajouter à la nourriture de plusieurs espèces de poissons qui nous semblent devoir rechercher son naissin.

La moule ou anodonte existe dans plusieurs cours d'eau de l'Aveyron. On en voit en grande quantité au fond des étangs du département de l'Orne. Sa coquille, qui arrive à une longueur de $0^m,10$ à $0^m,15$, sert à délayer les couleurs d'or et d'argent.

Note L relative au chap. V.

Féra. — Dernières nouvelles.

En 1867, les produits obtenus des éclosions d'œufs de féras furent déposés, pour la plupart, dans le bassin à ciel ouvert où nous avons l'habitude de les conserver pendant quatre ou cinq mois avant de les livrer à l'étang qui leur est consacré.

Cependant quatre des petites féras obtenues avaient été mises en liberté à la même date, dans le grand étang du Cluzel, à titre d'essai, cet étang ayant reçu l'année précédente cinq cents tanches de trois à quatre ans, destinées à y achever leur croissance.

Le 19 février 1869, il a été procédé à la pêche de cet étang : les quatre petites féras auraient-elles disparu, ou se retrouveraient-elles? Notre espoir était faible, tant nous redoutions pour elles l'entraînement du courant assez considérable qui sort de l'étang ou la destruction, possible par mille causes, de ces quatre *enfants perdus*.

Nous annonçons cependant avec plaisir à nos lecteurs que pas un des quatre sujets, gros comme une épingle quand ils furent lâchés, ne manquait à l'appel, et qu'ils ont acquis un très-beau développement.

---

[1] Journal *la Maison de campagne*, n° du 16 juillet 1863.
[2] Les têtards seuls sont véritablement *amphibies;* la grenouille ne peut se tenir longtemps sous l'eau.
[3] Rapport sur l'empoissonnement des rivières.

La plus grande de ces féras mesure 0^m,29, deux autres atteignent presque la même taille. La quatrième, qui est peut-être une féra (petite espèce) n'atteint que 0^m,20 à 0^m,25. Elles ont deux ans moins quelques jours, étant nées vers la fin de février 1867. On les a transportées avec la plus grande promptitude, et elles ont très-bien repris l'eau dans le petit étang voisin, consacré désormais à cette espèce. L'état de l'atmosphère était très-favorable au transport, et la distance à parcourir d'un étang à l'autre n'était que de 150 pas.

Malgré notre désir de donner également des nouvelles des autres sujets de la même année, qui doivent se trouver dans ce réservoir, nous nous sommes abstenu de le vider, dans la crainte de quelque accident semblable à ceux que nous avons eu déjà à déplorer. (Voir FÉRA, ch. V.)

N'aurions-nous d'ailleurs, en ce moment, que les quatre sujets dont nous venons de parler [1], qu'ils seraient très-probablement en nombre suffisant pour assurer, avec le temps, la propagation de l'espèce. Puisque les œufs semés dans ce même étang, après avoir subi un long voyage, parviennent à éclosion, comme nous en avons eu la preuve, pourquoi ceux qui seraient pondus et semés par ces poissons eux-mêmes n'arriveraient-ils pas au même terme dans un milieu dépourvu de tout autre poisson? — Nous ignorons si la féra dévore ses propres œufs; mais quand cela serait, on peut espérer qu'un petit nombre d'entre eux, échappant à ce désastre, parviendront à l'éclosion, et que leurs produits, s'ajoutant à ceux déjà existants, finiront par former un peuplement complet dont nous attendons les meilleurs effets pour les étangs à eaux vives.

Rappelons encore que si l'acclimatation des corégones nous semble un fait d'une si grande importance, c'est parce que ce genre est, selon nous, *le seul* de la famille des salmonidés dont puissent être dotés avec fruit les étangs, et qu'aucun ne donnerait peut-être dans les lacs eux-mêmes un produit supérieur. En effet, si les féras, lavarets et autres corégones ne vivent que d'insectes, de très-petits poissons ou de matières complétement inutilisées, comme leur conformation semble l'indiquer, quelle supériorité économique ne présenteraient-ils pas sur les autres salmonides, qui leur sont comparables pour la qualité de la chair, mais qui sont d'une voracité désespérante! Quant aux dimensions que peuvent acquérir les uns et les autres, si la féra n'est pas susceptible d'atteindre celles de la truite et de l'ombre-chevalier (poissons de lacs), du moins elle doit arriver promptement à son maximum de développement, si nous en jugeons par la rapide croissance constatée chez les nôtres.

Qu'une dernière réflexion nous soit permise au sujet de l'acclimatation en général. On réussit à importer en Angleterre et en France

[1] D'autres œufs reçus d'Huninguc en décembre 1868 sont encore en incubation.

bon nombre d'oiseaux et d'autres animaux qui ne procurent d'autre avantage que le p'aisir des yeux : comment se fait-il que les efforts ayant pour but l'acclimatation des animaux les plus utiles soient si rares et attirent si peu le zèle et l'attention. A ce sujet, on dénigre beaucoup, mais on fait peu de besogne.

Note M relative au chap. V.

Gourami.

Le gourami est un poisson de l'extrême Orient que l'on a cherché, à différentes reprises, à introduire en France, tant à cause de son goût exquis qu'en raison de la facilité avec laquelle il s'entretient, dit-on, dans de très-petits espaces, même dans des baquets, au moyen d'aliments de toute sorte. Ce serait le poisson *domestique* par excellence.

Plusieurs savants ont parlé de la bonté de sa chair, entre autres Commerson, qui l'a désigné sous le nom d'*Osphromenus-Olfax*.

La difficulté contre laquelle ont échoué les navigateurs qui ont fait la louable tentative d'en doter notre pays, paraît consister dans le degré de température moyenne au-dessous de laquelle il ne semble pas pouvoir vivre [1].

Pensant que cette conquête pacifique, qui est en voie de se réaliser, peut intéresser à divers titres, nous rapporterons ce que nous savons des entreprises faites jusqu'à ce jour pour son importation.

Il fut transporté en 1761 des eaux de la Chine à l'île Maurice, où il s'acclimata facilement dans les étangs. Un ex-gouverneur de cette île nous a affirmé qu'il n'y avait rien à retrancher de ce qui a été dit sur la délicatesse de sa chair. On essaya plusieurs fois de le transporter en France en doublant le Cap : une fois entre autres il parvint sain et sauf en vue des côtes de Portugal, mais ne put arriver vivant au port de Bordeaux.

M. Joigneaux nous apprit, par son livre *Culture des eaux*, que le précieux poisson avait été apporté de Chine par la mer Rouge en Égypte, et que plusieurs sujets avaient été laissés par M. Liénard à M. Coulon, résidant au Caire, en 1863.

Nous avons pu savoir, de source certaine et du pays même, la suite de cette entreprise : « Se conformant aux prescriptions qui lui étaient « faites par celui qui les apportait, M. Coulomb les mit dans un petit

---

[1] Le Bailli de Suffren essaya sept fois de l'apporter en France. — Baude, *Revue des Deux-Mondes*, 15 janvier 1861.

« étang où il planta certaines herbes (je n'ai pas pu savoir lesquelles).
« Les poissons vécurent deux mois environ ; ils grandirent, mais au
« premier froid ils moururent tous les trois[1]. »

Le 2 août 1867, M. A. Geoffroy Saint-Hilaire faisait part à la Société d'acclimatation de la récente arrivée du gourami en France. MM. Berthelin et Grandidier ont réussi à apporter cette espèce jusqu'à Marseille, et grâce aux soins de M. Autard de Bragard, cinq gouramis sur douze ont survécu et ont été remis à M. le directeur du jardin d'acclimatation du bois de Boulogne.

Lors de la visite que nous avons faite à ces intéressants voyageurs, au Jardin des plantes où ils ont été placés, l'employé intelligent auquel ils ont été confiés nous a dit que le gourami était réputé ne pouvoir supporter une température plus basse que $+ 12$ degrés. Si telle est la difficulté, elle ne paraîtrait pas insurmontable, non-seulement dans les serres tempérées et jardins d'hiver, où les aquariums deviennent chaque jour plus en vogue, mais à l'air libre, dans des viviers voisins de sources comme celle dont nous avons parlé au chapitre IV, qui ne descendent jamais au-dessous du degré indiqué. Pour procurer une température plus élevée en été, il suffirait de diminuer l'affluence de l'eau de source, de façon que celle contenue dans le vivier ressentît l'effet de la chaleur solaire et atmosphérique. On pense généralement que, si la reproduction s'opérait, les jeunes produits pourraient être amenés progressivement à supporter la température ordinaire des eaux de notre pays.

Du reste, les sujets que nous avons vus paraissaient très-bien portants, se promenant sans manifester la moindre inquiétude de notre présence dans leur aquarium peu spacieux, assez semblables, sous ce rapport, aux cyprins dorés de la Chine, qu'on nomme poissons rouges.

Ils diffèrent cependant essentiellement de ceux-ci quant à la qualité de la chair et aux dimensions qu'ils atteignent. On dit que le gourami devient très-grand en peu de temps : d'après M. Baude, on en voit fréquemment sur les marchés qui pèsent 6 à 8 kilogrammes. Ils paraîtraient susceptibles de peupler aussi les cours d'eau, construiraient un nid comme les épinoches et se reproduiraient quelques semaines après leur naissance[2].

Ils se distinguent par un petit avancement des lèvres, qui simule un commencement de bec. La tête paraît grosse, et deux longs appendices dans le genre des antennes du homard, mais plus souples, se déroulent de chaque côté du corps. Leur aspect est un peu celui des poissons, fabuleux pour nous, que l'on voit peints près de ces Chinois de paravent que tout le monde connaît. Leur couleur nous a paru d'un brun rougeâtre cuivré.

[1] Renseignement obtenu par l'entremise de M. Outrey, consul général de France à Alexandrie.
[2] Voy. *Revue des Deux-Mondes*, 15 janvier 1861.

Leur dépositaire nous a assuré qu'ils mangeaient des insectes ; qu'ils supportaient aisément le transport, et ne manifestaient aucun malaise de se trouver quelques instants hors de l'eau quand on faisait *le ménage* dans leur aquarium [1].

Nous avons appris, grâce à l'obligeance de M. Soubeiran , secrétaire de la Société d'acclimatation , que malheureusement ces précieux animaux, qu'il serait plus désirable de voir se perpétuer chez nous que tous ceux qui n'offrent qu'un intérêt de curiosité, sont morts au Muséum d'histoire naturelle, comme ceux du Caire, à la suite d'un abaissement de température à $+$ 13 et $+$ 14 degrés, à la fin de l'année 1867.

Espérons qu'on n'en restera pas là dans une tentative aussi intéressante au point de vue des ressources qu'elle pourrait fournir à l'alimentation publique, et que la difficulté sera vaincue, comme elle peut l'être, selon toute probabilité.

Un organe de la presse périodique [2] nous fait connaître que M. Dabry, consul de France, a rapporté plus récemment, de la Chine, des loches d'eau douce qui vivent au jardin d'acclimatation, et qu'il publiera prochainement des notes importantes sur divers poissons de ce pays et sur les végétaux dont on les nourrit. Il paraîtrait qu'un certain nombre de ces plantes croissent dans nos eaux. La publication de M. Dabry est donc attendue avec impatience par les personnes qui s'occupent de ces questions.

Note N relative au chap. VI.

Voracité de la carpe.

Ce qui nous a confirmé dans l'opinion que les poissons qui mangent les autres sont trop peu connus, et que l'on peut, en attendant plus ample information, se méfier de *tous* à cet égard, c'est le passage suivant d'une lettre à nous adressée, et dont l'auteur mérite toute créance.

V.-Orne. 1863.

.... « Nous avons dans l'étang du poisson en quantité et « surtout des perches excellentes... Or, comme nous voulons prendre

---

[1] Le *Dictionnaire universel des sciences, etc.,* nous dit, à l'article Osphromène : « Un appareil particulier, qui se remplit d'eau et transmet le liquide aux branchies, permet à ces poissons de séjourner assez de temps hors de leur élément naturel. » (*Dictionnaire universel des sciences, des lettres et des arts,* par M. N. Bouillet, 1862)

[1] Journal *l'Univers illustré,* 2 janvier 1869. Chronique villageoise, E. Noël.

« surtout des perches, nous mettons comme appât de nos lignes un
« petit gardon, et il nous arrive depuis un mois environ de prendre
« très-souvent des *carpes* d'une ou deux livres, au lieu de perches.
« Je ne croyais pas que la carpe se nourrit d'autres poissons, et ce-
« pendant voilà une douzaine de carpes, au moins, que nous pre-
« nons à la ligne avec un gardon pour appât. L'année dernière,
« chose semblable ne nous était pas arrivée. Je présume qu'il en est
« ainsi dans ce moment, parce que ces petits gardons sont remplis
« d'œufs ou de laitance, et que cette circonstance les rends plus
« agréables aux carpes. Je ne sais ce qu'en penseraient quelques
« savants, ceux entre autres qui prétendent que la poule d'eau ne
« fait son nid que dans les roseaux sur les bords des étangs, car j'ai
« vu, ici, un nid de poule d'eau dans une boule de neige, à plus de
« **dix** pieds au dessus de l'eau, absolument comme le nid d'un merle ;
« et, de plus, j'ai vu les petits sortir du nid et, se laissant tomber à
« l'eau, se mettre à nager autour de leur maman : donc, je ne puis
« douter que ces petits poulets ne fussent bien des poulets d'eau et
« non de jeunes merles. . . . . »

Non content de ce renseignement parfaitement authentique sur la
voracité de la carpe, je priai mon excellent ami de constater le fait
par une épreuve encore plus concluante, c'est-à-dire en pêchant *au
vif*, pour voir si la carpe attaquerait également le jeune gardon vivant accroché à l'hameçon par l'ouïe. — L'expérience fut faite et eut
le même résultat que les précédentes.

Note O relative au chap. VI.

*La truite transportée dans un ruisseau, séparé d'un autre cours
d'eau par une chute insurmontable, se perpétue dans le premier.*

Le ruisseau de la Bès, très-favorable aux salmonides, quoiqu'il en
fût complétement dépourvu, il y a vingt ans, se jette dans la rivière
du Viaur, et s'y précipite en formant une cascade perpendiculaire,
insurmontable pour tout poisson. Deux pêcheurs, ayant pris quelques
petites truites dans le Viaur, eurent l'idée de les porter en amont de
la cascade. Depuis lors, le ruisseau de la Bès ne cesse de fournir des
truites. Ce fait est connu dans les environs de Bonnecombe et de la
Grandville, et nous a été certifié par plusieurs habitants de la commune où il a eu lieu. Les noms des auteurs de ce bienfait n'ont pas
encore été oubliés.

Note P additionnelle au chap. VI.

Constatations au sujet de truites et saumons élevés artificiellement
au Cluzel et mis en liberté dans des cours d'eau.

Le premier saumon pris depuis plus de 40 ans, dit-on, aux environs
de Rhodez et dont on peut, avec une apparente probabilité, faire remonter l'origine à la pisciculture artificielle du Cluzel, a été pris au
mois de juillet 1867, par le sieur Rous, charron à Rhodez, place
d'armes.

Le fait me fût signalé à mon retour d'un voyage. Voici les renseignements que j'ai recueillis sur cet heureux incident.

Ce poisson s'est pris dans un petit tramail, tendu près du moulin
de Théron, dans le ruisseau de la Bryanne, à 3 ou 4 kilomètres
au-dessus de son confluent avec l'Aveyron [1]. Il mesurait 0^m,42 de
longueur. L'artisan qui a fait cette capture m'a assuré que, depuis
plus de 35 ou 40 ans qu'il se livrait à la pêche, il n'avait pas pris
un semblable poisson. Il m'a dit que celui en question avait la bouche
moins large que les truites, des points noirs sur le corps, mais pas
de taches rouges ; des plaques un peu foncées s'étendaient sur toute
la longueur du milieu des flancs. Il était moins large qu'une truite
de même longueur et sa tête était plus effilée. On le mangea en famille, avec un ou deux invités. Sa chair fût trouvée excellente, et elle
était rouge, me dit un des convives, comme de la viande sai-
gnante. (L'image est un peu vive, je transcris textuellement.)

Un petit nombre d'alevins seulement avait été livrés par nous aux
affluents de l'Aveyron, antérieurement à 1867 ; mais le nombre de
ceux qui se sont échappés des étangs, dans diverses occasions, est
assez considérable pour nous permettre de croire que cet avant-
coureur des succès que l'on peut espérer était bien un produit d'Huningue [2].

Quelques renseignements analogues, mais beaucoup moins précis,

[1] La Bryanne se réunit à l'Aveyron au Monastère-sous-Rhodez, en vue de cette
ville.

[2] En 1862, 5.000 alevins de saumon, âgés de quelques semaines seulement,
durent être déposés dans un étang du Cluzel tout nouvellement construit, une
absence assez prolongée devant m'empêcher de les faire soigner dans le bassin
d'alevinage. L'employé de ferme auquel avait été remise la surveillance des
étangs, voyant la chaussée de celui dont on vient de parler menacée d'une rup-
ture, ne vit rien de mieux à faire que de vider presque entièrement l'étang. Nul
doute que les alevins, encore très-minces alors, n'aient été entraînés par le courant au travers des grilles de la bonde. Le fait est que je ne retrouvai pas trace
de ce poisson dans cet étang quand il fut vidé l'automne suivant. Je me consolai
en pensant qu'ils allaient peupler l'Aveyron.

nous ont été fournis, il y a 4 ans, par une personne très-digne de foi, du canton de la Salvetat-Peyralès, traversé par le Viaur, dans un affluent duquel 2,000 saumons tous jeunes avaient été làchés en 1861 [1]. Des pêcheurs disaient seulement, au sujet de quelques poissons pris par eux dans le Viaur, qu'ils n'en avaient jamais vu de pareils : ces pêcheurs n'avaient très-probablement pas connaissance de mes essais de repeuplement. Je priai la personne qui me faisait cette communication de m'adresser à l'avenir les pêcheurs et leur butin, si le cas se présentait de nouveau.

Une expérience, faite dans de très-petites proportions, a cependant donné lieu à quelques constatations analogues à celle qui précède.

Parmi 70 sujets, truites et saumons, mis en 1860 dans un petit vivier d'eau calcaire non muni de grilles, à Lavergne près Marsillac (Aveyron), avant la résorption de la vésicule ombilicale, 7 furent retrouvés offrant, à neuf ou dix mois, la dimension de $0^m,16$ de longueur. L'année suivante, trois habitants de la commune me firent savoir qu'ils avaient pris des poissons ressemblant à des truites; mais que leur aspect particulier leur faisait penser qu'ils devaient s'être échappés du vivier de Lavergne. Deux d'entre eux avaient été pris dans le ruisseau de Cruou, à quelques centaines de mètres au-dessous du vivier ; or, ce ruisseau ne possède naturellement que des loches, des vérons et des écrevisses. Le troisième fût pris, près d'un moulin, dans le ruisseau du Crénau qui reçoit les eaux du Cruou. Si ces faits donnent à penser que le poisson élevé artificiellement peuple réellement les cours d'eau, ils démontrent non moins clairement à quel point cette malheureuse race est traquée de toutes parts.

Nous devons encore un nouveau renseignement à l'obligeance d'un de nos honorables voisins, dont les propriétés donnent naissance au ruisseau de Devez où furent lâchés, en 1866, 500 truites et saumons. (V. Note B. procès-verbal.) L'été dernier, trois truites ou saumons, longs de $0^m,25$ à $0^m,30$, ont été pris par des campagnards dans un petit gouffre où la chaleur excessive avait confiné ces poissons. A n'en pas douter, ils étaient du nombre de ceux que nous avions apportés dans ce ruisseau ; car, d'après la personne qui nous a fait cette communication, jamais une truite n'avait été prise jusque-là dans ces eaux, qui sont très-belles, mais qui ont le défaut de tarir, à peu près dans les années de sécheresse. Aussi, la prise de ces poissons a t-elle été très-remarquée.

Ces constatations sont peu nombreuses, et quelques-unes incomplètes ; mais nous devons faire observer, d'abord, que nous avons opéré sur une très-petite échelle, et, ensuite, que plusieurs motifs rendent ces constatations fort-difficiles à obtenir, et que ces motifs seront

---

[1] Voy. note C, chap. x.

probablement une des causes qui ralentiront longtemps la marche des informations sur le résultat des opérations de repeuplement :

1° Les pêcheurs ne font pas tous part de la quantité, ni de l'espèce de poissons qu'ils prennent ; bon nombre d'entre eux peuvent avoir leurs raisons pour n'en faire aucune mention.

2° Pour le saumon, ce que nous avons dit dans notre appendice au ch. V nous semble démontrer jusqu'à l'évidence qu'aucun pêcheur, à moins qu'il ne se soit livré à des *études spéciales*, ne peut distinguer uu jeune smolt ou saumoneau d'une truite de même taille. Ce n'est qu'après le retour de la mer, qu'ils sont plus faciles à distinguer. Mais beaucoup d'entre eux auront succombé par les procédés de pêche de toutes sortes dont ils sont l'objet avant d'avoir effectué ce voyage. Ce qui le fait croire avec une apparente logique, c'est que les truites qui dépassent deux livres sont aujourd'hui très-rares dans les deux rivières qui nous avoisinent. On ne leur donne pas le temps d'arriver jusque-là.

<hr>

Note Q relative au chap. VI.

Histoire naturelle. — *Distinction à observer entre les dénominations de* truite saumonée (*variété apparente de la truite commune*), *espèce sédentaire, et celle de* truite de mer (*dite aussi truite saumonée*), *espèce vivant alternativement dans l'eau douce et dans l'eau salée. — La truite appelée vulgairement* truite saumonée (*espèce sédentaire*) *semble n'être pas une espèce distincte, mais bien une truite commune, modifiée par des causes provenant de son habitat ou de son genre de nourriture.*

Il est une espèce de poisson qui peut être bien connue des savants, mais qui semble donner lieu, pour le commun des mortels, à des méprises ou à de nombreuses incertitudes. Qu'est-ce que la truite saumonée ? — A cette question, quatre-vingt-dix-neuf personnes sur cent répondront : c'est une truite qui diffère de la truite commune par la couleur rosée de sa chair, et qui forme une espèce distincte.

Pour essayer d'offrir une définition complète à la catégorie de lecteurs que nous supposons avoir besoin, comme nous même, de faire une étude à ce sujet, disons d'abord que M. E. Blanchard (que nous aimons à citer comme étant un des organes contemporains les plus récents et les plus autorisés de la science ichthyologique) consacre un paragraphe de son histoire des poissons des eaux douces de la France à la truite de mer [1], qu'il nomme aussi truite saumonée. Cet

---

[1] *Trutta argentea* (E. Blanchard). *Salmo trutta* (Linné).

article commence ainsi : « La truite de mer, que l'on appelle aussi « truite saumonée, est un poisson fort estimé, vivant, comme le sau- « mon, d'une manière alternative dans les eaux salées et dans les « eaux douces.

« La truite saumonée a le corps long [1], etc. »

Appliquant à tort la définition ci-dessus à la truite appelée *vulgairement* truite saumonée, qui est incontestablement plus commune et plus connue que la truite de mer, je cherchai à m'enquérir de la prétendue existence de truites saumonées dans des lacs des Pyrénées séparés, en quelque sorte, des cours d'eau par des chutes *insurmontables* pour tout poisson.

Si les truites qui s'y trouvaient étaient saumonées, comme on me l'affirmait, que devenait la constante habitude que je leur supposais de se rendre à la mer et de revenir à leur point de départ comme le saumon ?

En conséquence, je partis de Bagnères-de-Luchon, en compagnie de deux botanistes et d'un habile pêcheur, pour demander une réponse au lac d'Espingo (altitude, 1,631 mètres), situé en amont du lac de Séculéjo ou d'Oo (altitude, 1,400 mètres), et séparé de ce dernier par une chute perpendiculaire de 200 mètres environ, infranchissable, selon toute apparence, pour toute espèce de poisson [2].

Sur quatre truites prises à la ligne au lac d'Espingo, pas une n'était saumonée, comme nous avons pu nous en assurer au retour de cette excursion. Elles offraient une chair assez savoureuse, quoique un peu ferme, mais complétement blanche. Leurs dents *vomériennes* présentaient la plus parfaite ressemblance avec celles de la truite commune, telles que les dépeint M. Blanchard. Une autre truite, prise un peu au-dessous du lac d'Oo, était entièrement semblable à celles du lac d'Espingo.

Nous nous sommes également informé si l'existence de la truite saumonée dans le Tarn, en amont du *Saut-du-Sabot*, qui passait pour infranchissable, était réelle. Elle nous a été confirmée par l'entremise

---

[1] *Les Poissons des eaux douces*, etc., p. 468.

[2] Comment ce lac s'est-il peuplé? On en est réduit aux hypothèses, dont la plus naturelle est qu'il l'a été par voie de transport. — On peut admettre aussi celle d'une érosion successive de la roche formant aujourd'hui un plan vertical presque uniforme et qui, dans des temps reculés, pouvait présenter, par ses saillies successives, une suite de chutes susceptibles d'être escaladées ou franchies par la truite. — Les êtres vivants, dont j'ai constaté la présence dans le lac d'Espingo ou sur ses bords, sont : la larve porte-bois ou phrygane, abondante ; de petites sangsues, quelques minces coquillages en forme de spirale ; six ou sept canards sauvages d'une petite espèce nageaient au milieu du lac ; un des ruisseaux tributaires, celui qui découle du lac Glacé, contenait des larves de diptère-tipulaire ; enfin diverses espèces de papillons et de mouches, parmi lesquelles la perle-brune, se montraient autour du lac.

obligeante de M. l'ingénieur en chef des ponts et chaussées du département du Tarn; mais nous avons appris en même temps que le Saut-du-Sabot, chute d'une vingtaine de mètres existant sur le Tarn un peu en amont d'Alby, observé attentivement, se divisait en une suite de petites chutes qui pouvaient permettre à la truite d'escalader l'obstacle.

Du reste, ces recherches étaient vaines dans leur objet, et nous les passerions sous silence si elles ne contenaient des observations pouvant être de quelque utilité. Elles étaient vaines quant au but proposé, voici pourquoi :

Revenant, dans la suite, avec plus d'attention sur ce qui concerne la truite dans l'ouvrage précité, je remarquai ce passage, à l'article *Truite commune :* « Personne, jusqu'à présent, n'a réussi à établir « d'une manière satisfaisante par quelle cause les truites ont, dans « telles localités, la chair blanche, ailleurs de la couleur dite *sau-* « *monée* [1]. » M. Blanchard ne considère donc pas la truite saumonée (généralement connue sous ce nom) comme une *espèce à part*; non-seulement il ne la classe pas comme espèce ou variété distincte de la truite commune, mais il n'en fait pas d'autre mention. La couleur saumonée de sa chair n'est, selon lui, qu'une des modifications qui peuvent s'opérer chez la truite commune par suite de circonstances d'*habitat* ou autres encore peu connues. Quant à l'opinion assez accréditée dans le vulgaire, et qui paraîtrait la plus naturelle, que cette couleur saumonée soit le résultat de croisements opérés entre la truite et le saumon à des époques plus ou moins reculées, nous ne la trouvons adoptée ni par le savant professeur du Muséum, ni par les autres auteurs que nous avons pu consulter.

M. P. Joigneaux rapporte, à propos de la truite saumonée, la croyance répandue que la truite *se saumone* dans certaines eaux, et ne paraît pas s'élever contre cette manière de voir, quoiqu'il désigne la truite saumonée comme une espèce à part. « Dans l'Epte, autre « rivière de Normandie, dit-il, toutes les truites qui ont atteint le « poids de 250 grammes *se saumonent*, tandis que tout près de là il « s'en trouve qui restent toujours blanches [2]. »

La même opinion est soutenue énergiquement par des observateurs convaincus. On en pourra juger par les arguments contenus dans la lettre suivante, qu'a bien voulu nous adresser sur ce sujet un homme prenant intérêt à la question :

« ... Diverses circonstances m'ont obligé de différer mon voyage « dans la Lozère, et par conséquent de vous renseigner d'une ma- « nière bien précise sur les faits dont j'avais déjà eu l'honneur de « vous entretenir. La question que nous avons discutée était bien

---

[1] *Les Poissons des eaux douces, etc.*, p. 476.
[2] *Culture des eaux*, p. 65. P. Joigneaux.

« celle-ci : La truite saumonée est-elle d'une espèce distincte de la
« truite blanche (c'est-à-dire à chair blanche)?

« Les faits que j'ai pu observer, et qui sont connus d'un grand
« nombre de personnes, me répondent d'une manière négative, et me
« montrent la truite tantôt saumonée, tantôt blanche, suivant les
« lieux qu'elle habite.

« De ces faits, je ne citerai que ceux qui me paraissent les plus
« convaincants :

« La truite du Tarn et de ses affluents (je parle de la partie de
« son cours qui traverse la Lozère) est généralement blanche.

« Il existe, notamment dans la commune d'Espagnac, un ruisseau,
« dit le Bramont, où l'on ne trouve que fort rarement la truite sau-
« monée ; pour moi, je ne l'y ai jamais rencontrée.

« En différentes occasions, j'ai pris dans ce ruisseau un certain
« nombre de truites, un millier environ. Je les mettais dans un vivier
« situé à peu de distance. Lorsque, au bout d'un an ou de deux,
« alors qu'elles pouvaient peser une livre ou plus encore, on les en
« retirait, il était facile de remarquer que toutes avaient la chair rose.

« Ce réservoir, dit *de Molinier*, est alimenté par de nombreuses
« sources qui toutes y prennent naissance. Le terrain dans lequel il
« est construit est calcaire, comme celui qui forme le lit du ruisseau
« dont j'ai parlé. Le bassin est assez vaste pour fournir une nourri-
« ture abondante au poisson qu'on y met. Elle consiste en mollus-
« ques et insectes de diverses espèces qui s'attachent aux herbes, en
« petit poisson, et enfin en quelques grains de blé provenant du lavage.
« Mais, à mon avis, ce n'est que l'eau elle-même qui opère le chan-
« gement par lequel le poisson prend une chair rouge. J'essayerai,
« du reste, d'en donner des preuves. Constatons d'abord que le
« changement, même sous le rapport des couleurs extérieures, est
« tel, que si, par hasard, il s'échappe quelque truite du bassin pour
« aller dans le Tarn, elle diffère tellement de ses nouvelles compa-
« gnes, qu'il n'est pas un seul pêcheur qui ne dise en la voyant :
« Voilà une truite du vivier.

« Mais nous citerons un autre fait qui, à lui seul, semblerait ré-
« soudre la question :

« L'Aveyron, dans les environs de Laissac, n'a que des truites
« saumonées. Or, tous les affluents de cette rivière n'ont que de la
« truite blanche ; de ce nombre, on peut citer le ruisseau de Laissac,
« celui de la Planque, ceux qui descendent des bois des Palanges.
« Cependant les truites de la rivière et celles de ces petits cours d'eau
« doivent être d'une même espèce, puisque celles de l'Aveyron vont
« frayer dans ses affluents ; mais on a remarqué qu'en s'éloignant
« de leur point de départ, elles deviennent aussi blanches que celles
« qui ont toujours vécu dans les ruisseaux. De telle sorte que la

« truite qui, au confluent, a la chair rose, ou qui est saumonée, de-
« viendra blanche en remontant le ruisseau et en y séjournant.

« Ce changement de couleur, je l'attribue à l'eau seule, et non à
« la nourriture ; peut-être arriverai-je à le prouver en rapportant un
« nouveau fait :

« Dans mes pêches, il m'est arrivé bien des fois de pénétrer au
« milieu de rochers d'où sortait une source. Les truites que je pre-
« nais dans cet endroit se faisaient toujours remarquer par des cou-
« leurs différentes des autres. En savourant ensuite le *second plaisir*
« de la pêche, je m'apercevais toujours que ces truites étaient sau-
« monées, tandis que celles qui avaient été capturées dans les mêmes
« parages, mais non près des mêmes sources, étaient, comme la
« plupart des truites du Tarn, complétement blanches.

« Il est certain que la truite aime une eau froide, qu'elle habite
« de préférence un lieu où naissent des sources, et qu'elle s'y choisit
« un repaire où l'on est presque toujours sûr de la rencontrer alors
« qu'elle n'est pas en chasse.

« Celle qui s'est choisi une retraite conforme à ses goûts participe
« à la même nourriture que les autres ; car la source qui jaillit sous
« le rocher même n'entraîne avec elle aucune matière nutritive propre
« à la truite qui la fréquente.

« Que si celle-ci acquiert des couleurs et une chair différentes de
« celles de sa voisine, à qui elle dispute souvent une proie, on ne
« peut l'attribuer, ce semble, qu'à un séjour prolongé dans cette eau
« vive, qu'elle paraît aspirer avec délices et qui produirait chez elle
« les effets dont nous venons de parler [1]. »

Le témoignage que nous venons de citer, avec la permission de
son auteur, est donc d'accord avec les données de la science. Il en
résulte que la truite dite *saumonée* ne serait, comme le dit M. Blanchard, qu'une truite commune modifiée par des causes provenant du
milieu où elle vit, et principalement de la nature des eaux qu'elle
fréquente.

Toutefois, cette question scientifique nous paraît offrir encore des
points obscurs ; en effet, comment expliquer ceci :

1° M. A. Jourdier affirme qu'on a constaté à Huningue le croise-
ment de la truite et du saumon en faisant féconder les œufs de l'une
par l'autre [2]. Le produit serait-il saumoné par le seul fait de son
origine ?

2° M. Coste a consigné dans une note concernant l'embryogénie
l'observation suivante : « Lorsque, dans cette famille (la truite), la
« chair des femelles est imprégnée de la matière particulière qui lui

---

[1] Lettre de M. Durand, receveur de l'enregistrement et des domaines à Laissac
(Aveyron).

[2] *La Pisciculture et la production des sangsues*, p. 124. A. Jourdier.
Paris, imp. Hachette, 1856.

« donne cette teinte plus ou moins intense connue sous le nom de
« *couleur saumonée*, le contenu des œufs que pondent ces femelles
« est lui-même imprégné de cette matière colorante, et l'intensité
« de cette coloration est proportionnée à celle de la mère. »

Dans ce cas encore, *le produit* serait-il plus ou moins saumoné?

Ce qui ferait supposer qu'il pourrait ne pas l'être, c'est ce qu'ajoute
M. Coste, et qui confirme en même temps ce que nous exposions
plus haut :

« Si, au contraire, les femelles sont placées dans des conditions
« où leur chair perd cette teinte, les œufs qu'elles pondent dans ces
« nouvelles circonstances n'en portent plus de trace; ils sont blancs,
« comme la chair de la mère dont ils proviennent [1]. »

Il est donc probable que cette coloration des œufs ne suffirait pas à
établir une espèce distincte ou une sous-race pouvant se perpétuer,
puisque ce caractère est si peu constant, qu'il est sujet à varier en
même temps que la cause qui le produit.

M. Coste dit également que, lorsqu'on fait développer de jeunes
saumons dans un milieu différent de celui où leur chair contracte la
coloration caractéristique de cette espèce, l'empreinte originelle s'é-
vanouit, c'est-à-dire que leur chair reste blanche, comme nous avons
dit que cela avait été constaté en Suède [2].

Une expérience très-concluante pourrait être réalisée facilement
pour démontrer, en cas que cela n'ait pas été déjà fait, si les œufs de
truite fécondés par le saumon donneraient naissance à des truites
saumonées ou à des métis portant des signes intérieurs ou extérieurs
caractéristiques.

L'établissement d'Huningue expédie des œufs de truites saumonées :
les produits qu'on en obtient sont-ils, par le seul fait de leur origine,
des truites saumonées, ou de simples truites communes ayant besoin,
pour *se saumoner*, de se trouver dans les conditions qui procurent à
celles-ci les qualités distinctives de la truite saumonée? Le temps
nous a manqué pour faire cette expérience; nous indiquons la contre-
épreuve scientifique qu'on en pourrait tirer au sujet de ce dernier
point d'histoire naturelle, que nos recherches ont été infructueuses
pour trouver complétement éclairci [3].

---

[1] *Comptes rendus de l'Académie des sciences*, t. L, p. 1012. 1860.

[2] Voy. chap. v.

[3] Nous voyons que M. de la Blanchère, dans son *Nouveau Dictionnaire
général des pêches*, se montre peu fixé au sujet des deux espèces que nous
venons de confronter : truite de mer, truite saumonée. — Voici ce qu'il dit de
la truite de mer (*Salmo Schiffermulleri Bl. Malacopt. abd. salmones*), p. 801 :
« Moindre dimension que celle du saumon. Dents plus grêles et plus longues; a
« les flancs semés de petites taches en forme de croissant sur un fond argenté;
« sa chair est jaune. Espèce douteuse (?). Semble être la truite saumonée sim-
« plement. » M. de la Blanchère donne en effet une place spéciale à la truite
saumonée, qu'il considère comme une espèce distincte, désignée en latin sous

Note B relative au chap. VI.

*Histoire naturelle. — Variabilité des couleurs extérieures chez
la truite.*

Nous sommes aussi appelé par ce qui précède à parler de la variabilité dans les couleurs extérieures, que nous avons fréquemment eu
lieu de remarquer chez les truites de notre élevage artificiel.

D'où peut provenir que, parmi les truites nées d'œufs envoyés
d'Huningue sous le nom de truites des lacs, les unes ont des couleurs très-noires sur la tête et le dos, sombres sur les flancs, tandis
que la plupart de leurs congénères ont les flancs couleur d'argent
irisé et des teintes claires sur les autres parties du corps? C'est toujours près de la chute d'eau qui alimente l'étang que se trouve de
préférence une truite noire, et j'en ai vu qui revenaient avec persistance à ce poste pendant plusieurs semaines de suite, quoiqu'elles
fussent fréquemment dérangées par ma visite. Celles dont je parle
pouvaient avoir atteint l'âge de deux ans au moins. Des pierres, des
cailloux de couleur foncée environnent la chute d'eau en question et
tapissent, en cet endroit seulement, le fond de l'étang.

Dans la rivière du Viaur, toutes les truites que j'ai vues étaient
noires ; celles de l'Aveyron sont presque toutes blanches, au moins
dans les environs de Rodez, où cette rivière est encaissée.

On dirait qu'elles tirent leur couleur du reflet des objets qui les
environnent. En effet, dans le Viaur, les rochers, les cailloux du lit
sont plus nombreux et plus sombres que dans l'Aveyron. Celles qui
se tiennent dans les parties de rivières encaissées et à fond vaseux,
ou au large dans les étangs, ne sont pas en contact avec le reflet
d'objets aussi sombres que dans les courants rocheux. Nous pensons,
en conséquence, que ces caractères extérieurs sont susceptibles de

la dénomination de *Salmo Trutta* (Linné). Nous ne voyons pas qu'il partage les
opinions sus-énoncées au sujet de sa faculté de *se saumoner* dans certaines eaux
et de perdre cette qualité dans d'autres. — Cette prétendue espèce mériterait-
elle le nom de truite de mer? Le passage suivant exprime un doute à cet égard :
« Les ruisseaux d'eau claire qui se jettent immédiatement dans la mer sont les
« eaux où l'on pêche les meilleures, mais il en monte à toutes les hauteurs.
« Cette truite quitte, en effet, la mer (?) au milieu du printemps, et remonte
« les fleuves jusqu'à leur source, etc....... » — Il nous paraît donc y avoir
autour de cette question, concernant l'un de nos plus intéressants poissons, plus
d'une incertitude, plus d'une obscurité : tout au moins, l'accord n'est-il pas
parfait dans le monde savant sur ces différents points, que nous signalons
comme pouvant réclamer de nouveaux éclaircissements. Toutefois, l'opinion de
M. Blanchard, conforme aux témoignages de plusieurs observateurs, nous semble
devoir être adoptée de préférence à toute autre.

changer : qu'ainsi, une truite *noire* du Viaur transportée dans un étang peut devenir *blanche*, et réciproquement.

Cette théorie peut paraître nouvelle, et cependant elle ne l'est pas.

M. de la Blanchère, à l'article *Mutations de couleurs* [1], cite un extrait des expériences de J. Franklin, d'où il résulte que des vérons noirs tenus captifs pendant quelques jours dans des vases blancs sont devenus d'une teinte très-pâle ; que d'autres, renfermés dans des vases de zinc, ont pris en peu de temps des nuances bleuâtres [2] ; qu'on a observé, du reste, que des végétaux abrités étaient, par ce seul fait, modifiés dans leurs couleurs.

M. de la Blanchère en conclut, comme nous, que beaucoup d'autres poissons de mer, de lac et de rivière possèdent la faculté d'accommoder leurs couleurs à celle du lit des eaux dans lesquelles ils vivent. Il ajoute que l'utilité pour eux d'une telle faculté est de les mettre plus à l'abri de la vue de leurs ennemis, en les rendant moins faciles à distinguer des objets de même couleur qui les environnent.

Il est à croire que c'est dans le même but que certains insectes, tels que des papillons, ont reçu l'instinct de se poser sur des écorces d'arbres offrant des teintes si analogues aux leurs, qu'il faut des yeux attentifs pour les y découvrir [3].

Cette dissertation tend-elle à procurer à l'ichthyologiste, au pisciculteur ou au pêcheur autre chose qu'une satisfaction du besoin de connaître ? Nous le croyons, c'est pourquoi nous l'avons introduite ici.

---

[1] « La Pêche et les Poissons, » *Nouveau Dictionnaire général des pêches,* p. 533.

[2] La même remarque nous a été signalée par un pêcheur à la ligne émérite de Bagnères-de-Luchon, M. La Broquère.

[3] L'instinct qui paraît avoir été douné à bon nombre d'insectes d'éviter, par ce moyen, l'atteinte des oiseaux, porte également le gibier à fréquenter les terrains, les végétaux qui, offrant des similitudes de couleur avec son pelage ou son plumage, peuvent le mieux dissimuler sa présence aux oiseaux de proie et autres ennemis.

Ce qui prouve encore mieux que, soit instinct dans un cas, soit attribut de conservation dans l'autre, l'assimilation des couleurs est une tendance fréquente et calculée dans l'harmonie de la nature, c'est que, d'après les récentes observations d'un entomologiste anglais, le Dr Wood, des chenilles tenues captives dans des boîtes peintes de couleurs différentes prirent la couleur particulière de chacune de ces boîtes, par l'effet de la réfraction solaire. (*The student and intellectuel observer of science.*) M. Wood a montré aussi à la Société entomologique de Londres « des chrysalides de papillons blancs détachées des briques « de la façade d'une maison ; elles étaient toutes d'un rouge brun. D'autres « chrysalides, provenant d'une partie de cette même façade couverte par une « treille de vignes, étaient toutes vertes. » Voy. l'*Univers illustré,* 7 novembre 1868. Causerie scientifique par M. S.-H. Berthoud, p. 707.

Autre analogie bien connue : les Pyrénées offrent, à certaines altitudes neigeuses, la perdrix blanche ; la fourrure de renard blanc nous vient, dit-on, du nord de la Russie.

La connaissance des poissons est assez ardue, complexe, j'oserai dire encore vacillante et incomplète sur beaucoup de points, pour que les moyens de la simplifier ne soient pas indifférents s'ils peuvent y aboutir.

Les espèces, les variétés sont assez nombreuses pour qu'on n'en cherche pas de nouvelles là où il n'y en a pas. Les signes extérieurs font souvent croire à des variétés supposées ; nous avons pensé utile de mettre en méfiance contre ce travers, et ce que nous venons de dire nous semble de nature à maintenir dans le vrai, au moins en ce qui concerne la truite.

Note 8 relative au chap. VI.

Truites. — Histoire naturelle. — Observations physiologiques sur les faits qui précèdent la reproduction de la truite.

Quelques auteurs ont parlé du lien d'attraction, antérieur aux actes de la reproduction, qui se manifesterait de différentes manières chez les poissons. Nous croyons l'avoir reconnu dans un fait assez singulier qui s'est passé sous nos yeux.

C'était aux temps de la fraye des salmonides. En me promenant au bord d'un étang, qui contenait des truites des lacs de 3 ans, j'aperçus, à la surface, deux objets mouvants, que je pris pour des rats d'eau se poursuivant. Ils décrivaient, dans leurs évolutions, un cercle parfait, d'une faible étendue. Comme j'ai quelque prévention à l'égard du rat d'eau (la question de savoir s'il mange ou non des poissons n'étant pas complétement résolue, mais ses dégâts le long des berges et des chaussées n'étant compensés par aucune espèce d'avantage appréciable), je ne me fais pas scrupule de le détruire comme nuisible. Je dirigeai donc deux coups de fusil vers les points noirs qui se montraient sur la nappe-d'eau. Ils continuèrent à tourner comme auparavant. M'étant porté sur le bord opposé, je fis une seconde décharge, qui ne dérangea pas les promeneurs intrépides, quels qu'ils fussent. Ma curiosité se trouvait excitée, car, habituellement, le rat d'eau plonge au moindre bruit. Je m'avançai jusque dans les roseaux de la queue de l'étang, où cette scène avait lieu, et quel fut mon étonnement, en constatant, de la manière la plus indubitable, que ces points sombres, mouvants, n'étaient autre chose que les nageoires dorsales tendues et dépassant l'eau, de deux truites de 0 m. 25 à 0 m. 30 de longueur, que je vis distinctement se poursuivant l'une l'autre, en décrivant un cercle étroit, marqué à la surface par un léger sillage.

C'était l'époque de la fraye, et je crois qu'on ne peut attribuer à une autre cause le calme imperturbable de ces animaux, en présence de détonations répétées et des nombreux plombs qui avaient dû passer si près d'eux. Ce point de l'étang était éloigné de plus de 30 mètres de la chute d'eau, qui est le seul endroit où les truites viennent frayer, ou du moins le seul qui leur soit propice et qu'elles recherchent avec persistance dans cette saison. Elles ne procédaient donc très-probablement pas, en pleine eau, à l'opération de la fraye, et le lien préexistant à cet acte serait non-seulement réel, mais très-fort, entre ces êtres que l'on croit assez généralement dépourvus de sentiments ou d'instincts de cette nature.

Près de la chute d'eau dont je viens de parler, il m'est arrivé plus d'une fois de pouvoir prendre avec la main des truites sur le point de frayer entre les pierres et le gravier, et qui semblaient avoir perdu toute perception du danger. Quelle nécessité n'y a-t-il donc pas d'une active surveillance pour empêcher que les reproducteurs ne soient détruits dans ce moment critique!

Quelques écrivains ont attribué *au mâle* du saumon et de la truite l'habitude d'aider la femelle à creuser et a protéger la frayère; d'autres en font même un *jaloux* redoutable pour ses concurrents.

M. Blanchard reconnaît aux poissons un irrésistible instinct, qui pousse les individus des deux sexes à vivre en compagnie pendant cette phase. Il dit qu'un rapprochement intime n'ayant pas lieu chez eux, on a douté de l'attrait qu'un sexe pouvait exercer sur l'autre; « mais, ajoute-t-il, ces parures de noce, etc..., ne témoignent-elles pas « bien évidemment de sensations dont les êtres d'un ordre plus élevé « éprouvent le charme [1]? »

Sans vouloir nous étendre davantage sur les mœurs et l'intelligence des poissons, rappelons que l'épinoche, si attentivement observée dans ces derniers temps comme objet de curiosité physiologique plutôt qu'en raison de son utilité, cause un véritable étonnement par les soins qu'elle prend dans la confection de son nid aquatique, dans la surveillance de ses œufs et de ses petits; que le saumon reconnaît et regagne son berceau, non-seulement dans les rivières d'un cours peu étendu, comme le Tay, mais dans des fleuves géants, comme le Maragnon. dont le cours est de 400 myriamètres, dit Lacépède, et où il est obligé de déployer pendant près de la moitié de chaque jour une vitesse de 4 à 5 myriamètres par heure pour remonter, en trois mois, jusqu'aux sources de ce fleuve [2].

L'élevage artificiel a démontré que les salmonides sont susceptibles d'une certaine domestication : ces poissons, si farouches à l'état naturel, se promènent tranquillement dans les piscines où on les élève, sous les yeux des visiteurs ou des personnes qui les soignent; il nous est même arrivé de remarquer une petite truite qui s'était cantonnée

---

1 *Les Poissons des eaux douces*, p. 112. .
2 *Histoire naturelle*, p. 154, t. XI.

depuis plusieurs jours dans un angle du bassin d'alevinage, et qui s'emparait sans la moindre frayeur des larves de diptère tipulaire qu'on lui présentait au bout du doigt.

Note T relative au chap. VI.

Saumon. — Remarques sur la remonte du saumon.

Le saumon remonte le Lot jusqu'au confluent de la Trueyre, que ce poisson suit jusqu'à l'embouchure du ruisseau de Selves, où il s'engage quand ce ruisseau débite un volume d'eau qui lui convient; dans le cas contraire, il continue à remonter la Trueyre jusqu'au confluent du Goul, dans lequel il pénètre pour remonter jusqu'au pont de Bazaygues. On a reconnu l'existence de nombreuses frayères sur ce ruisseau, qui paraît tout à fait à la convenance du saumon ; mais bien que les affluents du Goul roulent des eaux de même nature que les siennes, qu'elles soient toutes limpides et courantes, provenant de terrains primitifs, cristallisés, schisteux, et que leur lit soit également pierreux, graveleux, et paraisse devoir leur être favorable aussi sous ce dernier rapport, ils ont la constante habitude de ne jamais s'y engager.

De même, on n'observe pas sans étonnement que le saumon ne remonte jamais le Lot lui-même au-dessus du point, situé à Entraygues, où cette rivière reçoit la Trueyre. Le Lot offre en effet de très-belles eaux et qui paraîtraient devoir lui convenir, non-seulement dans la partie de son cours comprise entre ce point et Saint-Géniez, mais surtout dans les plus petits tributaires qui descendent de la Lozère, et où la truite se montre abondante.

Les causes de cette prédilection du saumon pour certaines eaux sont encore inconnues, mais on doit féliciter le service des ponts et chaussées, qui s'efforce de bien connaître la marche habituelle du précieux poisson, en vue de protéger sa circulation et sa tranquillité sur tous les points où sa présence est signalée. C'est aux informations que nous avons reçues de cette part que nous devons ces derniers renseignements, sauf en ce qui concerne le Lot lui-même, où l'absence du saumon en amont d'Entraygues nous a personnellement étonné [1].

---

[1] La présence du tacon ou saumonceau (*smolt* en anglais) dans les petits tributaires du Lot lozérien vient de nous être signalée. Dans le Lot aveyronnais on ne prend pas de saumons, au dire de tout le monde. Que faut-il en conclure ? — Selon nous, que les saumons adultes passent rapidement et inaperçus dans celui-ci, et que les saumonceaux ou smolts qu'on y prend sont confondus avec la truite.

Note U relative au chap. VI.

Saumon.

Le saumon est désigné par M. L. Figuier parmi les premiers poissons que la géologie indique comme ayant dû peupler les eaux du globe avant sa complète formation. Il le cite, à côté des brochets, des diodons et des zées, comme vivant dans les mers, de la *période crétacée à l'époque secondaire* [1]. Nous ferons remarquer, à ce sujet, que la chaux (craie ou carbonate de chaux) était déjà abondante, comme dans les périodes devonienne et jurassique. Les terrains salifériens, formés également avant les terrains crétacés, indiquent que le sel existait aussi en grande quantité dans les mers lors de l'apparition du saumon.

Note V relative au chap. VI.

Histoire naturelle. — Truite.

Lacépède dit : « Le tribun Pénières assure que si, pendant l'été, « les eaux sont très-chaudes, et qu'après y avoir pêché une truite, « on la porte dans un réservoir très-frais, elle meurt bientôt, saisie « par le froid soudain qu'elle éprouve [2]. » Ce fait s'est produit sur une trentaine de truites que nous avions fait porter dans un petit vivier alimenté par une source très-froide : le lendemain, toutes avaient péri.

Note X relative au chap. VIII.

Variations dans l'époque de la fraye des salmonides.

Nous citerons à l'appui de notre opinion au sujet de la prolongation de la fraye de la truite, le témoignage de M. Emile Noël, qui est non-seulement un savant. mais un savant praticien en Pisciculture.

« . . . . . . L'époque de la fraye et par conséquent des semailles (du poisson) varie suivant les régions, et même quelquefois à de très-

---

[1] *La Terre avant le déluge*, p. 193, 2ᵉ édit.
[2] *Histoire naturelle des poissons*, t. XI, p. 183.

petites distances, il peut y avoir pour le moment de la fraye des écarts de plus d'un mois. Dans la vallée de Clères, où j'opérais, le fort des semailles n'avait lieu qu'en février ; à douze kilomètres de là, chez **MM.** Duboc, à Saint-Martin-du-Vivier, les choses se passaient six se-maines plus tôt.

« Je tiens à donner ici, pour la vallée de Clères, des dates précises : en 1855, je fis douze couvées, aux dates suivantes : 25, 27, 31 jan-vier ; 3, 8, 20, 21 février ; 1er, 10, 14 et 23 mars. »

Avis aux législateurs futurs, qui pourraient être tentés de restrein-dre la période d'interdiction de la pêche de la truite, tandis qu'il conviendrait plutôt de prolonger d'un mois cette interdiction,

[1] *L'Univers illustré*, p. 800, 17 décembre 1868. Chronique villageoise, Eugène Noël.

Note X relative au chap. VIII.

TABLEAU des délits prévus et des peines édictées par la loi du 15 avril 1829.

ARTICLES APPLICABLES	NATURE DES DÉLITS.	AMENDES ENCOURUES.	PEINES A AJOUTER A L'AMENDE.
		FR.	
5	Pêche sans autorisation....	20 à 100	Confiscation (facultative) des filets et engins. — Restitution du prix du poisson. Dommages-int.
24	Établissement d'un barrage.	50 à 500	Dommages-intérêts.—Destruction du barrage.
25	Drogues et appâts malfaisants.	30 à 300	Emprisonnement d'un à trois mois.
27	Pêche en temps prohibé...	30 à 200	
28 à 41	Filets, engins, et mode de pêche prohibés.........	30 à 100	Destruction des filets et engins saisis.
28	Même délit en temps de frai.	60 à 200	Idem.
29	Emploi, pour une autre pêche, de filets permis pour celle du poisson de petite espèce..........	30 à 100	
29	Même délit en temps de frai.	60 à 200	
29 et 41	Port d'engins prohibés.....	20	Confiscation et destruction des engins prohibés.
30	Pêche, colportage et vente de poisson n'ayant pas les dimensions voulues.......	20 à 50	Confiscation du poisson.
31	Emploi d'appâts prohibés..	20 à 50	
32	Emploi de filets non plombés.	20	
33	Détention de filets ou engins par les contre-maîtres, employés du balisage et mariniers..............	50	Confiscation des filets.
33	Refus par les mariniers de laisser visiter les bateaux.	50	
34	Refus par les fermiers, porteurs de licences et pêcheurs en général, de laisser visiter les bateaux et boutiques à poisson, etc.	50	
41	Refus par les délinquants de remettre les filets prohibés.	50	
69	Délits commis en récidive..	Amende double.	
70	Délits commis la nuit......		

Note Z relative au chap. VIII, concernant l'art. 14 du décret du 25 janvier 1868.

Brochet.

Le moyen àge semble offrir le fait d'une rivière, celle du Lot, où le brochet aurait été détruit, probablement en raison de sa voracité. L'auteur érudit où nous trouvons ce fait relaté, dit l'avoir puisé dans un ouvrage du sieur Louis Coulon, sur les *rivières de France.*

Voici cet extrait, qui semble tenir de la légende : « On tient pour « une vérité très-constante qu'il est impossible qu'il (le Lot) souffre « aucun brochet dans ses eaux, depuis que saint Ambroise, évêque « de Cahors, lui fit porter la peine de la désobéissance de ses sujets « qui, contre sa défense, pêchaient les brochets de sa rivière[1]. »

D'une manière surnaturelle ou non, le brochet, qui aurait existé dans les eaux du Lot, en aurait disparu. Il est regrettable qu'aucun document ne puisse nous dire si les eaux du fleuve ont été plus peuplées qu'auparavant.

Ce que nous pouvons affirmer, d'après les renseignements pris, c'est que le brochet ne prend plus rang aujourd'hui parmi les espèces de poissons que nourrit le Lot.

Note ZZ se rapportant à l'Aquiculture en général.

Végétaux aquatiques.

Quelles sont les ressources que le règne végétal des eaux offre à l'alimentation, à la médecine, à l'industrie, à l'agriculture, aux arts, à l'industrie des eaux elles-mêmes[2] ? »

Les végétaux aquatiques des eaux douces sont utiles :

1° A l'industrie du chaisier et aux faiseurs de paillassons ; il serait bon, dans certaines eaux marécageuses de multiplier les espèces de joncs pouvant servir le mieux à ces deux industries modestes, mais de première nécessité[3].

---

[1] *Lettres à mes neveux sur l'Histoire de l'arrondissement d'Espalion*, par Henri Affre, membre de la Société des lettres, sciences et arts de l'Aveyron, etc. T. II, p. 157. Villefranche, 1858, imp. Vᵛᵉ Cestan.

[2] Question IX du *Formulaire de l'exposition d'aquiculture d'Arcachon.*

[3] Des spécimens des roseaux les plus utiles d'Europe ont trouvé place à l'Exposition internationale de Pêche et d'Aquiculture d'Arcachon, parmi les

2° A l'agriculture par les quantités d'engrais végétal qu'ils procurent, si l'on a soin de les recueillir à temps, et dont la somme s'accroît et se renouvelle promptement grâce à l'étonnante rapidité de propagation de certains d'entre eux, notamment de la *flèche-d'eau* (de la famille des alismoïdes), qui croît dans les eaux calcaires et non calcaires, comme nous avons eu lieu de le constater.

On pourrait recommander de planter dans les marécages, dans les îlots rebelles à toute autre culture, un arbre résineux, peu répandu, qui croît comme le saule, l'aune et l'osier au bord, et *au sein même* des eaux, le cyprès-chauve ou *Taxodium distichum*. C'est, croyons-nous, le seul arbre résineux qui ait cette propriété. Son feuillage, caduque, est très-joli.

3° A l'art des jardins paysagers et anglais, qui tire un puissant moyen d'embellissement de l'introduction de certains végétaux dans les eaux dont on dispose, tels sont le nénuphar blanc, le trèfle d'eau, les sagittaires, quantité de roseaux, etc.

« *Quelle est l'influence du règne végétal sur le règne animal des eaux* [1] ?

En dehors de l'influence physique et chimique exercée, comme on le sait, sur la nature des eaux par les végétaux qui y croissent, et dont il est probable que le règne animal doit se ressentir, indirectement, dans une mesure que nous ignorons, nous avons constaté, sous plusieurs rapports, l'utilité des végétaux à l'égard des poissons. En effet, ils offrent à ceux-ci des retraites et un abri qu'ils recherchent presque tous; ils fournissent un point d'appui pour qu'un certain nombre d'espèces d'entre eux puissent déposer leurs œufs sur leurs feuilles immergées ; enfin, ils attirent des multitudes d'insectes utiles à la nutrition des poissons, soit que ces insectes recherchent ces végétaux pour s'en nourrir, ou pour s'y reposer de leur course aérienne, soit que le voisinage des eaux les conduise vers les tiges émergentes pour y pondre des œufs, destinés le plus souvent à donner naissance à des larves aquatiques : la plupart des poissons sont très-avides de ces larves, non moins que des insectes qui en résultent.

L'observation nous ayant fait reconnaitre que certains insectes recherchent particulièrement certains végétaux aquatiques, nous pensons qu'un moyen de rendre les insectes qui sont utiles à la nutrition des poissons *plus nombreux* et *plus variés* serait d'introduire au bord et au sein des eaux le plus grand nombre possible de plantes

produits servant à l'industrie. On lit dans la liste des exposants : « Belgique. « Vicomte Alfred Vilain XIV, sénateur, à Bazal. — 32. Bottes de roseaux. — « 33. Bottes d'iris à l'usage des tonneliers. — 34. Bottes de joncs ordinaires.— « 35. Bottes de joncs dits *Steenbiezen*. — 36. Bottes de joncs à empailler les « chaises. »

[1] *Formulaire de l'exposition d'aquiculture d'Arcachon*, question XI.

du genre de celles qui attirent ces insectes. Nous avons remarqué que plusieurs d'entre elles portaient chaque année des myriades d'œufs d'insectes ailés, tels que la *perle brune* du genre des *névroptères*, dont les salmonides se montrent très-friands ; qu'un petit coléoptère vert clair (probablement l'*œdémère-céladon*) se nourrissait de certains joncs à feuilles plates cannelées ; que la *libellule* s'attachaït à tous les roseaux, lors de sa seconde métamorphose, pour y accrocher sa dépouille et ne cessait de les rechercher à toutes les phases de son existence[1]. La perle brune est très-abondante sur les bords et sur les chaussées des étangs du Cluzel ; elle s'y abat au printemps et en été et se glisse entre les herbes, ce qui la rend très-facile à prendre ; il m'est arrivé d'en jeter un grand nombre de suite à des saumons de deux ans ; un, entre autres, en absorba vingt dans l'espace de quelques minutes ; c'est un excellent appât pour la ligne volante. Ce joli papillon est très-familier, car j'en ai vu plusieurs fois se poser sur mes vêtements, où ils se laissaient prendre sans difficulté.

Quelques espèces de poissons passent pour herbivores, le gardon par exemple ; nous n'avons jamais pu reconnaître quels sont les végétaux qu'ils consomment. On désigne la *Valisneria orientalis* comme étant de ce nombre ; nous n'avons pu chercher à nous en assurer, cette plante n'ayant pas encore réussi à se développer dans nos eaux[2]. Il serait utile que l'on connût bien positivement celles que les poissons peuvent manger et celles qu'ils recherchent de préférence.

La *valisneria spiralis*, plante monocotylédone, de la classe des Nayadées, est commune dans le Rhône ; elle porte ses fleurs sur une longue tige roulée en spirale qui reste sous l'eau pendant six mois, après quoi la plante se déroule et s'élève à la surface, bercée gracieusement par les eaux.

Une autre plante fort jolie est la renoncule d'eau, que nous avons facilement introduite dans les étangs ; sa fleur se compose de cinq petits pétales blancs avec un cœur jaune. Elle est abondante dans le Viaur, et chargée d'œufs de goujons, au moment de leur fraye.

---

[1] Les insectes aquatiques sont des plus curieux à observer dans leurs transformations : ainsi la libellule quitte le triste costume qui la rendait méconnaissable et avec lequel elle se trainait au fond des eaux ; c'était une larve repoussante à la vue, ayant la couleur de la vase qu'elle fréquentait, hérissée de plusieurs pointes aiguës ; vous ne l'auriez pas volontiers touchée du doigt. La libellule, si gracieuse que notre langue l'a désignée vulgairement sous le nom de *demoiselle*, sort, brillante des plus riches émaux, de cette vilaine enveloppe, que l'on voit encore vide à côté d'elle, comme un vieux vêtement délaissé, sur le roseau qui lui a servi d'appui. Admirable complexité de faits naturels dont l'énigme est laissée à nos investigations, si elle n'a pas d'autre fin que de nous rappeler aux horizons mystérieux qui bordent notre propre vie !

[2] Cette *valisneria* se trouve chez M. Tourrès, horticulteur à Macheteaux, près Tonneins (Tarn-et-Garonne).

Planche relative au chap. III.

Dans le but de mieux faire connaître l'utile insecte qui a fait l'objet du chapitre III, nous nous sommes appliqué à en donner un dessin fait d'après nature au moyen d'un microscope grossissant trois fois. Ce n'est guère que la reproduction de la planche Ire avec un grossissement.

Première métamorphose. — Larve de diptère tipulaire suspendue par son fil. — *Id.*, vue en dessus, les branchies contractées. — *Id.*, fixée à une herbe par sa partie supérieure (position habituelle dans laquelle on la trouve dans l'eau courante), vue de face, les branchies déployées. — *Id.*, dans la même position, ses branchies contractées, vue de profil.

Deuxième métamorphose. — Chrysalide renfermée dans sa cellule, vue de face. — *Id.*, vue de profil. — Chrysalide extraite d'une cellule.

Troisième métamorphose. — Diptère tipulaire parfait, vue de profil, en dessus et en dessous.

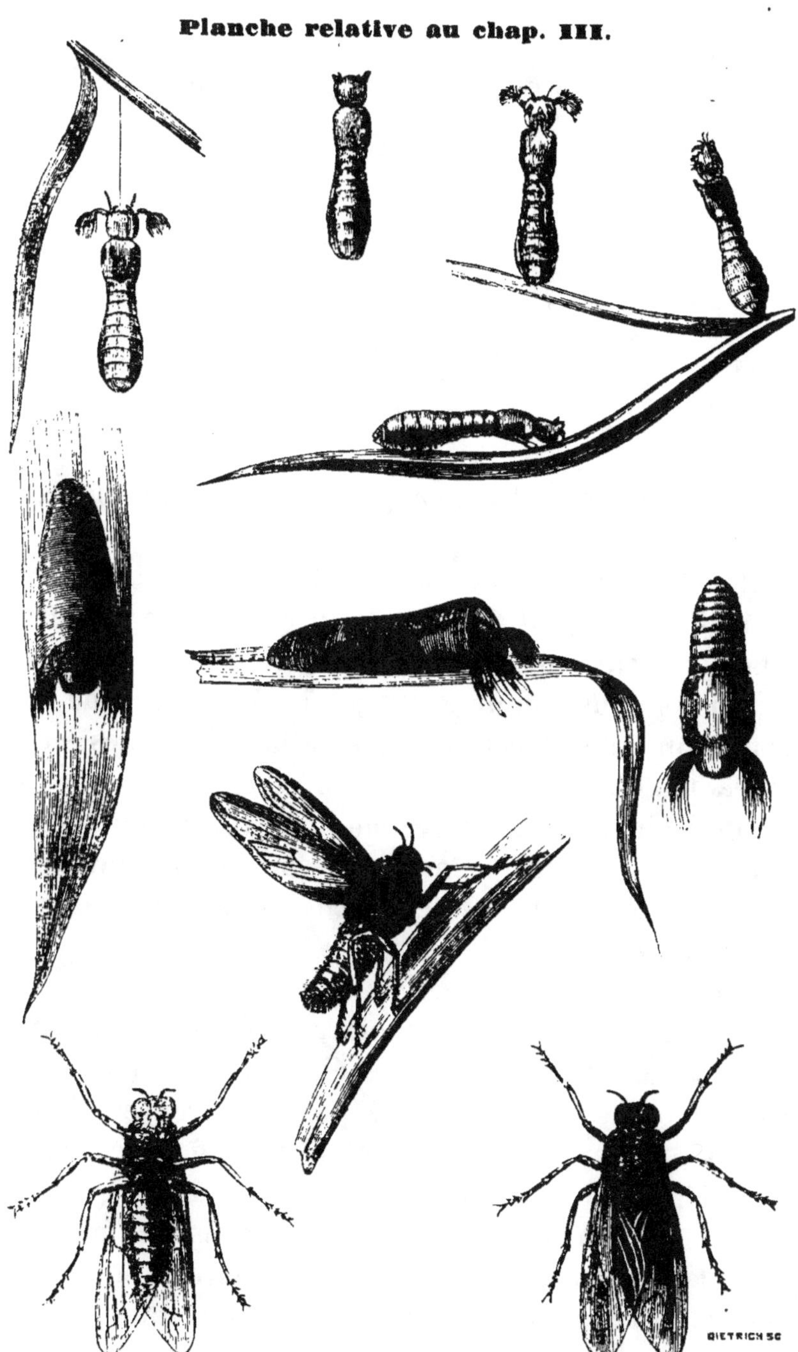

PLANCHE IV. — Diptère tipulaire, voisin des simulies, dans ses trois méta-morphoses, grossi trois fois et vu sous différents aspects.

RÉSUMÉ

En résumé, qu'a-t-on eu pour but en publiant cet opuscule ?

En premier lieu, de faire connaître le résultat de dix années d'études pratiques sur la Pisciculture appliquée principalement aux salmonides. Comme on a pu le voir, nous nous sommes attaché à démontrer que, si l'extension qu'on espérait donner à la culture des *eaux fermées* n'a obtenu chez nous qu'un *succès théorique* du côté des salmonides, le corégone-féra excepté, on devait tirer de l'insuffisance même des résultats un stimulant plus actif pour tourner tous ses efforts vers un but non moins important, vers le progrès réalisable dans le peuplement des *eaux fluviales*.

En second lieu, après avoir rappelé les meilleurs procédés connus pour obtenir et élever en grand nombre des salmonides, et démontré par des preuves tirées d'une longue expérience leur infaillible efficacité; après avoir dépeint le plus succinctement possible les divers moyens qui peuvent contribuer à la conservation des produits obtenus et assurer leur libre circulation dans les ramifications de toutes les eaux courantes, nous avons cherché à établir comme thèse principale, dérivant de nos observations sur les besoins et les mœurs de ces poissons, l'importance que doivent prendre *les petits cours d'eau* en vue d'un repeuplement méthodique.

Voici, du reste, comment s'enchaînent les diverses propositions que nous avons cherché à développer :

Facilité avec laquelle on peut obtenir des quantités considérables de jeunes salmonides.

Nécessité de les conserver pendant plusieurs mois en captivité, jusqu'au moment où ils peuvent affronter les dangers auxquels ils sont exposés dans le premier âge.

Nourriture vivante, facile à leur procurer et abondante dans certaines eaux.

Voracité des salmonides, qui les rend impropres à procurer un bon revenu dans les étangs ; exception pour la féra, appelée, selon nous, à devenir le poisson *par excellence* des lacs et étangs à eaux vives.

Observation des habitudes et des besoins des salmonides, indiquant leur séjour assez prolongé dans les plus petites ramifications des ruisseaux à eaux vives ; triple nécessité qui en résulte : 1° de ne pas livrer à d'autres eaux plus poissonneuses ou plus profondes les jeunes élèves destinés au repeuplement ; 2° de rendre accessibles aux reproducteurs les parties supérieures des cours d'eau, et 3° de diriger la surveillance la plus active vers ces mêmes points.

Exemples encourageants donnés par l'Angleterre dans l'accroissement rapide du produit de plusieurs pêcheries, par l'emploi des procédés artificiels de multiplication, par la confection d'échelles à saumons et par un système de garde dispendieux, mais efficace et rémunérateur.

Études faites dans le même pays au sujet du saumon, et qui démontrent : 1° sa constante habitude de retourner vers son point de départ, après ses migrations à la mer; 2° sa rapide croissance à la mer, qui ne laisse plus douteux le point de savoir s'il convient de le laisser aller s'y engraisser, au lieu de chercher à le retenir dans les eaux de lac ou d'étang.

Principales causes de la pénurie de poisson dans les cours d'eau : la perturbation apportée par la main de l'homme dans leurs conditions naturelles et le pillage permanent et presque organisé auquel ils sont soumis.

Législation ancienne, lacunes dues principalement à l'insuffisance des connaissances sur l'histoire naturelle des poissons ; législation actuelle, grandes améliorations déjà opérées ou à la veille de l'être, et dont on peut faire remonter l'introduction aux progrès tout récents faits en France dans les études ichthyologiques.

Enfin l'association des propriétaires riverains des cours d'eau non navigables ni flottables, considérée comme la combinaison la plus parfaite à laquelle on puisse tendre pour amener la prospérité piscicole de toutes les eaux fluviales.

Comme complément du compte rendu de nos expériences, qui sont des faits complétement locaux et presque personnels (que nous n'avons pas craint de livrer à la publicité, parce que nous estimerions très-utile que d'autres personnes, s'adonnant plus ou moins attentivement aux mêmes études, se souciassent d'en faire autant), nous avions cru bon de donner un aperçu descriptif des ressources ichthyologiques et hydrologiques du département que nous habitons, pensant qu'il serait avantageux que la France pût arriver à se connaître elle-même à ce double point de vue tellement négligé, qu'on avait à peine, il y a quelques années, de rares notions diffuses et peu précises à ce sujet. Ce travail n'ayant paru à quelques personnes offrir qu'un intérêt local, nous avons craint qu'il ne fût pas à sa place, et il fera l'objet d'une autre publication [1].

L'insuffisance évidente des notions actuelles sur cette matière nous a démontré l'utilité d'une carte ichthyologique générale, indiquant les espèces de poissons qui vivent dans les principaux cours d'eau de la France : cette carte est aujourd'hui préparée dans son ensemble.

Si ces matières nous ont attaché et si leur attrait a mis tout à coup une plume inhabile entre nos mains, c'est que nous avons entrevu l'espoir de concourir à une œuvre d'économie sociale d'une grande importance; aussi n'avons-nous cru pouvoir mieux faire que de choisir pour épigraphe de ce livre cette pensée d'un des plus grands économistes, que « *tout homme qui pêche* « *un poisson tire de l'eau une pièce de monnaie.* » Car si l'on récolte ce qu'on a semé, aujourd'hui qu'on a le moyen de semer du poisson, la culture des eaux a pris tout l'attrait des autres pratiques agricoles, dont le goût devient heureusement, chaque jour, plus répandu dans toutes les sphères de notre société.

---

[1] On ne possède encore la faune ichthyologique que d'un très-petit nombre de départements. M. E. Blanchard a publié un aperçu sur la *distribution des poissons de la France*, mais, à coup sûr, le savant professeur n'a pas eu l'intention de donner un tableau descriptif répondant entièrement au besoin que nous signalons.

FIN.

TABLE DES MATIÈRES

PREMIÈRE PARTIE

Introduction	5
Chapitre 1er. — Notions préliminaires	15
— II. — « Quelles sont les conditions dans lesquelles les petits poissons doivent être placés, après l'éclosion, pour échapper au plus grand nombre possible de causes de destruction et se développer normalement ? »	44
— III. — Nutrition des jeunes salmonides au moyen d'une larve de l'eau courante	64
— IV. — Plan idéal d'un bassin d'alevinage pour les salmonides	80
— V. — Pisciculture dans les eaux fermées	100

DEUXIÈME PARTIE

— VI. — Questions d'histoire naturelle touchant les salmonides	155
— VII. — Pisciculture dans la Grande-Bretagne. — Echelles à poissons	173
— VIII. — Causes présumées du dépeuplement des eaux fluviales de la France. — Considérations sur la législation de la pêche. — Décret du 25 janvier 1868 concernant la pêche	205
— IX. — Associations syndicales pour le peuplement, la garde et la pêche des cours d'eau non navigables ni flottables	254
— X. — Divers : Notes et pièces justificatives	266
Résumé	308

Paris. — Imprimerie Bourdier, Capiomont fils et Ce, rue des Poitevins, 6.